U0226500

国家科学技术学术著作出版基金资助出版

中国科学院中国孢子植物志编辑委员会　编辑

中国真菌志

第五十三卷

丝盖伞科

图力古尔　主编

中国科学院知识创新工程重大项目
国家自然科学基金重大项目
（国家自然科学基金委员会　中国科学院　科技部　资助）

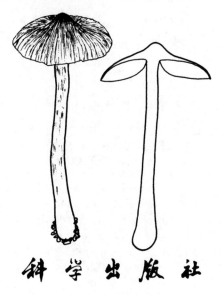

科学出版社

北　京

内 容 简 介

　　本书记载我国分布的丝盖伞科真菌 4 属 125 个分类单元,包括 108 种 17 变种或变型,并提供线条图和部分种类的原生态彩色图片及担孢子扫描电镜照片。书末附有参考文献、真菌汉名索引和学名索引。

　　本书可供真菌学、林学及食用菌学科研人员、大专院校相关专业师生及蘑菇爱好者使用。

图书在版编目(CIP)数据

中国真菌志. 第五十三卷,丝盖伞科 / 图力古尔主编.—北京:科学出版社,2022.3

　(中国孢子植物志)

ISBN 978-7-03-071816-7

Ⅰ. ①中… Ⅱ. ① 图… Ⅲ. ①真菌门-植物志-中国 ②伞菌目-真菌门-植物志-中国 Ⅳ. ①Q949.32 ②Q949.329

中国版本图书馆 CIP 数据核字(2022)第 040219 号

责任编辑:韩学哲 孙　青/责任校对:严　娜
责任印制:肖　兴/封面设计:刘新新

科 学 出 版 社 出版
北京东黄城根北街 16 号
邮政编码:100717
http://www.sciencep.com

中国科学院印刷厂 印刷
科学出版社发行　各地新华书店经销
*
2022 年 3 月第 一 版　　开本:787×1092　1/16
2022 年 3 月第一次印刷　　印张:17 3/4　插页:14
字数:415 000

定价:298.00 元
(如有印装质量问题,我社负责调换)

Supported by the National Fund for Academic Publication in Science and Technology

CONSILIO FLORARUM CRYPTOGAMARUM SINICARUM
ACADEMIAE SINICAE EDITA

FLORA FUNGORUM SINICORUM

VOL. 53

INOCYBACEAE

REDACTOR PRINCIPALIS

Bau Tolgor

**A Major Project of the Knowledge Innovation Program of
the Chinese Academy of Sciences
A Major Project of the National Natural Science Foundation of China**
（Supported by the National Natural Science Foundation of China,
the Chinese Academy of Sciences, and the Ministry of Science and Technology of China）

Science Press
Beijing

丝 盖 伞 科

本 卷 著 者

图力古尔　范宇光　杨思思　盖宇鹏
（吉林农业大学）

INOCYBACEAE
AUCTORES

Bau Tolgor　Fan Yuguang　Yang Sisi　Ge Yupeng
(*Universitas Agriculturae Jilinensis, Changchun*)

序

　　中国孢子植物志是非维管束孢子植物志，分《中国海藻志》、《中国淡水藻志》、《中国真菌志》、《中国地衣志》及《中国苔藓志》五部分。中国孢子植物志是在系统生物学原理与方法的指导下对中国孢子植物进行考察、收集和分类的研究成果；是生物物种多样性研究的主要内容；是物种保护的重要依据，对人类活动与环境甚至全球变化都有不可分割的联系。

　　中国孢子植物志是我国孢子植物物种数量、形态特征、生理生化性状、地理分布及其与人类关系等方面的综合信息库；是我国生物资源开发利用、科学研究与教学的重要参考文献。

　　我国气候条件复杂，山河纵横，湖泊星布，海域辽阔，陆生和水生孢子植物资源极其丰富。中国孢子植物分类工作的发展和中国孢子植物志的陆续出版，必将为我国开发利用孢子植物资源和促进学科发展发挥积极作用。

　　随着科学技术的进步，我国孢子植物分类工作在广度和深度方面将有更大的发展，对于这部著作也将不断补充、修订和提高。

中国科学院中国孢子植物志编辑委员会

1984 年 10 月·北京

中国孢子植物志总序

中国孢子植物志是由《中国海藻志》、《中国淡水藻志》、《中国真菌志》、《中国地衣志》及《中国苔藓志》所组成。至于维管束孢子植物蕨类未被包括在中国孢子植物志之内，是因为它早先已被纳入《中国植物志》计划之内。为了将上述未被纳入《中国植物志》计划之内的藻类、真菌、地衣及苔藓植物纳入中国生物志计划之内，出席 1972年中国科学院计划工作会议的孢子植物学工作者提出筹建"中国孢子植物志编辑委员会"的倡议。该倡议经中国科学院领导批准后，"中国孢子植物志编辑委员会"的筹建工作随之启动，并于 1973 年在广州召开的《中国植物志》、《中国动物志》和中国孢子植物志工作会议上正式成立。自那时起，中国孢子植物志一直在"中国孢子植物志编辑委员会"统一主持下编辑出版。

孢子植物在系统演化上虽然并非单一的自然类群，但是，这并不妨碍在全国统一组织和协调下进行孢子植物志的编写和出版。

随着科学技术的飞速发展，人们关于真菌的知识日益深入的今天，黏菌与卵菌已被从真菌界中分出，分别归隶于原生动物界和管毛生物界。但是，长期以来，由于它们一直被当作真菌由国内外真菌学家进行研究；而且，在"中国孢子植物志编辑委员会"成立时已将黏菌与卵菌纳入中国孢子植物志之一的《中国真菌志》计划之内并陆续出版，因此，沿用包括黏菌与卵菌在内的《中国真菌志》广义名称是必要的。

自"中国孢子植物志编辑委员会"于 1973 年成立以后，作为"三志"的组成部分，中国孢子植物志的编研工作由中国科学院资助；自 1982 年起，国家自然科学基金委员会参与部分资助；自 1993 年以来，作为国家自然科学基金委员会重大项目，在国家基金委资助下，中国科学院及科技部参与部分资助，中国孢子植物志的编辑出版工作不断取得重要进展。

中国孢子植物志是记述我国孢子植物物种的形态、解剖、生态、地理分布及其与人类关系等方面的大型系列著作，是我国孢子植物物种多样性的重要研究成果，是我国孢子植物资源的综合信息库，是我国生物资源开发利用、科学研究与教学的重要参考文献。

我国气候条件复杂，山河纵横，湖泊星布，海域辽阔，陆生与水生孢子植物物种多样性极其丰富。中国孢子植物志的陆续出版，必将为我国孢子植物资源的开发利用，为我国孢子植物科学的发展发挥积极作用。

中国科学院中国孢子植物志编辑委员会

主编　曾呈奎

2000 年 3 月　北京

Foreword of the Cryptogamic Flora of China

Cryptogamic Flora of China is composed of *Flora Algarum Marinarum Sinicarum*, *Flora Algarum Sinicarum Aquae Dulcis*, *Flora Fungorum Sinicorum*, *Flora Lichenum Sinicorum*, and *Flora Bryophytorum Sinicorum*, edited and published under the direction of the Editorial Committee of the Cryptogamic Flora of China, Chinese Academy of Sciences (CAS). It also serves as a comprehensive information bank of Chinese cryptogamic resources.

Cryptogams are not a single natural group from a phylogenetic point of view which, however, does not present an obstacle to the editing and publication of the Cryptogamic Flora of China by a coordinated, nationwide organization. The Cryptogamic Flora of China is restricted to non-vascular cryptogams including the bryophytes, algae, fungi, and lichens. The ferns, a group of vascular cryptogams, were earlier included in the plan of *Flora of China*, and are not taken into consideration here. In order to bring the above groups into the plan of Fauna and Flora of China, some leading scientists on cryptogams, who were attending a working meeting of CAS in Beijing in July 1972, proposed to establish the Editorial Committee of the Cryptogamic Flora of China. The proposal was approved later by the CAS. The committee was formally established in the working conference of Fauna and Flora of China, including cryptogams, held by CAS in Guangzhou in March 1973.

Although myxomycetes and oomycetes do not belong to the Kingdom of Fungi in modern treatments, they have long been studied by mycologists. *Flora Fungorum Sinicorum* volumes including myxomycetes and oomycetes have been published, retaining for *Flora Fungorum Sinicorum* the traditional meaning of the term fungi.

Since the establishment of the editorial committee in 1973, compilation of Cryptogamic Flora of China and related studies have been supported financially by the CAS. The National Natural Science Foundation of China has taken an important part of the financial support since 1982. Under the direction of the committee, progress has been made in compilation and study of Cryptogamic Flora of China by organizing and coordinating the main research institutions and universities all over the country. Since 1993, study and compilation of the Chinese fauna, flora, and cryptogamic flora have become one of the key state projects of the National Natural Science Foundation with the combined support of the CAS and the National Science and Technology Ministry.

Cryptogamic Flora of China derives its results from the investigations, collections, and classification of Chinese cryptogams by using theories and methods of systematic and evolutionary biology as its guide. It is the summary of study on species diversity of cryptogams and provides important data for species protection. It is closely connected with human activities, environmental changes and even global changes. Cryptogamic Flora of

China is a comprehensive information bank concerning morphology, anatomy, physiology, biochemistry, ecology, and phytogeographical distribution. It includes a series of special monographs for using the biological resources in China, for scientific research, and for teaching.

China has complicated weather conditions, with a crisscross network of mountains and rivers, lakes of all sizes, and an extensive sea area. China is rich in terrestrial and aquatic cryptogamic resources. The development of taxonomic studies of cryptogams and the publication of Cryptogamic Flora of China in concert will play an active role in exploration and utilization of the cryptogamic resources of China and in promoting the development of cryptogamic studies in China.

C.K. Tseng
Editor-in-Chief
The Editorial Committee of the Cryptogamic Flora of China
Chinese Academy of Sciences
March, 2000 in Beijing

《中国真菌志》序

    《中国真菌志》是在系统生物学原理和方法指导下，对中国真菌，即真菌界的子囊菌、担子菌、壶菌及接合菌四个门以及不属于真菌界的卵菌等三个门和黏菌及其类似的菌类生物进行搜集、考察和研究的成果。本志所谓"真菌"系广义概念，涵盖上述三大菌类生物（地衣型真菌除外），即当今所称"菌物"。

    中国先民认识并利用真菌作为生活、生产资料，历史悠久，经验丰富，诸如酒、醋、酱、红曲、豆豉、豆腐乳、豆瓣酱等的酿制，蘑菇、木耳、茭白作食用，茯苓、虫草、灵芝等作药用，在制革、纺织、造纸工业中应用真菌进行发酵，以及利用具有抗癌作用和促进碳素循环的真菌，充分显示其经济价值和生态效益。此外，真菌又是多种植物和人畜病害的病原菌，危害甚大。因此，对真菌物种的形态特征、多样性、生理生化、亲缘关系、区系组成、地理分布、生态环境以及经济价值等进行研究和描述，非常必要。这是一项重要的基础科学研究，也是利用益菌、控制害菌、化害为利、变废为宝的应用科学的源泉和先导。

    中国是具有悠久历史的文明古国，从远古到明代的 4500 年间，科学技术一直处于世界前沿，真菌学也不例外。酒是真菌的代谢产物，中国酒文化博大精深、源远流长，有六七千年历史。约在公元 300 年的晋代，江统在其《酒诰》诗中说："酒之所兴，肇自上皇。或云仪狄，又曰杜康。有饭不尽，委之空桑。郁结成味，久蓄气芳。本出于此，不由奇方。"作者精辟地总结了我国酿酒历史和自然发酵方法，比之意大利学者雷蒂（Radi，1860）提出微生物自然发酵法的学说约早 1500 年。在仰韶文化时期（5000～3000 B. C.），我国先民已懂得采食蘑菇。中国历代古籍中均有食用菇蕈的记载，如宋代陈仁玉在其《菌谱》（1245 年）中记述浙江台州产鹅膏菌、松蕈等 11 种，并对其形态、生态、品级和食用方法等作了论述和分类，是中国第一部地方性食用蕈菌志。先民用真菌作药材也是一大创造，中国最早的药典《神农本草经》（成书于 102～200 A. D.）所载 365 种药物中，有茯苓、雷丸、桑耳等 10 余种药用真菌的形态、色泽、性味和疗效的叙述。明代李时珍在《本草纲目》（1578）中，记载"三菌"、"五蕈"、"六芝"、"七耳"以及羊肚菜、桑黄、鸡㙡、雪蚕等 30 多种药用真菌。李氏将菌、蕈、芝、耳集为一类论述，在当时尚无显微镜帮助的情况下，其认识颇为精深。该籍的真菌学知识，足可代表中国古代真菌学水平，堪与同时代欧洲人（如 C. Clusius，1529～1609）的水平比拟而无逊色。

    15 世纪以后，居世界领先地位的中国科学技术，逐渐落后。从 18 世纪中叶到 20 世纪 40 年代，外国传教士、旅行家、科学工作者、外交官、军官、教师以及负有特殊任务者，纷纷来华考察，搜集资料，采集标本，研究鉴定，发表论文或专辑。如法国传教士西博特（P.M. Cibot）1759 年首先来到中国，一住就是 25 年，对中国的植物（含真菌）写过不少文章，1775 年他发表的五棱散尾菌（*Lysurus mokusin*），是用现代科学方法研究发表的第一个中国真菌。继而，俄国的波塔宁（G.N. Potanin，1876）、意大利的吉拉迪（P. Giraldii，1890）、奥地利的汉德尔-马泽蒂（H. Handel Mazzetti，1913）、美国的梅里尔（E.D. Merrill，1916）、瑞典的史密斯（H. Smith，1921）等共 27 人次来我国采集标本。

研究发表中国真菌论著 114 篇册，作者多达 60 余人次，报道中国真菌 2040 种，其中含 10 新属、361 新种。东邻日本自 1894 年以来，特别是 1937 年以后，大批人员涌到中国，调查真菌资源及植物病害，采集标本，鉴定发表。据初步统计，发表论著 172 篇册，作者 67 人次以上，共报道中国真菌约 6000 种（有重复），其中含 17 新属、1130 新种。其代表人物在华北有三宅市郎(1908)，东北有三浦道哉(1918)，台湾有泽田兼吉(1912)；此外，还有斋藤贤道、伊藤诚哉、平冢直秀、山本和太郎、逸见武雄等数十人。

国人用现代科学方法研究中国真菌始于 20 世纪初，最初工作多侧重于植物病害和工业发酵，纯真菌学研究较少。在一二十年代便有不少研究报告和学术论文发表在中外各种刊物上，如胡先骕 1915 年的"菌类鉴别法"，章祖纯 1916 年的"北京附近发生最盛之植物病害调查表"以及钱穟孙(1918)、邹钟琳(1919)、戴芳澜(1920)、李寅恭(1921)、朱凤美(1924)、孙豫寿(1925)、俞大绂(1926)、魏嵒寿(1928) 等的论文。三四十年代有陈鸿康、邓叔群、魏景超、凌立、周宗璜、欧世璜、方心芳、王云章、裘维蕃等发表的论文，为数甚多。他们中有的人终生或大半生都从事中国真菌学的科教工作，如戴芳澜(1893～1973) 著"江苏真菌名录"(1927)、"中国真菌杂记"(1932～1946)、《中国已知真菌名录》(1936，1937)、《中国真菌总汇》(1979) 和《真菌的形态和分类》(1987) 等，他发表的"三角枫上白粉菌一新种"(1930)，是国人用现代科学方法研究、发表的第一个中国真菌新种。邓叔群(1902～1970) 著"南京真菌记载"(1932～1933)、"中国真菌续志"(1936～1938)、《中国高等真菌志》(1939) 和《中国的真菌》(1963，1996) 等，堪称《中国真菌志》的先导。上述学者以及其他许多真菌学工作者，为《中国真菌志》研编的起步奠定了基础。

在 20 世纪后半叶，特别是改革开放以来的 20 多年，中国真菌学有了迅猛的发展，如各类真菌学课程的开设，各级学位研究生的招收和培养，专业机构和学会的建立，专业刊物的创办和出版，地区真菌志的问世等，使真菌学人才辈出，为《中国真菌志》的研编输送了新鲜血液。1973 年中国科学院广州"三志"会议决定，《中国真菌志》的研编正式启动，1987 年由郑儒永、余永年等编辑出版了《中国真菌志》第 1 卷《白粉菌目》，至 2000 年已出版 14 卷。自第 2 卷开始实行主编负责制，2.《银耳目和花耳目》(刘波主编，1992)；3.《多孔菌科》(赵继鼎，1998)；4.《小煤炱目Ⅰ》(胡炎兴，1996)；5.《曲霉属及其相关有性型》(齐祖同，1997)；6.《霜霉目》(余永年，1998)；7.《层腹菌目》(刘波，1998)；8.《核盘菌科和地舌菌科》(庄文颖，1998)；9.《假尾孢属》(刘锡琎、郭英兰，1998)；10.《锈菌目Ⅰ》(王云章、庄剑云，1998)；11.《小煤炱目Ⅱ》(胡炎兴，1999)；12.《黑粉菌科》(郭林，2000)；13.《虫霉目》(李增智，2000)；14.《灵芝科》(赵继鼎、张小青，2000)。盛世出巨著，在国家"科教兴国"英明政策的指引下，《中国真菌志》的研编和出版，定将为中华灿烂文化做出新贡献。

余永年
庄文颖   谨识
中国科学院微生物研究所
中国·北京·中关村
公元 2002 年 09 月 15 日

Foreword of Flora Fungorum Sinicorum

Flora Fungorum Sinicorum summarizes the achievements of Chinese mycologists based on principles and methods of systematic biology in intensive studies on the organisms studied by mycologists, which include non-lichenized fungi of the Kingdom Fungi, some organisms of the Chromista, such as oomycetes etc., and some of the Protozoa, such as slime molds. In this series of volumes, results from extensive collections, field investigations, and taxonomic treatments reveal the fungal diversity of China.

Our Chinese ancestors were very experienced in the application of fungi in their daily life and production. Fungi have long been used in China as food, such as edible mushrooms, including jelly fungi, and the hypertrophic stems of water bamboo infected with *Ustilago esculenta*; as medicines, like *Cordyceps sinensis* (caterpillar fungus), *Poria cocos* (China root), and *Ganoderma* spp. (lingzhi); and in the fermentation industry, for example, manufacturing liquors, vinegar, soy-sauce, *Monascus*, fermented soya beans, fermented bean curd, and thick broad-bean sauce. Fungal fermentation is also applied in the tannery, paperma-king, and textile industries. The anti-cancer compounds produced by fungi and functions of saprophytic fungi in accelerating the carbon-cycle in nature are of economic value and ecological benefits to human beings. On the other hand, fungal pathogens of plants, animals and human cause a huge amount of damage each year. In order to utilize the beneficial fungi and to control the harmful ones, to turn the harmfulness into advantage, and to convert wastes into valuables, it is necessary to understand the morphology, diversity, physiology, biochemistry, relationship, geographical distribution, ecological environment, and economic value of different groups of fungi. *Flora Fungorum Sinicorum* plays an important role from precursor to fountainhead for the applied sciences.

China is a country with an ancient civilization of long standing. In the 4500 years from remote antiquity to the Ming Dynasty, her science and technology as well as knowledge of fungi stood in the leading position of the world. Wine is a metabolite of fungi. The Wine Culture history in China goes back 6000 to 7000 years ago, which has a distant source and a long stream of extensive knowledge and profound scholarship. In the Jin Dynasty (*ca.* 300 A.D.), JIANG Tong, the famous writer, gave a vivid account of the Chinese fermentation history and methods of wine processing in one of his poems entitled *Drinking Games* (Jiu Gao), 1500 years earlier than the theory of microbial fermentation in natural conditions raised by the Italian scholar, Radi (1860). During the period of the Yangshao Culture (5000—3000 B. C.), our Chinese ancestors knew how to eat mushrooms. There were a great number of records of edible mushrooms in Chinese ancient books. For example, back to the Song Dynasty, CHEN Ren-Yu (1245) published the *Mushroom Menu* (Jun Pu) in which he listed 11 species of edible fungi including *Amanita* sp. and *Tricholoma matsutake* from

Taizhou, Zhejiang Province, and described in detail their morphology, habitats, taxonomy, taste, and way of cooking. This was the first local flora of the Chinese edible mushrooms. Fungi used as medicines originated in ancient China. The earliest Chinese pharmacopocia, *Shen-Nong Materia Medica* (Shen Nong Ben Cao Jing), was published in 102—200 A. D. Among the 365 medicines recorded, more than 10 fungi, such as *Poria cocos* and *Polyporus mylittae*, were included. Their fruitbody shape, color, taste, and medical functions were provided. The great pharmacist of Ming Dynasty, LI Shi-Zhen (1578) published his eminent work *Compendium Materia Medica* (Ben Cao Gang Mu) in which more than thirty fungal species were accepted as medicines, including *Aecidium mori*, *Cordyceps sinensis*, *Morchella* spp., *Termitomyces* sp., etc. Before the invention of microscope, he managed to bring fungi of different classes together, which demonstrated his intelligence and profound knowledge of biology.

After the 15th century, development of science and technology in China slowed down. From middle of the 18th century to the 1940's, foreign missionaries, tourists, scientists, diplomats, officers, and other professional workers visited China. They collected specimens of plants and fungi, carried out taxonomic studies, and published papers, exsi ccatae, and monographs based on Chinese materials. The French missionary, P.M. Cibot, came to China in 1759 and stayed for 25 years to investigate plants including fungi in different regions of China. Many papers were written by him. *Lysurus mokusin*, identified with modern techniques and published in 1775, was probably the first Chinese fungal record by these visitors. Subsequently, around 27 man-times of foreigners attended field excursions in China, such as G.N. Potanin from Russia in 1876, P. Giraldii from Italy in 1890, H. Handel-Mazzetti from Austria in 1913, E.D. Merrill from the United States in 1916, and H. Smith from Sweden in 1921. Based on examinations of the Chinese collections obtained, 2040 species including 10 new genera and 361 new species were reported or described in 114 papers and books. Since 1894, especially after 1937, many Japanese entered China. They investigated the fungal resources and plant diseases, collected specimens, and published their identification results. According to incomplete information, some 6000 fungal names (with synonyms) including 17 new genera and 1130 new species appeared in 172 publications. The main workers were I. Miyake in the Northern China, M. Miura in the Northeast, K. Sawada in Taiwan, as well as K. Saito, S. Ito, N. Hiratsuka, W. Yamamoto, T. Hemmi, etc.

Research by Chinese mycologists started at the turn of the 20th century when plant diseases and fungal fermentation were emphasized with very little systematic work. Scientific papers or experimental reports were published in domestic and international journals during the 1910's to 1920's. The best-known are "Identification of the fungi" by H.H. Hu in 1915, "Plant disease report from Peking and the adjacent regions" by C.S. Chang in 1916, and papers by S.S. Chian (1918), C.L. Chou (1919), F.L. Tai (1920), Y.G. Li (1921), V.M. Chu (1924), Y.S. Sun (1925), T.F. Yu (1926), and N.S. Wei (1928). Mycologists who were active at the 1930's to 1940's are H.K. Chen, S.C. Teng, C.T. Wei, L. Ling, C.H. Chow,

S.H. Ou, S.F. Fang, Y.C. Wang, W.F. Chiu, and others. Some of them dedicated their lifetime to research and teaching in mycology. Prof. F.L. Tai (1893—1973) is one of them, whose representative works were "List of fungi from Jiangsu (1927), "Notes on Chinese fungi" (1932—1946), *A List of Fungi Hitherto Known from China* (1936, 1937), *Sylloge Fungorum Sinicorum* (1979), *Morphology and Taxonomy of the Fungi* (1987), etc. His paper entitled "A new species of *Uncinula* on *Acer trifidum* Hook.& Arn."was the first new species described by a Chinese mycologist. Prof. S.C. Teng (1902—1970) is also an eminent teacher.He published "Notes on fungi from Nanking" in 1932—1933, "Notes on Chinese fungi" in 1936—1938, *A Contribution to Our Knowledge of the Higher Fungi of China* in 1939, and *Fungi of China* in 1963 and 1996.Work done by the above-mentioned scholars lays a foundation for our current project on *Flora Fungorum Sinicorum*.

In 1973, an important meeting organized by the Chinese Academy of Sciences was held in Guangzhou (Canton) and a decision was made, uniting the related scientists from all over China to initiate the long term project "Fauna, Flora, and Cryptogamic Flora of China". Work on *Flora Fungorum Sinicorum* thus started. Significant progress has been made in development of Chinese mycology since 1978. Many mycological institutions were founded in different areas of the country. The Mycological Society of China was established, the journals *Acta Mycological Sinica* and *Mycosystema* were published as well as local floras of the economically important fungi. A young generation in field of mycology grew up through postgraduate training programs in the graduate schools. The first volume of Chinese Mycoflora on the Erysiphales (edited by R.Y. Zheng & Y.N. Yu, 1987) appeared. Up to now, 14 volumes have been published: Tremellales and Dacrymycetales edited by B. Liu (1992), Polyporaceae by J.D. Zhao (1998), Meliolales Part I (Y.X. Hu, 1996), *Aspergillus* and its related teleomorphs (Z.T. Qi, 1997), Peronosporales (Y.N. Yu, 1998), Sclerotiniaceae and Geoglossaceae (W.Y. Zhuang, 1998), *Pseudocercospora* (X.J. Liu & Y.L. Guo, 1998), Uredinales Part I (Y.C. Wang & J.Y. Zhuang, 1998), Meliolales Part II (Y.X. Hu, 1999), Ustilaginaceae (L. Guo, 2000), Entomophthorales (Z.Z. Li, 2000), and Ganodermataceae (J.D. Zhao & X.Q. Zhang, 2000). We eagerly await the coming volumes and expect the completion of Flora *Fungorum Sinicorum* which will reflect the flourishing of Chinese culture.

Y.N. Yu and W.Y. Zhuang

Institute of Microbiology, CAS, Beijing

September 15, 2002

致 谢

本卷是国家自然科学基金重大项目之一，项目执行过程中，得到了国家自然科学基金委员会的资金支持。

在本卷的研编过程中，我们深刻地感受到前人工作的重要性和同行们帮助的必要性。邓叔群、戴芳澜、毕志树、李茹光、应建浙、卯晓岚、邵力平、赵震宇、谢支锡、王云、臧穆等诸位先生对我国丝盖伞科真菌的资源调查、分类及标本保存等方面做了很多基础性的研究工作，为本卷的编研打下了坚实的基础。

本卷标本主要来自中国科学院微生物研究所真菌标本馆(HMAS)、中国科学院昆明植物研究所标本馆隐花植物标本馆(HKAS)、吉林农业大学菌物标本馆(HMJAU)、广东省微生物研究所菌物标本馆(GDGM)等国内各大真菌标本馆。

中国科学院微生物研究所姚一建研究员、文华安研究员、张小青研究员、魏铁铮博士、吕鸿梅馆员，中国科学院昆明植物研究所刘培贵研究员、杨祝良研究员以及隐花植物标本馆彭华馆长和王立松高工，广东省微生物研究所菌物标本馆李泰辉研究员、宋斌研究员，湖南师范大学生命科学学院陈作红教授、张平博士在借阅和观察标本时给予诸多方便条件。

在多年的野外调查和采集标本过程中，得到了无数热心人的帮助，在艰苦的野外工作与我们同行采集标本或提供帮助的有中国科学院微生物研究所魏江春院士、庄文颖院士、庄剑云研究员、姚一建研究员、郭英兰研究员、文华安研究员，中国科学院昆明植物研究所刘培贵研究员、杨祝良研究员、王向华副研究员，北京林业大学戴玉成教授，浙江大学林文飞老师，新疆农业大学赵震宇教授，塔里木大学胡建伟教授、徐彪博士，西昌学院郑晓慧教授，贵州大学康冀川教授，东北林业大学宋瑞青教授，湖南师范大学陈作红教授、张平教授，广东省微生物研究所李泰辉研究员及其研究生、宋斌和沈亚恒研究员，海南师范大学张信文教授，海南医学院曾念开教授，青海大学谢占玲教授，内蒙古师范大学恩和巴雅尔教授、哈斯巴根教授，吉林省长白山科学院自然博物馆朴龙国馆长、王柏工程师，以及各地自然保护区、森林公园管理部门的工作人员。吉林农业大学李玉院士团队和教育部创新团队提供良好的研究条件和氛围，部分教师参与本项研究。

日本北海道大学丝盖伞分类学家小林孝人、日本森林综合研究所根田仁研究员、九州大学大贺祥治，奥地利 E. Horak 教授，俄罗斯科学院远东分院 Eugenia M. Bulakh 研究员、西伯利亚植物园 Irina A. Gorbunova 研究员、农业科学院 Wasiliy A. Sysuev 院士以及白俄罗斯国家植物研究所 Eugenia M. Bulakh 博士等国际友人也提供相关资料及对照用的标本。

本卷初稿完成后承蒙李泰辉研究员、杨祝良研究员的细心修改，庄文颖院士对终稿进行了全面系统的阅读并提出宝贵意见和建议，对本书的编写质量起到促进和增色作用。

作者的研究生郭秋霞、乌日汗同学参加部分内容的研究和编写，历届博士、硕士研究生刘宇、王建瑞、张惠、王俊、金鑫、张明、张鹏、颜俊清、木兰、李彦军、娜琴、乌日汗等同学参加了标本采集工作。尤其感谢参加编写的范宇光、杨思思、盖宇鹏三位博士出色的研究工作。

在此对以上所有给我们提供帮助的单位和个人表示诚挚的谢意。

图力古尔

2015 年 12 月 12 日

说　明

1. 本课题是 2011~2015 年国家自然科学基金重大项目子项目内容，由吉林农业大学图力古尔教授主持完成。

2. 世界丝盖伞科有 6 个属在中国有分布，分别为丝盖伞属 *Inocybe*、靴耳属 *Crepidotus*、假脐菇属 *Tubaria*、侧火菇属 *Pleuroflammula*、绒盖菇属 *Simocybe* 和暗皮伞属 *Phaeomarasmius*。但由于作者在《中国真菌志 第四十九卷 球盖菇科(1)》中采用 Singer(1975) 和 Hawksworth 等(1983，1995)的球盖菇科 Strophariacea 的概念，对侧火菇属和暗皮伞属已有详细描述和记载，故不列入本卷编研范围，本卷丝盖伞科 Inocybaceae 编研范围仅包含其余 4 属。

3. 本卷的内容层次上由绪论和专论两部分组成，绪论主要介绍本卷的研究背景、经济意义、研究方法以及各属的国内外研究进展等内容；专论主要记载丝盖伞科 4 属真菌的形态特征及生态分布。每个种除了详尽的形态描述外，还附有显微特征的线条图以及部分子实体的彩色照片。最后附参考文献、真菌汉名和学名索引，便于读者检索。

4. 本卷按照中国孢子植物志编辑委员会的要求，采集点基本涵盖了全国大多数省市和地区。但是，有些种类的分布调查可能不彻底，因此本志上没有记载的省份或地区也有可能有分布，需要我们进一步调查了解，不能误认为这些省份或地区没有分布。

5. 关于本卷的标本来源，除了我们课题组自己采集以外，主要观察和引用了中国科学院昆明植物研究所标本馆隐花植物标本室(HKAS)、中国科学院微生物研究所真菌标本馆(HMAS)、吉林农业大学菌物标本馆(HMJAU)、广东省微生物研究所菌物标本馆(GDGM)的馆藏标本。

6. 本卷中真菌命名人的缩写以 Kirk 和 Ansell(1992)编辑的 *Authors of Fungal Names* 为准。物种的拉丁学名选择合法的准确名称，其余作为异名并按照命名年代顺序列出。中文名称原则上依照中国孢子植物志编辑委员会编写的"中国孢子植物志编写规格"的要求命名，但出于尊重传统和方便的原则，也有的种类保留或调整一些名称。

7. 关于存疑种或疑难标本的处理，本卷只引用了具有标本引证的文献，没有标本引证的书籍或论文中描述或记载过的物种暂时作存疑种处理。还有一部分种类文献中虽然有引证标本，但由于各种原因所引证的标本不够完整或没有核查到，也作疑难种处理。这些种类需要以后进一步研究证实。

8. 关于采集地点，我们争取按照目前各省市的行政区划写到省市县乡镇，再记录具体采集地点，如山、沟、河等，但是由于一些标本采集时间较早，当时记录的地点又不能核查到，我们仍暂时保留原地名，待以后进一步考证。

9. 关于分子生物学研究信息，由于本卷主要是以形态学的种为主，因此相近种或有争议的种参照了分子结果，其他一般不予赘述。

目 录

图版

绪　论

一、丝盖伞科概念

本卷丝盖伞科 Inocybaceae 概念采用第 10 版《菌物字典》的分类系统，隶属于担子菌门(Basidiomycota)蘑菇纲(Agaricomycetes)蘑菇目(Agaricales)，包含 13 个属，分别为：*Auritella*、*Chromocyphella*、*Crepidotus*、*Episphaeria*、*Flammulaster*、*Inocybe*、*Pellidiscus*、*Phaeomarasmius*、*Phaeomyces*、*Phaeosolenia*、*Pleuroflammula*、*Simocybe*、*Tubaria*，共计 821 种(Kirk *et al.* 2008)。其中有 6 个属在中国有分布，分别为丝盖伞属 *Inocybe*、靴耳属 *Crepidotus*、假脐菇属 *Tubaria*、侧火菇属 *Pleuroflammula*、绒盖菇属 *Simocybe* 和暗皮伞属 *Phaeomarasmius*。其中侧火菇属和暗皮伞属虽在《菌物字典》(第 10 版)归入蘑菇目丝盖伞科，但由于在《中国真菌志 第四十九卷 球盖菇科(1)》(图力古尔 2014)中采用以 Singer(1975)和 Hawksworth 等(1983, 1995)的球盖菇科 Strophariaceae 的分类系统，已对这两属有详细描述和记载，故不列入本卷编研范围，本卷丝盖伞科编研范围仅包含其他 4 属。

二、丝盖伞科真菌分类简史

丝盖伞科是 1982 年由 Jülich 建立的，广泛分布于热带和温带地区。在丝盖伞科成立之前，该科成员多归于靴耳科 Crepidotaceae 和丝膜菌科 Cortinariaceae，还有一小部分属于球盖菇科 Strophariaceae。模式属丝盖伞属 *Inocybe* 一直是丝膜菌科成员，并在该科中占据独立的族(Trib. *Inocybeae*)，这一分类系统得到广泛且长期的认可。在中国分布的该科其他 5 属系统学位置也相对稳定：靴耳属和绒盖菇属隶属于靴耳科，侧火菇属和暗皮伞属隶属于球盖菇科，仅假脐菇属归属稍有争议(Vizzini 2008, Singer 1971, 1986, Horak 2005)。由于分类学家依据形态特征对该类群长期和较为稳定的认识，丝盖伞科在成立后较长的时间内不被承认，如在第 8 版、第 9 版《菌物字典》(Hawksworth *et al.* 1995, Kirk *et al.* 2001)依然将其模式属 *Inocybe* 归入丝膜菌科，直到第 10 版《菌物字典》(Kirk *et al.* 2008)的系统中才将丝盖伞提升为独立的科来认识，即为本卷所采用的分类系统。

在以形态特征为主要认知方式的年代，Jülich 的成果并没有得到认可，直到丝膜菌科和靴耳科分子系统学研究的开展才对丝盖伞科的成立与否展开了诸多探讨。Moncalve 等(2000)首次对丝盖伞属的分子系统学位置进行研究，结果显示丝膜菌科并不是一个单系群，虽然丝盖伞属与靴耳型真菌(crepidotoid fungi)接近，但支持率较低，且缺乏归属于任何一个类群的证据(Moncalve *et al.* 2000, Matheny *et al.* 2002)。这一结果使我们需要重新考虑传统观念上的丝膜菌科的范畴，甚至丝盖伞属有可能属于靴耳科。随后 Matheny(2005)增加了参比类群的数量再次进行研究，结果显示与丝盖伞属最为接近的类群为靴耳科成员，而与丝膜菌科较远。这一结果在 2006 年再次被证实(Matheny and

Bougher 2006），稍后 Garnica 等独立于 Matheny 等工作所做的一项研究也证实了这一结论（Garnica *et al.* 2007）。Cannon 和 Kirk 于 2007 年对丝盖伞科和靴耳科的理解也与 Matheny 基本一致（Cannon and Kirk 2007），在《菌物字典》（第 10 版）的系统中也部分采用了 Matheny 的研究结果，将丝盖伞提升为科来认识。与此同时 Matheny 指出假脐菇属、暗皮伞属和 *Flammulaster* 在系统发育上形成独立于丝盖伞之外的单系群（Matheny and Bougher 2006），之后又有学者为这 3 个属建立了独立的科——假脐菇科 Tubariaceae（Vizzini 2008）。除此之外，Matheny 和 Bougher（2006）基于澳大利亚和南非的材料描述了丝盖伞科下的一个新属（*Auritella*），并分析了它的系统位置和历史起源。

从分子系统学角度看，丝盖伞属和靴耳型真菌的关系显然颠覆了很多人以往的观点。因为一般的分类学者认为毕竟丝盖伞属和丝膜菌科的多数类群同是菌根菌，而靴耳属是腐生菌，所以丝盖伞属应更接近丝膜菌科。然而，分子系统学却给出一个相悖的结论（Aime *et al.* 2005, Moncalvo *et al.* 2000, 2002, Matheny and Bougher 2006, Garnica *et al.* 2007），况且一些丝盖伞科的成员都含有鹅膏肽类毒素（Brown *et al.* 1962, Stijve 1982, Malone and Brady 1987），在靴耳科中却未发现（Benjamin 1995），以及靴耳型真菌和丝盖伞科类群的不同个体发育方式，前述的分子系统学结果如何解释将是一个较为棘手的问题，这些事实带给我们很多困惑，但这两个类群在某些方面却显示出人意料的相似，如两科孢子颜色较为接近，靴耳科部分物种孢子萌发前必须要有一段时间的休眠，否则很难萌发（Senn-Irlet 1994, Aime 1999, Aime *et al.* 2002），丝盖伞科孢子萌发较为困难（Fries 1982），靴耳属、绒盖伞属和丝盖伞科中缺乏侧生囊状体的类群的孢子形状相似，孢子特征上众多相似暗示着这两个类群可能存在共同祖先，分子系统学上的结果同样也可以在显微特征上得到解释。

基于分子系统学的结果，随后所提出的分类系统不论是广义还是狭义的靴耳科中仅有 Knudsen 和 Vesterholt（2008）主张包含丝盖伞属，但分类学家对丝盖伞科范畴的界定中却包含靴耳科的大部分类群（Singer 1986, Matheny and Bougher 2006, Cannon and Kirk 2007, Kirk *et al.* 2008, Knudsen and Vesterholt 2008），见表 1。2006 年后除 Matheny 和 Cannon 同时承认丝盖伞科和丝膜菌科外，其余观点均为丝盖伞和靴耳科成员合并为一科，不同的是 2008 年 Kirk 提出的分类系统，给予丝盖伞科优先权，而 Knudsen 和 Vesterholt 却给予靴耳科优先权。目前来看对丝盖伞科和靴耳科范围的理解仍存在分歧，就本卷而言，基于以下几个事实和观点：①丝膜菌科并不是一个单系群；②丝盖伞属与靴耳型真菌形成姐妹群（Moncalvo *et al.* 2000, 2002, Matheny and Bougher 2006, Garnica *et al.* 2007）；③对丝盖伞科和靴耳科姐妹群关系的认知有助于对丝膜菌科这样一个多起源类群的重新界定和探讨，综合考虑以第 10 版《菌物字典》（Kirk *et al.* 2008）的观点作为本卷的分类系统。

表 1　丝盖伞科及靴耳科的分类系统

Singer（1986）	Matheny 和 Bougher（2006）	Cannon 和 Kirk（2007）	Knudsen 和 Vesterholt（2008）	Kirk 等（2008）
Crepidotaceae	Inocybaceae	Inocybaceae	Crepidotaceae= Inocybaceae	Inocybaceae （=Crepidotaceae）

Singer (1986)	Matheny 和 Bougher (2006)	Cannon 和 Kirk (2007)	Knudsen 和 Vesterholt (2008)	Kirk 等 (2008)
*Crepidotus**	*Auritella*	*Auritella*	*Crepidotus**	*Auritella*
*Pleurotellus**	*Inocybe* s.str.*	*Inocybe**	*Episphaeria*	*Chromocyphella*
*Simocybe**	*Inosperma* clade		*Inocybe**	*Crepidotus**
*Tubaria**	*Mallocybe* clade		*Mythicomyces*	*Episphaeria*
Melanomphalia	*Mallocybella* clade		*Pellidicus Pleuroflammula**	*Flammulaster**
Episphaeria	*Nothocybe* clade		*Simocybe**	*Inocybe**
Phaeosolenia	*Pseudosperma* clade		*Stagnicola*	*Simocybe**
Pellidiscus				*Pellidiscus*
Chromocyphella				*Phaeomyces*
	Crepidotaceae	Crepidotaceae		*Phaeomarasmius**
	*Crepidotus**	*Crepidotus**		*Phaeosolenia*
	*Pleuroflammula**	*Simocybe**		*Pleuroflammula**
	*Simocybe**			*Tubaria**

"*" 为中国记载分布的属

靴耳属 *Crepidotus* (Fr.) Staude

靴耳属是一类木生、具有侧耳型担子体、孢子印黄色至土褐色的大型真菌,隶属于丝盖伞科,是该科第二大属,据估计全世界种类有 200 种(Kirk *et al.* 2008)。该属最早由 Fries 于 1821 年在他的《真菌系统》(*Systema Mycologicum*)中提出,当时作为广义的蘑菇属(*Agaricus*)下的一个族(Tribe)存在,记录了现在仍有效的 3 种靴耳:*Crepidotus mollis*、*C. variabilis* 和 *C. epibryus*,其他种现在均被排除在靴耳属之外。Staude(1857)首次将其由族提升为属级水平,只含 1 种,根据国际植物命名法规将其命名为 *Crepidotus mollis*,并作为靴耳属的模式种。Kummer(1871)在其著作中描述了 10 种靴耳,并且靴耳属重新被定义为一类具有有色孢子、无柄或具有侧生或偏生菌柄的大型真菌。Quélet(1872)也承认将 *Crepidotus* 提升至属级水平,并增加了新的种类,1886 年仅根据其形态学特征认为靴耳属有 12 种。

在以形态特征为认知手段的时代,学者们对靴耳系统位置的认识较为一致,在《菌物字典》第 7 版(1983 年)和第 8 版(1995 年)中将靴耳属归入靴耳科。虽然很长时间内靴耳属一直也被认为隶属于丝膜菌科,并在丝膜菌科内占据独立的族,但是对于靴耳属下框架的分类,不同学者却有不同的理解。Singer(1947)根据担孢子表面是否具有纹饰将靴耳属分为 sect. *Laevisporae* 和 sect. *Echinospori* 两个组,每个组下又根据是否具有锁状联合将其继续分为 4 个亚组。Singer(1986)仍然采用了他 1947 年的分类系统,但是,Singer(1962)曾根据国际命名法规把 sect. *Laevisporae* 改为 sect. *Crepidotus*。Pilát 等(1948)将靴耳属定义为一类具有褐色、黄褐色或粉赭色孢子印的真菌,将其分为 12 个亚属,其中很多种现今已被移出靴耳属,大多数分类学家都不赞同 Pilát 关于靴耳属的定义。Hesler 和 Smith(1965)提出了一个不同的分类系统,把有或无锁状联合和担孢子形状作为属下分类的重要依据,根据锁状联合的有无将靴耳属分为靴耳亚属 subg. *Crepidotus*、斜柄亚属 subg. *Dochmiopus* 和球形亚属 subg. *Sphaerula* 3 个亚属,后每个亚属又根据其担孢子形态特征继续分为组和亚组,随后的分类学家多数都赞同 Singer、

Hesler 和 Smith 关于靴耳属下的分类系统（Nishida 1989, Nordstein 1990, Ortega and Buendia 1989, Pegler and Young 1972, Pereira 1990, Singer 1973）。Senn-Irlet（1992, 1993, 1995）、Senn-Irlet 和 Meijer（1998）又提出一个新的分类系统，在 Hesler 和 Smith（1965）分类系统基础上增加了菌盖表皮结构特征作为划分亚属的依据（表 2），这一系统现在被广泛接受（Han *et al.* 2004, Krisai *et al.* 2002, Ripkova 2003, Takahashi 2003, Bandala and Montoya 2000a, 2000b, 2004, 2008）。由于材料的缺乏和鉴定上的不足，早期这一类群分子系统学研究一直备受桎梏，但分类研究开展较早，近年来不断有新种发表，并且逐渐受到分类学家们的重视（Bandala *et al.* 1999, 2008a, 2008b, Capelar 2011, Horak 1964, Horak and Desjardin 2004, Kasuya and Kobayashi 2011, Møller 1945, Peck 1886, Ripkova 2002）。

表 2　靴耳属的三大主流分类系统

Singer（1947, 1962, 1986）	Hesler 和 Smith（1965）	Senn-Irlet（1995）
sect. *Crepidotus*	subg. *Crepidotus*	subg. *Crepidotus*
subsect. *Crepidotus*	sect. *Crepidotus*	subg. *Dochmiopus*
subsect. *Fibulatini*	sect. *Cinnabarini*	sect. *Crepidotellae*
sect. *Echinosporea*	sect. *Parvuli*	subsect. *Autochthoni*
subsect. *Aporpini*	sect. *Stratosi*	subsect. *Fibulatini*
subsect. *Porpophorini*	sect. *Tubariopsis*	subsect. *Pleurotellus*
	sect. *Versuti*	sect. *Sphaerula*
	subg. *Dochmiopus*	
	sect. *Betulae*	
	sect. *Crepidotellae*	
	sect. *Cystidiosi*	
	sect. *Stratosi*	
	sect. *Dochmiopus*	
	sect. *Fulvidi*	
	sect. *Fusisporae*	
	sect. *Phaseoli*	
	subg. *Sphaerula*	
	sect. *Sphaerula*	
	subsect. *Colorantes*	
	subsect. *Fulvifibrillosi*	
	subsect. *Sphaeruli*	
	sect. *Nyssicolae*	

丝盖伞属 *Inocybe*（Fr.）Fr.

丝盖伞属最早由 Fries 作为广义的蘑菇属（*Agaricus*）下的一个"族"（Tribe）记录，由于一些常见的丝盖伞种类的孢子带疣突、多角形或带针刺，因此 1863 年 Fries 将其提升为属级水平，近年来仍有许多新种发表（Ellen *et al.* 2014, Wartchow *et al.* 2014, Deepna and Patinjareveetti 2015, Esteve *et al.* 2015, Horak *et al.* 2015）。Schroeter（1889）和 Fayod（1889）将多角形孢子的丝盖伞从光滑孢子的丝盖伞中分离出来并分别建立了 2 个属级名称 *Astrosporina* J. Schroet. 和 *Clypeus*（Britz.）Fayod，但根据国际植物命名法规，属级名称 *Clypeus* 应该为 *Astrosporina* 的晚出异名。Earle（1909）曾将丝盖伞属分成 4 个

独立的属（*Agmocybe*、*Astrosporina*、*Inocybe* 和 *Inocibium*）。除 Horak 支持 Schroeter 的分类观点外，大多数分类学家都赞同 Fries 关于丝盖伞属的定义，即将光滑孢子和带角形孢子均包含在内（Horak 1977, 1980, 1981）。Kühner（1980）根据侧生囊状体的有无将丝盖伞属分为 subg. *Inosperma* 和 subg. *Inocybe* 2 个亚属。而 Kuyper（1986）首次采用分支分类法对丝盖伞属下的系统发育关系进行分析，根据侧生囊状体的有无、原生囊状体的发育来源以及担子有无黄色素等特征将丝盖伞属下划分为茸盖亚属（subg. *Mallocybe*）、凹孢亚属（subg. *Inosperma*）和丝盖伞亚属（subg. *Inocybe*），但对于丝盖伞亚属仅根据菌盖边缘是否有菌幕残留划分为两个超组。Singer（1986）也根据侧生囊状体的有无、孢子形状等特征将丝盖伞属划分为 subg. *Inosperma*、subg. *Inocybium* 和 subg. *Inocybe* 3 个亚属。Kobayashi（2002）根据结晶囊状体的有无、侧生囊状体的有无和孢子形态将丝盖伞属下等级增加至 6 个亚属：subg. *Inosperma*、subg. *Leptocybe*、subg.*Tenuisystidia*、subg. *Pertenuis*、subg. *Inocybium*、subg. *Inocybe*。在以上提到的观点中，Singer（1986）及 Kuyper（1986）的分类系统最受推崇，时至今日仍被多数学者所采用。

丝盖伞属的分类研究一直是众多学者关注的热点，世界各大陆对该类群均有过报道，但欧洲对该类群的研究最早且最详尽。早在 20 世纪初，Massee（1904）对丝盖伞进行了专著性研究，记载了 112 种，Heim（1931）完成的欧洲丝盖伞属专著则是丝盖伞分类学历史上的一个重要著作，之后 Kühner 和 Boursier（1932）、Kühnor（1933）、Kühner 和 Romagnesi（1953）、Romagnesi（1979）、Stangl（1989）、Vauras（1994, 1997）、Vauras 和 Kokkonen（2009）、Vauras 和 Larsson（2011）、Breitenbach 和 Kränzlin（2000）、Hobart 和 Tortelli（2009）基于欧洲的材料描述了许多新种及新记录。Alessio 和 Rebaudengo（1980）出版的专著记录了欧洲丝盖伞 293 种，但只有模式标本有所指定，其他均无标本引证。Jacobsson（2008）记载了北欧的 154 种丝盖伞并给出了检索表。在北美洲，Kauffman（1924）在《北美区系》第十卷（*North American Flora* Vol. 10）中记载了丝盖伞属 105 种。Stuntz（1947, 1954）、Nishida（1989）、Smith（1941）、Manthey 和 Kropp（2001）、Matheny 等（2009）、Kropp 等（2013）描述了许多来自北美洲的新种，同时也对该类群系统学进行探讨。Grund 和 Stuntz 在 1968～1984 年对加拿大 Nova Scotian 地区的丝盖伞进行了系统的研究，发表了一系列文章，共记载 71 个分类群，包括 18 个新分类群（Grund and Stuntz 1968, 1970, 1975, 1977, 1980, 1981, 1983, 1984）。此外，Cripps（1997）、Cripps 等（2010）对洛基山脉中部高海拔的杨树林纯林内的丝盖伞进行了研究，记载了 14 种，值得注意的是，Douglas（1920）对丝盖伞属个体发育学进行了研究。在大洋洲，Horak（1977, 1980）研究了新西兰和澳大利亚等地区的丝盖伞，描述了许多新种，发现了一些分类上较为特殊的特征。日本对丝盖伞的研究比较详尽，并且描述了不少新分类群，Imai（1938）、Hongo（1959, 1963）、Kobayashi（1993, 1995）、Kobayashi 和 Courtecuisse（2000）、Kobayashi 和 Onishi（2010）对日本产丝盖伞进行了记述。在非洲，仅有零星的丝盖伞属研究报道（Pegler 1969, 1977, 1983）。

绒盖伞属 *Simocybe* P. Karst.

绒盖伞属是由 Karsten 于 1879 年建立的，根据 CABI 网站记录，世界范围内绒盖伞属下的名称记录多达 99 个，但这些名称中许多已被组合到其他属，全世界范围内该属大约有 25 种。曾经有人主张将其作为球盖菇科 Strophariaceae 的一个属，但现在已将其放入靴耳科中。《菌物字典》第 9 版（Kirk *et al.* 2001）系统中绒盖伞属归入丝膜菌科。Aime（2001）等重新定义了靴耳科，含有绒盖伞属和靴耳属，这两属共同组成狭义靴耳科（Crepidotaceae *s.l.*）。Cannon 和 Kirk（2007）等也认为绒盖伞属应放入靴耳科中。近年来，基于核糖体大亚基序列的分子系统学研究结果表明，狭义靴耳科有独立的系统学地位，绒盖伞属与靴耳属共同构成了一个单系群，这一结果恰好与 Matheny（2009）等基于多个基因片段的研究结果相一致。《菌物字典》第 10 版（Kirk *et al.* 2008）的系统中也部分采用了 Matheny 等的研究结果，将绒盖伞属归入丝盖伞科（Inocybaceae）。亚洲对该属的研究较少，近年来新种多产自欧洲（Bandala *et al.* 2008b, Bandala and Montoya 2008, Horak and Anna 2011），2014 年首次在我国发现绒盖伞属真菌，目前为止仅 2 个种，为绒盖伞 *Simocybe centunculus*（Fr.）P. Karst.和橄榄色绒盖伞 *S. sumptuosa*（P.D. Orton）Singer（杨思思和图力古尔 2014）。

假脐菇属 *Tubaria*（W.G. Sm.）Gillet

假脐菇属于 1876 年由 Gillet 年建立，模式种为 *T. furfuracea*（Pers.ex. Fr）Gillet，多生于腐木上，分布于世界各个地区。据《菌物字典》第 10 版（Kirk *et al.* 2008），全世界假脐菇属共有 150 多种。

假脐菇属的分类地位存在争议，Singer（1986）把它放入靴耳科中，而 Romagnesi（1942）把其归入丝膜菌科，Horak（2005）主张把它作为球盖菇科的一个属，并且这些分类学研究均基于形态学基础。Aime 等（2002）基于分子系统学研究结果则支持把它从靴耳科中分离出来，但 Matheny 等（2007）的研究证明，假脐菇属与丝膜菌科和球盖菇科的亲缘关系都不近。

三、我国丝盖伞科真菌研究

我国不论在全国范围还是地方志中均对丝盖伞科真菌有较为详细的记录。对丝盖伞科的记录最早见于 20 世纪 30 年代，邓叔群最早报道了毛靴耳 *Crepidotus herbarum* Peck 和胶粘靴耳 *Crepidotus haerens*（Peck）Sacc.在我国的分布（Teng 1936），随后在《中国的真菌》中收录了 5 种，同时记录了丝盖伞属 15 种（邓叔群 1963）；戴芳澜（1979）在《中国真菌总汇》中记载了靴耳属 8 种，丝盖伞属 29 种，假脐菇属 1 种；邵力平和项存悌（1997）在对我国的森林蘑菇进行汇总时，记录靴耳 15 种，丝盖伞 66 种；卯晓岚（1998）在《中国经济真菌》中记录丝盖伞属 19 种，靴耳属 4 种，《中国大型真菌》中记录丝盖伞属 29 种，靴耳属 3 种（卯晓岚 2000）；黄年来（1998）记录中国丝盖伞 5 种，靴耳 7 种；王文久等（2000）记录竹生靴耳 3 种；魏铁铮和姚一建（2009）记录中国靴耳属 31 种；吴兴亮等（2010）记录丝盖伞属 14 种，靴耳属 4 种；图力古尔（2012）在《多彩的蘑菇世界》记录中国丝盖伞属 3 种，靴耳属 2 种；郭秋霞（2013）在其硕士学位论文中对中国丝盖伞属的 60 种孢子形态进行了详细描述和绘制显微线条图，对每个种的孢子进行了扫描电镜观察，编写了亚属的分组、分种检索表。除此之外，文华安、庄文颖也对我国丝盖伞科成员有过报道（Wen 2005, Zhuang 2001）。

在东北地区，图力古尔、Y.M. Bulakh、庄剑云及李玉对中国东北和俄罗斯远东地区乌苏里江流域真菌进行考察，共报道丝盖伞属 11 种，靴耳属 7 种，其中中国新记录种 4 种(Bau *et al.* 2007)。谢支锡等(1986)记录长白山区靴耳属 8 种，丝盖伞属 13 种；刘静玲(1987)记录吉林省丝盖伞 37 种；李茹光(1991，1998)记录吉林省靴耳 8 种，丝盖伞 36 种；李玉和图力古尔(2003)在《中国长白山蘑菇》中记录丝盖伞 3 种，靴耳 3 种；郭秋霞等(2014)报道了采自吉林省的 3 个丝盖伞属新记录种。在华北地区，小五台山菌物科学考察队(1997)记录靴耳属 3 种，丝盖伞属 4 种；图力古尔记录内蒙古大青沟自然保护区丝盖伞属 10 种，靴耳属 5 种(图力古尔和李玉 2000，图力古尔等 2001，图力古尔 2004)。在东南地区，毕志树等(1990)记载粤北地区丝盖伞属 3 种，靴耳属 6 种；崔映宇(1997)记录安徽琅琊山丝盖伞属 7 种，靴耳属 1 种；何宗智和肖满(2006)记录江西官山靴耳属 1 种；上官舟建等(2007)记录福建黄楮林丝盖伞属 1 种，靴耳属 1 种；张林平等(2007)记录江西九连山丝盖伞属 2 种，靴耳属 2 种；陈添兴(2012)记录南京紫金山丝盖伞属 5 种，靴耳属 3 种；王建瑞记录山东丝盖伞属 11 种，靴耳属 3 种，假脐菇属 1 种；图力古尔等(2014b)记录山东丝盖伞属 11 种，靴耳属 3 种。在华南地区，郑国扬等(1985)记录广东省丝盖伞属 24 种；毕志树等(1994，1997)记录广东省靴耳属 5 种，海南靴耳属 2 种。在华中地区，李健宗等(1993)记录湖南省丝盖伞属 7 种，靴耳属 1 种。在西南地区，臧穆(1980)记录滇藏丝盖伞属 10 种，靴耳属 2 种；卯晓岚等(1993)记载西藏靴耳属 1 种，丝盖伞属 10 种；应建浙和臧穆(1994)记录西南地区靴耳属 2 种，丝盖伞属 25 种；袁明生和孙佩琼(1995)记录四川丝盖伞属 21 种，靴耳属 7 种；中国科学院登山科学考察队(1995)、中国科学院青藏高原综合科学考察队(1996)分别记录丝盖伞属 7 种、22 种，靴耳属 12 种；陈晔等(2000)记录庐山地区丝盖伞属 1 种，靴耳属 1 种；彭卫红等(2003)记录四川龙门山丝盖伞属 2 种，靴耳属 1 种。在西北地区，孙丽华(2012)记录宁夏贺兰山丝盖伞属 6 种，靴耳属 4 种。在港澳台地区，张树庭和卯晓岚(1995)记录香港丝盖伞属 4 种，靴耳属 3 种；王也珍等(1999)记载台湾地区丝盖伞属 4 种；张东柱等(2001)记载台湾丝盖伞属 3 种，靴耳属 2 种。截至 2014 年，我国对丝盖伞科的记录主要集中在丝盖伞属和靴耳属，而假脐菇的记录则较少，绒盖伞属直到 2014 年才发表 2 种的记录(杨思思和图力古尔，2014)。

虽然我国对丝盖伞科的记录较为广泛，但多为名称和简单描述的记录，直到 21 世纪才出现对各类群的专属研究。张惠于 2011 年对中国假脐菇属进行系统研究，共记录 4 种，包括 2 个中国新记录种粗糙假脐菇 *T. confragosa* (Fr.) Kühner 和鳞皮假脐菇 *T. furfuracea* (Pers.) Gillet；2010 年，范宇光、图力古尔根据国际植物命名法规和最新的文献研究成果订正之后，报道我国的丝盖伞属物种数应为 83 种、7 变种和 3 变型(Fan and Bau 2010)；2013 年范宇光在其博士学位论文《中国丝盖伞属的分类与分子系统学研究》中共记录丝盖伞属 61 种，其中，中国新记录种 23 种，并给出详细的描述和手绘图及讨论，依据中国材料对丝盖伞属属内框架进行探讨；2014 年杨思思记录中国靴耳属 36 种，其中中国新记录种 12 种。基于中国材料合格发表的丝盖伞科新种共有 6 个。最早的新种是 1979 年王云章基于采自四川的标本描述的丝盖伞新种——黄褐丝盖伞 *Inocybe flavobrunnea* Y.C. Wang(王云章 1973)，1995 年刘培贵基于云南的材料发表了 1 个新种

Crepidotus neocystidiosus P.G. Liu（Liu 1995），1999 年臧穆和袁明生发表了靴耳属另一新种 *C. pinicola* M. Zang & M. S. Yuan（Zang and Yuan 1999），2001 年臧穆发表假脐菇 1 新种石栎假脐菇 *Tubaria lithocarpicola* M. Zang，2013 年后范宇光、图力古尔发表丝盖伞属 1 新种 *Inocybe caroticolor* T. Bau & Y.G. Fan（Fan and Bau 2013），2014 年发表该属另一新种 *I. miyiensis* T. Bau & Y.G. Fan（Fan and Bau 2014）。虽然基于中国材料发表的新种较少，但图力古尔指导下的范宇光（2013）、杨思思（2014）的博士学位论文中共拟定新种 18 种，相信在未来随着研究的深入，我国将发表更多的丝盖伞科新种。

四、分子系统学在丝盖伞科真菌分类上的应用

分子系统学通过对生物大分子的结构、功能等的进化研究，来阐明生物各类群间谱系发生关系，多数分子系统研究结果让我们感叹的同时也让我们重新审视形态学系统的优势和劣势。目前多基因联合分析已经逐渐取代单基因分析而成为真菌分子系统学研究的主流方法，丝盖伞科分子系统学研究中主要应用的基因序列包括 *rpb1*、*rpb2*、nLSU、ITS、mtSSU 等（Matheny *et al.* 2002, Kropp and Matheny 2004, Matheny 2005, Matheny and Bougher 2006, Matheny *et al.* 2009, Larsson *et al.* 2009, Alvarado *et al.* 2010, Ryberg *et al.* 2010）。其中前三个基因序列应用最为广泛，在丝盖伞的属下和种间的系统发育关系研究中显示出较好的分辨率，而因 ITS 区序列变异速率过快导致其在种间及以上等级的研究中难以应用（Matheny *et al.* 2002, Larsson *et al.* 2009）。*rpb1* 编码 RNA 聚合酶 II 的最大亚基，而 *rpb2* 编码 RNA 聚合酶 II 第二大亚基，RNA 聚合酶 II 的序列曾被用来分析真核生物高级阶元的系统关系（Matheny *et al.* 2002），而 *rpb2* 序列中变化较快的 6–7 区已经广泛应用于子囊菌和担子菌各类群的系统研究中（Matheny 2005）。

虽然以往的形态学研究中丝盖伞属一直被认为是丝膜菌科的成员，但 Moncalvo 等（2000）首次利用分子系统学研究证明丝膜菌科并不是一个单系群，之后又提供有力证据表明丝盖伞与靴耳科的种类在系统发育上关系更近并形成姐妹群（Matheny and Bougher 2006, Garnica *et al.* 2007）。Cannon 和 Kirk（2007）尚承认丝盖伞科和靴耳科，对这两个科的理解也与 Matheny 基本一致，他在《菌物字典》（第 10 版）的系统中也部分采用了 Matheny 的研究结果，将丝盖伞提升为科来认识。《菌物字典》第 10 版（Kirk *et al.* 2008）的系统虽然被广泛引用，但其合理性和科学性尚有待进一步推敲，因为有研究表明假脐菇属、暗皮伞属和 *Flammulaster* 在系统发育上形成独立于丝盖伞之外的单系群（Matheny and Bougher 2006），之后有学者建议为这 3 个属建立独立的科——假脐菇科 Tubariaceae Vizzini（Vizzini 2008）。

目前来看，虽然对丝盖伞科范围的理解尚存在分歧（表 1），但以分子系统学为主要手段的丝盖伞系统位置和其属下框架已基本确定，关于将丝盖伞属提升为科的观点已经逐渐趋向一致。下一步的工作应主要集中在广义丝盖伞属下框架的丰富和完善、属下等级的形态学界定与确立、疑难种和复合种的界定等问题。目前丝盖伞系统框架的主要完成者是美国的 Matheny 研究组，其试验材料主要来自于北美洲、欧洲、大洋洲、非洲和亚洲的热带地区，缺少亚洲东部地区的材料。在中国，范宇光和图力古尔（2014）基于中国材料采用多基因片段分析，探讨丝盖伞属的系统学位置，结果表明丝盖伞属为单系

群，与木生的靴耳属、绒盖伞属和侧火菇属形成姐妹群，以往认为与丝盖伞关系密切的丝膜菌属 Cortinarius、滑锈伞属 Hebeloma 在系统发育上关系较远。在广义丝盖伞属的 7 个主干支系中，有 4 个分支包含有来自中国的材料，其他 3 个支系中有一个来自南半球，一个来自印度的热带地区，另外一个来自欧洲（范宇光 2013）。此外，Auritella 曾一直被认为只在南半球分布，但近期却在印度热带地区发现了一个新种 Auritella foveata C. K. Pradeep & Matheny（Matheny et al. 2012），由此可见，随着采样调查点的增加和野外调查的深入，对丝盖伞的地理分布和演化历史的认识将更趋客观和全面，中国的材料加入到丝盖伞的系统研究中将有利于我们对丝盖伞系统演化的认识和理解，有助于获得一个更加完善和更趋自然的分类系统。

五、经 济 价 值

1. 食用价值

丝盖伞科物种较少被采食。丝盖伞属种类一般认为是不可食用的，文献记载仅个别种，如欧洲的 Inocybe jurana（Pat.）Sacc.和热带亚洲的 I. cutifracta Petch 可食，野外调查中发现有些种类在我国民间也有供食用的现象，如接骨木丝盖伞 I. sambucina（Fr.）Quél.、变红丝盖伞 I. erubescens A. Blytt 等，其食用安全性有待研究。靴耳属文献记载软靴耳 Crepidotus mollis（Schaeff.）Staude 具有一定的食用价值，而绒盖伞属、假脐菇属尚未见记载可食种类。该科种类的食用价值并不突出。

2. 药用价值

丝盖伞科某些种类含鹅膏肽类毒素。鹅膏肽类毒素在医学、生物化学、基因工程和发育生物学等生命科学领域中具有重要的应用价值（包海鹰等 1999）。文献记载鹅膏肽类毒素具有抗肿瘤的开发价值，鹅膏肽类毒素对活细胞具有强烈的破坏作用，为抗癌药物开发提供依据。Grna（1985）利用 α 鹅膏蕈碱（α-amanitin）治疗由氨基偶氮甲苯（aminoazotoluene）诱发的小鼠皮肤肿瘤，β 鹅膏蕈碱（β-amanitin）也有类似的应用之处。除此之外鹅膏肽类毒素也可用于开发治疗神经精神方面的药物（任荆蕾 2015）。靴耳属种类能产生抗癌的生物活性物质，在医药领域具有潜在的应用价值（Nakayoshi 1967, 1968, Nakayoshi et al. 1968）。值得注意的是，近年来一些三萜类化合物相继从丝盖伞属材料中分离出来（Liu et al. 2014, Dong et al. 2014）。

3. 毒素研究

丝盖伞科含有的毒素种类主要为毒蝇碱（muscarine）、鹅膏肽类毒素［α 鹅膏蕈碱、β 鹅膏蕈碱、鬼笔环肽（phalloidin）］和裸盖菇素（psilocybin）（Stijve 1985，任荆蕾 2015）。根据现有的文献，该科含有毒素的类群为丝盖伞属和假脐菇属部分物种，Benjamin（1995）指出丝盖伞的多数种类含有毒蝇碱，这种毒素可使中毒者呈现出排汗、流涎、流泪综合症状，同时出现视觉模糊、脸部痉挛、腹泻、瞳孔收缩、血压下降、脉搏缓慢，严重者不及时抢救可致死亡，同时还可引起中枢神经中毒，引起中毒者头晕，运动失调，蹒跚，肌肉抽搐、痉挛，酣睡，幻想。一些种类甚至含有对人类具有致幻效果的裸盖菇素

(psilocybin) (Gartz and Drewitz 1985; 陈作红等, 2016), 中毒者有愉快或恐惧感, 不自主地发笑、发狂, 肌肉无力, 嗜睡; 醒时幻视, 然后昏睡。图力古尔等在 2014 年《中国毒蘑菇名录》中也明确指出 25 种丝盖伞含有毒素, 除上述的毒蝇碱和裸盖菇素外, 还含有异噁唑类衍生物[如 *I. lilacina* (Boud.) Kauffm.]、胃肠炎型毒素[如 *I. repanda* (Bull.) Quél.]和呼吸循环衰竭型毒素[如 *I. rimosa* (Bull.) P. Kumm.](图力古尔等 2014b)。因此由丝盖伞引起的中毒事件并不少见 (Lurie *et al.* 2009), 甚至不乏动物中毒的报道(Lee *et al.* 2009)。

早期的研究认为, 鹅膏肽类毒素主要分布在鹅膏属中, 但近年来在非鹅膏属中的物种也发现了鹅膏肽类毒素及鹅膏肽类毒素的同分异构体。任荆蕾(2015)首次对基于中国材料的 95 份大型真菌样品进行毒素检测, 疑似含有鹅膏肽类毒素的 57 份样品中丝盖伞科就有 10 种, 分属于丝盖伞属和假脐菇属, 随后利用超高效液相色谱-串联质谱(UPLC-MS/MS)法准确检测到 *I. leiocephala* D.E. Stuntz 中的 3 种鹅膏肽类毒素, 同时证明石栎假脐菇 *Tubaria lithocarpicola* M. Zang 中含有鹅膏肽类毒素的同分异构体。

4. 生态功能

在本卷所涉及的丝盖伞科 4 个属中, 靴耳属、绒盖伞属和假脐菇属均为腐生菌, 是森林常见木材腐朽菌, 在生态系统的物质循环中起到一定的作用, 通常不对树木造成危害。丝盖伞属为外生菌根菌, 与共生植物关系密切, 形成菌根共生体, 为植物的生长提供水和无机盐, 从而对森林生态系统的维持和演替起到重要的作用。目前对于其生态作用的认识仅停留在表面, 后续有必要加强其与共生植物生态作用机制的研究, 为开发和利用这一资源提供理论基础(Kuyper 1986, Ryberg *et al.* 2008)。

六、材料与方法

1. 材料

本卷所研究材料除著者采集外, 还包括国内标本馆及海外标本馆馆藏标本。在本文中引证的标本用标本馆(室)缩写注明其保存地点, 标本馆(室)的缩写依照 *Index Herbariorum* (Holmgren *et al.* 1990)。研究过的标本, 现存于下列标本馆(室):

GDGM=广东省微生物研究所菌物标本馆

HMAS=中国科学院微生物研究所菌物标本馆

HMJAU=吉林农业大学菌物标本馆

HMLD=鲁东大学菌物标本馆

HKAS=中国科学院昆明植物研究所标本馆隐花植物标本室

SAPA=日本北海道大学博物馆

TNS=日本东京国立博物馆

ZT=瑞士苏黎世大学菌物标本馆

2. 方法

在全国范围内开展野外调查和标本采集工作,采集标本时对物种进行原生态照片拍摄,记录每物种的详细生态环境和新鲜担子体的宏观特征,必要时绘制担子体线条图,将标本及时烘干后带回实验室进行显微特征研究,凭证存放标本馆。

新鲜标本的宏观特征记录内容包括菌盖形状、直径、颜色、鳞片等表面特征;菌褶宽度、着生方式、褶面及褶缘颜色;菌柄有无、长度、颜色;菌肉颜色、质地、厚度、颜色变化及气味等一切直观特征。此外注意记录担子体发生的基物、生态环境和植被情况等生态习性特征。显微特征研究需要借助光学显微镜和扫描电镜来完成。光学显微镜下采用徒手切片法鉴定微观结构。以 5%的 KOH 溶液或蒸馏水为浮载剂,镊子或锋利的刀片从干标本上取一小块组织,切成薄片(纵切与横切看标本的结构),干燥的组织完全复水、伸展后轻轻盖上盖玻片,然后在显微镜的明视野下观察子实层中担孢子、担子、囊状体、菌盖表皮等微观特征,并记录所观察的部位在 KOH 液中的颜色和各组织部位的形态和大小,然后记录和拍摄显微照片。必要时用 1%的刚果红溶液进行染色。担孢子大小的测量在 1000 倍视野下进行,为具统计学意义,从各号标本的每个成熟担子体上,随机选取至少 20 个担孢子进行测量,担孢子的小尖(apiculus)不计入测量范围。担孢子长或宽以(a)b–c(d)的形式表示,其中 a 和 d 为最小值和最大值,90%的测量值区间落在 b–c 范围。担孢子的长宽比用 Q 值表示。担子的测量尽量选具有小梗的成熟担子,小梗的长度不计入内。囊状体长度不包括结晶体,宽度的测量标准为个体最宽的部位。随机测量至少 10 个以上的个体;子实层菌髓菌丝、菌盖表皮宽度的测量给出菌丝宽度的范围值。

扫描电镜下研究孢子表面的纹饰和孢子的立体构型、担孢子壁表面纹饰类型等特征。担子体线条图根据野外拍摄的原生态照片进行绘制,显微结构线条图根据显微镜下拍摄的照片进行绘制,用图像处理软件 Photoshop 4.0 进行适当修饰。

七、主要形态特征

1. 菌盖

菌盖(pileus)小型至大型,侧耳型或伞形,中央或具钝至锐突起,表面光滑或纤维丝状,少被鳞片,侧耳型类群多为背着生或侧着生,表面颜色多为黄色至褐色,少数白色。菌肉多为白色,薄,多为土腥味或无味。丝盖伞多具突起,表面具丝光,菌肉多为白色,有土腥味,有的物种菌肉稍带颜色,无土腥味。例如,变红丝盖伞 *Inocybe erubescens* A. Blytt 担子体中等至较大,中央具锐突起,表面纤维丝状,菌肉淀粉味或不明显。靴耳表面附属物较少,菌肉白色,有的物种具有明显鳞片。例如,美鳞靴耳 *C. calolepis* (Fr.) P. Karst. 担子体小,表面密被茶色或红褐色绒毛或细鳞片,菌肉奶油色至橄榄黄色。大多物种表面光滑,例如,平盖靴耳 *C. applanatus* (Pers.) P. Kumm.表面光滑,盖面无毛。假脐菇与绒盖伞菌盖颜色较深,多具颗粒状、绒毛状或丛毛状附属物。例如,粗糙假脐菇 *T. confragosa* (Fr.) Kühner 菌盖红棕色至深红棕色,密被白色纤维状绒毛,橄榄色绒盖伞 *S. sumptuosa* (P.D. Orton) Singer 表面具小颗粒状或天鹅绒般绒状物,深褐色(图 1)。

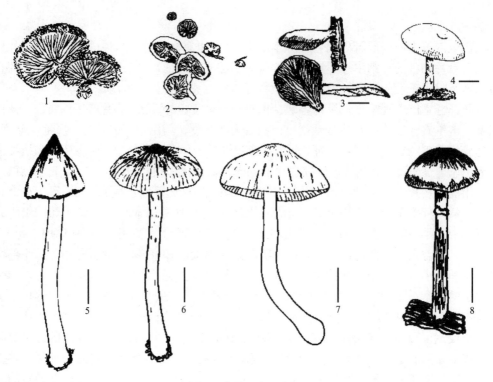

图 1　菌盖形态示意图

1. 半圆形、扇形，无柄，被细绒毛或细鳞片 [美鳞靴耳 *Crepidotus calolepis* (Fr.) P. Karst.]；2. 蹄形,背着生 [长柔毛靴耳 *Crepidotus epibryus* (Fr.) Quél.]；3. 扇形，表面光滑，盖面无毛 [平盖靴耳 *Crepidotus applanatus* (Pers.) P. Kumm.]；4. 半球形至凸镜形 [橄榄色绒盖伞 *Simocybe sumptuosa* (P.D. Orton) Singer]；5. 锥形，中央具锐突起，表面干，纤维丝状 (变红丝盖伞 *Inocybe erubescens* A. Blytt)；6. 中央有明显较锐的突起，粗纤维丝状，表面呈明显的细缝裂 (新茶褐丝盖伞 *Inocybe neoumbrinella* T. Bau & Y.G. Fan)；7. 盖中央无明显突起 (突起丝盖伞 *Inocybe prominens* Kauffman)；8. 凸镜形，具膜质的环 [粗糙假脐菇 *Tubaria confragosa* (Fr.) Kühner]. 标尺：1–3=2mm，4–8=1cm

2. 菌褶

菌褶(lamellae)多为延生、弯生，中等密至较密，白色、褐色或锈色，也有少数种类为粉色或橙红色。例如，球孢靴耳 *C. cesatii* (Rabenh.) Sacc.、变形靴耳 *C. variabilis* (Pers.) P. Kumm.和长柔毛靴耳 *C. epibryus* (Fr.) Quél.幼时菌褶白色至肉粉色，成熟后变为褐黄土色，而朱红靴耳 *C. cinnabarinus* Peck 则具有橘粉色至橙红色的菌褶。

3. 菌柄

菌柄(stipe)有或无，中生至稍偏生，部分种类仅幼时具明显侧生菌柄，圆柱形，基部或膨大，表面具纤维丝状、绒毛状、颗粒状鳞片，黄色至褐色，少数白色，多与菌盖同色，少数种类具膜质环，易脱落。丝盖伞菌柄一般为非严格的中生，事实上多数种类为稍偏生；菌柄中实，少数种类菌柄中空，如 *I. dulcamara* (Pers.) P. Kumm.。菌柄的形态一般为球形膨大处有时具有一个明显的"边缘"，如星孢丝盖伞 *I. asterospora* Quél.，球形膨大的边缘处有时可见类似菌托状残留。菌柄表面细小颗粒状或粉末状鳞片的分布范围在不同的组或亚组中是有区别的，有些种类整个菌柄表面都被有粉末状颗粒，但这一特征在有些种类中仅分布于菌柄顶部或至菌柄中部。肉眼所见的粉末状颗粒事实上是柄生囊状体和柄生薄囊体。

4. 担子和担孢子

担子(basidia)圆柱状至棒状，一般具 4 个担子小梗，少数种类具 2 个担子小梗，无色至黄色。担孢子(basidiospore)黄褐色至锈色，星形、杏仁形、椭圆形至宽卵圆形、多角形、豆形或近豆形，表面光滑、具疣突或多麻点(图 2)。

图 2　担孢子形态示意图

1. 星孢丝盖伞 *Inocybe asterospora* Quél.担孢子星形；2. 土黄丝盖伞 *Inocybe godeyi* Gillet 担孢子杏仁形，顶部锐；3. 朱红靴耳 *Crepidotus cinnabarinus* Peck 担孢子椭圆形至宽卵形，具细微小疣突或麻点；4. 棉毛丝盖伞 *Inocybe lanuginosa* (Bull.) P. Kumm. 担孢子多角形；5. 绒盖伞 *Simocybe centunculus* (Fr.) P. Karst. 担孢子卵圆形至豆形；6. 地丝盖伞 *Inocybe terrigena* (Fr.) Kuyper 担孢子近豆形。标尺：1–6=10μm

5. 囊状体

囊状体(cystidia)多无色，少数带黄褐色，棒状、纺锤形、珊瑚状、长颈瓶形、梭形、倒卵形、腹鼓状等。缘生囊状体薄壁或厚壁，侧生囊状体有或无，多为厚壁、被结晶，若无，则缘生囊状体均为薄壁，柄生囊状体分为薄壁和厚壁，多与子实层囊状体形态相似(图 3)。

6. 菌盖表皮

丝盖伞科菌盖表皮(pileipellis)为平伏型或栅栏型。平伏型的种类中，菌盖表面有鳞片或结痂，虽然很多种的菌盖具翘起至反卷的鳞片，但这些种类多具有平伏型的菌盖表皮，真正具有栅栏型菌盖表皮的种类并不多，有些种类的菌盖表皮分为两层，上层为凝胶化或胶质排列的薄壁菌丝，下层为膨大的被壳菌丝。栅栏型的菌盖表皮一般由稍厚壁的膨大菌丝构成，内部具明显的黄褐色素(图 4)。

7. 色素

菌盖多具颜色，红色、黄色或褐色，担子或有黄褐色，目前色素(pigments)的化学成分尚不明确。国外学者曾用高效液相色谱法(HPLC)方法检测朱红靴耳 *C. cinnabarinus* 中的红色色素，结果发现红色色素不易溶解，并且在酸性溶液中不稳定。

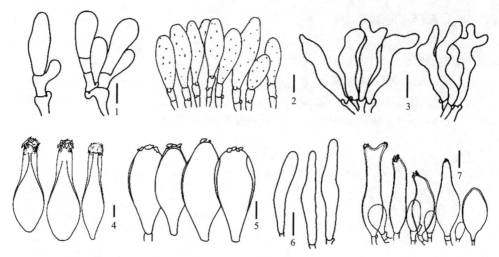

图 3　囊状体形态示意图

1. 缘生囊状体，成串，棒状至宽椭圆形（白锦丝盖伞 *Inocybe leucoloma* Kühner）；2. 缘生囊状体棒状至纺锤形，表面被颗粒状结晶体（新茶褐丝盖伞 *Inocybe neoumbrinella* T. Bau & Y.G. Fan）；3. 缘生囊状体珊瑚状、鹿角状[球孢靴耳 *Crepidotus cesatii* (Rabenh.) Sacc.]；4. 侧生囊状体长颈瓶形或梭形，顶部被结晶（星孢丝盖伞 *Inocybe asterospora* Quél.）；5. 侧生囊状体梭形或倒卵形，厚壁或稍加厚，顶部有结晶[棉毛丝盖伞 *Inocybe lanuginosa* (Bull.) P. Kumm.]；6. 缘生囊状体纺锤形、腹鼓状（阿拉巴马靴耳 *Crepidotus alabamensis* Murrill）；7. 柄生囊状体顶部被块状结晶体多数长颈且头部较窄，有时腹部不明显或单侧突然膨大（土味丝盖伞紫丁香色变种 *Inocybe geophylla* var. *lilacina* Gillet）。标尺：1–3、6=10μm；4=25μm；5、7=20μm

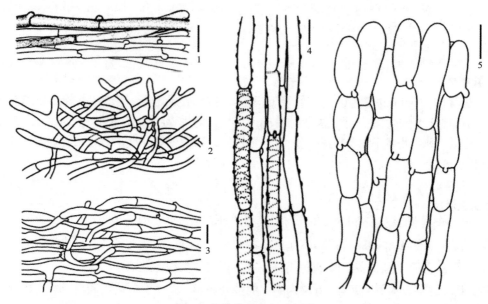

图 4　菌盖表皮形态示意图

1. 胡萝卜色丝盖伞 *Inocybe caroticolor* T. Bau & Y.G. Fan 菌盖表皮平伏型，由规则排列的圆柱形菌丝构成，上层菌丝细胞内部具亮黄色至暗黄色色素，下层无色；2. 粗孢靴耳 *Crepidotus lundellii* Pilát 菌盖表皮平伏型至栅栏型，菌丝松散、交织，近圆柱状，直立至弯曲缠绕；3. 绒盖伞 *Simocybe centunculus* (Fr.) P. Karst. 菌盖表皮近平行；4. 菌盖表皮由薄壁或厚壁的菌丝组成，表面有环纹或细小颗粒，末端细胞未分化；5. 砖色丝盖伞近缘种 *Inocybe* aff. *latericia* E. Horak 菌盖表皮栅栏型，由规则排列的褐色膨大菌丝构成，壁稍厚，具不明显的被壳物质。标尺：1–5=10μm

专 论

丝盖伞科
INOCYBACEAE

担子体小型至大型，侧耳型或伞形，黄色至褐色，少数白色，伞形类群中央或具钝至锐突起，表面光滑或纤维丝状，少被鳞片，侧耳型类群多为背着生或侧着生。菌肉多为白色，薄，土腥味或无味。菌褶多为延生、弯生，中等密至较密，白色、褐色或锈色，也有少数种类为粉色或橙红色。菌柄有或无，部分种类仅幼时具明显侧生菌柄，若有，则中生至稍偏生，圆柱形，基部或膨大，表面具纤维丝状、绒毛状、颗粒状鳞片，黄色至褐色，少数白色，多与菌盖同色，少数种类具膜质环，易脱落。担子棒状，一般具4个担子小梗，少数种类具2个担子小梗，无色至黄色。担孢子黄褐色至淡褐色，近球形至椭圆形、杏仁形，部分种类孢子多角形，表面光滑、具疣突或针刺。缘生囊状体厚壁或薄壁，棒状、烧瓶状、梨形、纺锤形、细长圆柱形。侧生囊状体有或无，多为厚壁、被结晶，若无则缘生囊状体均为薄壁，柄生囊状体分为薄壁和厚壁，多与子实层囊状体形态相似。菌盖表皮为平伏型或栅栏型。

生境：生于腐木、枯枝及林中地上，腐生或与树木形成外生菌根。

分布：广泛分布于世界各地。

模式属：丝盖伞属 *Inocybe* (Fr.) Fr.。

中国丝盖伞科分属检索表

靴耳属 Crepidotus (Fr.) Staude

Schwämme Mitteldeutschl. 25: xxv, 71 (1857)

担子体小型至中型，侧耳型。菌盖形状多样，半圆形、贝壳形、扇形、肾形或匙形，薄，肉质、膜质或韧肉质至革质，扁平。表面白色至淡锈色，有时黏，密覆有细绒毛，光滑或有鳞片。菌肉薄，白色，菌丝有或无锁状联合，非淀粉质。菌褶初期近白色至苍白色，成熟后淡粉红色至浅锈色或陶土色，有柄时则延生。菌褶菌髓规则至近规则型。无菌柄或只有着生点延伸的短假柄，偏生或侧生。侧生囊状体缺。常有缘生囊状体。孢子印土黄色、粉红色至锈色。孢子近球形、椭圆形或杏仁形，光滑或粗糙，褐色、淡锈色至肉桂褐色或淡粉红色，无芽孔。菌盖外皮层由平伏至近栅状排列的管状菌丝组成，有或无锁状联合。

通常生于腐木上，少生于植物残体上(茎秆、落叶和垃圾)或地上。

模式种：*Crepidotus mollis* (Schaeff.) Staude

靴耳属(*Crepidotus*)分亚属检索表

1. 无锁状联合 ·· **靴耳亚属 subg. *Crepidotus***
1. 有锁状联合 ·· **斜柄亚属 subg. *Dochmiopus***

靴耳亚属(subg. *Crepidotus*)分组检索表

1. 菌盖菌髓有凝胶层 ·· **靴耳组 sect. *Crepidotus***
1. 菌盖菌髓无凝胶层 ·· 2
　2. 孢子具纹饰；菌盖表皮和缘生囊状体带红色 ·············· **朱红色组 sect. *Cinnabarini***
　2. 孢子光滑；菌盖表皮和缘生囊状体无色 ······················ **白色组 sect. *Versuti***

靴耳组(sect. *Crepidotus*)分种检索表

1. 菌盖表面有锈色鳞片 ··· 2
1. 菌盖表面无锈色鳞片 ··· 4
　2. 菌盖表面具浓密鳞片 ·· 3
　2. 菌盖表面具稀疏鳞片 ································ **栎生靴耳 *Crepidotus fraxinicola***
3. 孢子椭圆形 ································ **美鳞靴耳原变种 *Crepidotus calolepis* var. *calolepis***
3. 孢子细长椭圆形 ······················ **美鳞靴耳小鳞变种 *Crepidotus calolepis* var. *squamulosus***
　4. 菌盖边缘锯齿状 ·· **齿缘靴耳 *Crepidotus dentatus***
　4. 菌盖边缘平滑 ·· 5
5. 菌盖有长条纹 ·· **条盖靴耳 *Crepidotus striatus***
5. 菌盖边缘条纹短或不明显 ··· 6
　6. 菌盖皮层无明显的凝胶层 ······························ **阿拉巴马靴耳 *Crepidotus alabamensis***
　6. 菌盖皮层有明显的凝胶层 ·· 7
7. 缘生囊状体烧瓶形，偶见分枝 ··································· **异囊靴耳 *Crepidotus heterocystidiosus***
7. 缘生囊状体近柱形或近囊形 ··· 8
　8. 菌盖表皮菌丝近平行 ·· **软靴耳 *Crepidotus mollis***
　8. 菌盖表皮菌丝近垂直 ·· **假黏靴耳 *Crepidotus pseudomollis***

阿拉巴马靴耳 图 5，图版 I 1-2

Crepidotus alabamensis Murrill, N. Amer. Fl. (New York) 10(3): 150 (1917)

　　菌盖直径 10–25mm，无柄，侧耳型，肾形、扇形或半球形，白色，柔软，黏滑，表面光滑或具不明显粉霜状物，背面被白色绒毛，边缘平滑，湿时具有微弱短条纹，白色至浅灰色，干时颜色稍退。菌褶辐射状，薄，幅窄至中等宽，密，初期白色，后变成浅灰黄色或褐黄色。菌肉白色稍厚，韧，胶质，易腐烂。孢子印褐色。

　　担孢子 6.0–8.8×4.3–5.0μm，Q=1.2–1.4，椭圆形至卵形，在 5%的 KOH 溶液中呈浅褐色，表面光滑，薄壁，透明。担子 20–31×5–8μm，棒状，具 4 个担子小梗。无侧生囊状体。缘生囊状体 32–62×7–11μm，纺锤形、腹鼓状。菌褶菌髓近平行型，菌丝直径

7–12μm。菌盖菌髓互相交织。菌盖表皮呈交织状，无色，分枝呈叉状或呈头状，菌丝末端膨大形成盖生囊状体。所有组织均无锁状联合。

生境：夏季至秋季群生于阔叶树腐木上。

中国分布：吉林、浙江、江西、广西、四川、贵州。

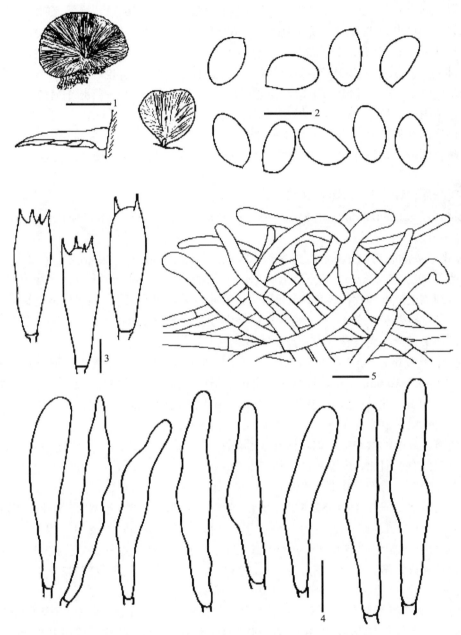

图 5　阿拉巴马靴耳 *Crepidotus alabamensis* Murrill（HMJAU36914）

1. 担子体(basidiocarps)；2. 担孢子(basidiospores)；3. 担子(basidia)；4. 缘生囊状体（cheilocystidia）；5. 菌盖表皮(pileipellis)。标尺：1=2mm；2–5=10μm

世界分布：亚洲、美洲。

研究标本：**吉林** HMJAU36910，白山市抚松县露水河，图力古尔，2013 年 6 月 28

日；HMJAU37080、HMJAU37096、HMJAU37101，白山市临江市大羊岔，盖宇鹏、颜俊清，2015 年 7 月 15 日；HMJAU37107，延边朝鲜族自治州安图县二道白河镇，盖宇鹏、刘晓亮、韩冰雪、张敏，2015 年 6 月 21 日；HMJAU37069、HMJAU37070、HMJAU37072，盖宇鹏、颜俊清，2015 年 7 月 2 日；HMJAU37100，集安市五女峰，盖宇鹏、颜俊清、丁玉香，2015 年 8 月 5 日。**浙江** HMJAU36911，杭州市於潜天目山，杨思思，2013 年 7 月 4 日。**江西** HMJAU36912，茨坪镇井冈山，杨思思，2013 年 6 月 27 日；HMJAU37152，资溪市马头山自然保护区，盖宇鹏、图力古尔、颜俊清，2015 年 8 月 11 日。**广西** GDGM26457，桂林市猫儿山，邓春英、黄浩，2009 年 5 月 28 日。**四川** HMJAU36913，西昌市泸山，杨思思，2011 年 7 月 19 日。**贵州** HMJAU36914，凯里市雷山县，杨思思，2011 年 8 月 1 日。

讨论：此种在宏观形态上易与软靴耳 *C. molllis* 混淆，但后者菌盖及担孢子稍大，缘生囊状体较窄，近柱形，孢子颜色淡锈色至黄褐色，具有内含物。

美鳞靴耳原变种　图 6，图版 II 13
Crepidotus calolepis var. **calolepis**（Fr.）P. Karst., Bidr. Känn. Finl. Nat. Folk 32: 414 (1879)
Agaricus calolepis Fr., Öfvers. K. Svensk. Vetensk.-Akad. Förhandl. 30(no. 5): 5(1873)

菌盖直径 15–50mm，扇形至近圆形，初期钟形，后凸镜形至平展，盖缘内卷，表面密被细绒毛或细鳞片，基部具白色绒毛，盖面淡褐色或淡锈色，后慢慢褪色直至水浸状，黏。菌褶稍密，较窄，弓形，奶油色至肉桂色。菌柄幼时可见。菌肉奶油色至橄榄黄色，稍带苦味，无特殊气味。孢子印黄褐色至锈褐色。

担孢子 7.0–8.7×5.7–7.2μm，Q=1.3–1.7，椭圆形，光滑，淡褐色，壁稍厚。担子 20.0–36.0×6.5–10.6μm，宽棒状，具 4 个担子小梗，偶 2 个，薄壁，透明。缘生囊状体 30–50×5–11μm，圆柱形、近囊状、烧瓶形或棒状，透明，薄壁。菌盖表皮由放射状排列褐色菌丝组成，直径 3–5μm。所有组织均无锁状联合。

生境：夏季、秋季生于阔叶树腐木上。

中国分布：河北、内蒙古、吉林、广东。

世界分布：亚洲、欧洲、美洲。

研究标本：**河北** HMAS22827，小五台山，徐连旺，1957 年 8 月 8 日。**内蒙古** HMJAU4161，通辽市大青沟自然保护区，图力古尔，2005 年 8 月 24 日。**吉林** HMJAU22011，延边朝鲜族自治州安图县，图力古尔，2009 年 6 月 27 日；HMJAU7163，延边朝鲜族自治州长白县，图力古尔，2006 年 6 月 29 日。**广东** GDGM27840，韶关市始兴县车八岭，李跃进、黄浩等，2010 年 9 月 27 日。

讨论：美鳞靴耳原变种的主要特征是菌盖表面密被褐色绒毛或鳞片，担孢子椭圆形，表面光滑，壁稍厚，菌盖表皮由放射状排列的褐色菌丝组成，菌盖的鳞片由香肠状短细胞组成的成簇菌丝组成。Senn-Irlet(1994)认为该种为软靴耳的异名，前者菌盖表面有明显的褐色鳞片，在担子体幼时形成浓密的褐色绒毛，较后者更为致密，且前者担孢子大于后者，故认为两者为不同种。戴芳澜(1979)报道了该种分布于我国河北，图力古尔等(2007)也根据产自黑龙江的标本报道了该种的分布，但两者均未提供具体形态描述。

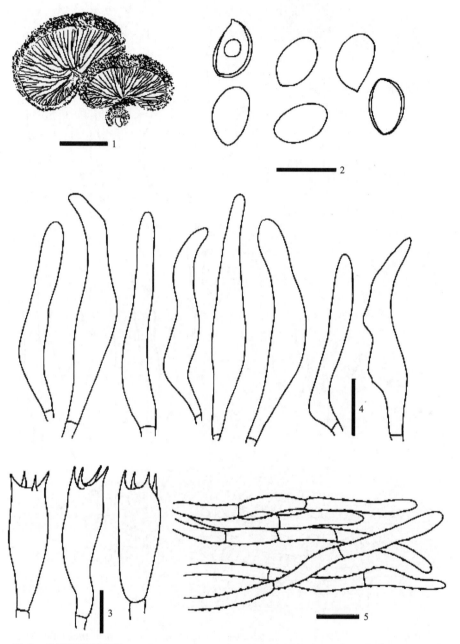

图 6　美鳞靴耳原变种 *Crepidotus calolepis* var. *calolepis* (Fr.) P. Karst.（HMJAU22011）

1. 担子体（basidiocarps）；2. 担孢子（basidiospores）；3. 担子（basidia）；4. 缘生囊状体（cheilocystidia）；5. 菌盖表皮
（pileipellis）。标尺：1=2mm；2–5=10μm

美鳞靴耳小鳞变种　图 7，图版 II 11-12

Crepidotus calolepis var. **squamulosus** (Cout.) Senn-Irlet, Persoonia 16（1）：37（1995）

Derminus（*Crepidotus*）*mollis* var. *squamulosus* Cout., Bol. Soc. Broteriana IX: 211（1934）

　　菌盖直径 15–60mm，幼时钟形，后变成半球形、匙形或扇形，中央稍微凸起或平

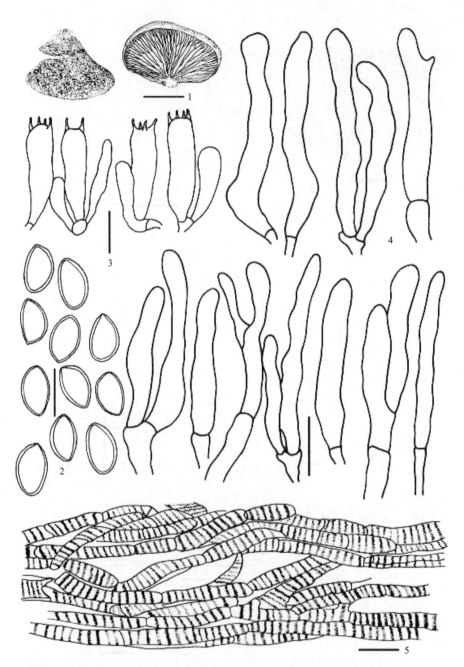

图 7 　美鳞靴耳小鳞变种 *Crepidotus calolepis* var. *squamulosus* (Cout.) Senn-Irlet (HMJAU22027)

1. 担子体(basidiocarps)；2. 担孢子(basidiospores)；3. 担子(basidia)；4. 缘生囊状体 (cheilocystidia)；5. 菌盖表皮

(pileipellis)。标尺：1=2mm；2–5=10μm

凸，赭黄色至黄褐色，表面被锈色至褐色鳞片或微纤维状绒毛，菌盖边缘稍内卷。菌褶稍密，幼时白色，成熟后变为褐色，褶缘白色，有绒毛。菌柄仅幼时可见。菌肉灰白色，稍苦，无特殊气味。孢子印赭黄色至黄褐色。

担孢子 8.7–10.3×5.9–6.9μm，Q=1.3–1.7，椭圆形至长椭圆形、杏仁形，光滑，厚壁，无色，少数中央含有一大油滴。担子 22–27×7.0–8.9μm，宽棒状至圆柱形，具 2–4

个担子小梗，担子小梗长 3–5μm，透明，无色。子实层菌髓不规则型，由不定向交织菌丝组成，厚 15μm，菌丝直径 4μm，凝胶状，缘生囊状体 33–42×5.6–9.7μm，近圆筒状、窄囊状、烧瓶状，少数基部具一横隔，无色，透明，弯曲波浪状，褶缘覆瓦状。菌盖表皮由匍匐、栅栏状或放射状菌丝不定向交织凝结组成，菌丝末端细胞膨大，呈圆柱形，透明，直径 2.5–5μm，表面有一层成束的腊肠形短细胞组成的鳞片或结痂，宽 8–22μm，褐色，浓密。所有组织均无锁状联合。

生境：夏季、秋季生于阔叶树腐木上。

中国分布：吉林。

世界分布：亚洲、欧洲、美洲。

研究标本：**吉林** HMJAU36915，延边朝鲜族自治州安图县，杨思思，2012 年 8 月 19 日；HMJAU22027，延边朝鲜族自治州安图县，图力古尔，2009 年 6 月 27 日；HMJAU36916，抚松县露水河，图力古尔、杨思思，2011 年 7 月 6 日；HMJAU7141，安图县二道白河镇，图力古尔，2007 年 7 月 10 日；HMJAU7159，长白县，图力古尔，2006 年 6 月 28 日；HMJAU7042，安图县二道白河镇，图力古尔，2007 年 7 月 26 日；HMJAU22028，安图县二道白河镇，图力古尔，2009 年 6 月 27 日；HMJAU22066，抚松县露水河，图力古尔，2009 年 6 月 25 日；HMJAU7162，长白县，图力古尔，2006 年 6 月 28 日。

讨论：该种与美鳞靴耳原变种 *C. calolepis* var. *calolepis* 均密布锈色鳞片或纤维状绒毛，这是区别于靴耳亚属其他种的重要特征，在靴耳亚属中朱红靴耳 *C. cinnabarinus* 表面也具有密绒毛或长柔毛，与朱红靴耳比较缺少明显的鳞片且盖面为朱红色，较易区分，美鳞靴耳小鳞变种 *C. calolepis* var. *squamulosus* 的孢子(8.6–10.1×5.5–6.9μm) 比靴耳亚属其他种的孢子稍大一些，也是其识别特征之一。此种与美鳞靴耳原变种相比，孢子稍长和宽一些，后者大小为 7.5–10×5–7μm，而且后者由鳞片组成的菌丝直径为 15μm。

齿缘靴耳　图 8

Crepidotus dentatus T. Bau & Y.P. Ge, in Ge & Bau, Mycosystema 39(2): 246 (2020)

菌盖直径 0.4–1.6cm，幼时白色至灰白色，膜质，蹄形、贝壳形，近基部凸起，成熟后污白色、稍带粉色至浅褐色，扇形至半圆形、凸镜形，表面黏，具长条纹，无绒毛，边缘明显锯齿状，非水浸状。菌褶 1.0–2.0mm 宽，L=5–12，l=3–5，幼时白色至灰白色，成熟后土褐色至赭色，弓形，直生至稍延生。菌柄无。菌肉薄，近透明，无特殊味道和气味。

担孢子 6.7–7.7(8.3)×4.5–5.3(5.7)μm，Q=1.32–1.50(1.58)，正面观椭圆形，两端稍尖，侧面观杏仁形，两边不等长，土黄色至茶色，光滑，但在扫描电镜下担孢子表面非光滑，具不明显小麻点状纹饰。内部偶具油滴，未观察到明显脐侧附胞。担子 16–20×4.6–6.4μm，圆柱形至棒形，中央一侧或两侧膨大，偶弯曲，无色，薄壁，具 2 个或 4 个担子小梗。侧生囊状体未见。缘生囊状体(22)29–43(51)×(3.5)4.6–6.0(8.0)μm，棒形至烧瓶形、保龄球形，部分弯曲，中央一侧或两侧膨出，无色，薄壁。菌盖皮层"cutis"型，由 3.7–4.4μm 粗长圆柱状菌丝构成，近平行排列，偶分枝，具 80–150μm 厚凝胶层。所有组织均无锁状联合。

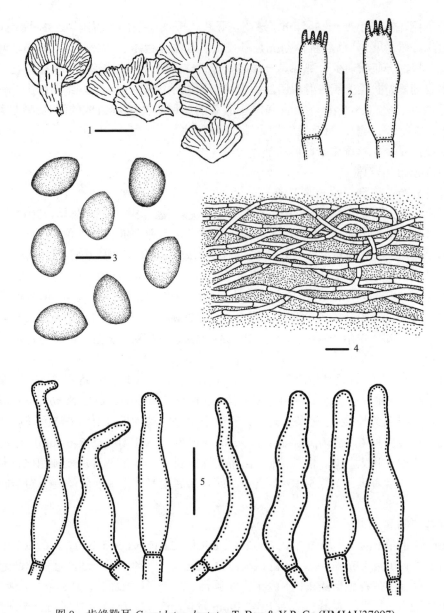

图 8　齿缘靴耳 *Crepidotus dentatus* T. Bau & Y.P. Ge (HMJAU37097)

1. 担子体(basidiocarps)；2. 担子(basidia)；3. 担孢子(basidiospores)；4. 菌盖表皮(pileipellis)；5. 缘生囊状体
(cheilocystidia)。标尺：1=1cm; 2=5μm; 3–5=10μm

生境：阔叶树腐木上群生。

中国分布：浙江、福建。

世界分布：亚洲。

研究标本：**浙江** HMJAU37097、HMJAU37098，丽水市庆元县五岭坑，2015 年 8
月 16 日，盖宇鹏、图力古尔。**福建** HMJAU37161，武夷山市星村镇黄村石源龙，2015
年 8 月 13 日，盖宇鹏、图力古尔。

讨论：棒形至烧瓶形的缘生囊状体在靴耳亚属中比较常见，如 *C. mollis*、*C. herbarum*
均与该种相类似，与之相区分的是 *C. mollis* 的菌盖表皮具有暗色菌丝；*C. herbarum* 的担孢子为长椭圆形。在所研究的采自中国的材料中，*C. alabamensis*、*C. pseudomollis* 也具有相近的缘生囊状体形态，但这两种菌褶边缘均有凝胶层。*C. dentatus* 与靴耳亚属其他物种最明显的区分特征为锯齿状的菌盖边缘，除 *C. dentatus* 外，该亚属其余物种菌盖边缘均平滑，偶见个别种的担子果，如 *C. striatus* 老后菌盖边缘弱齿状，但也与 *C. dentatus* 明显锯齿状边缘相区分。基于多基因联合建树分析结果显示，*C. dentatus* 与 *C. alabamensis* 形成单系群，这一结果也与形态研究结论相符。此外，*C. dentatus* 的担孢子在扫描电镜下近光滑，表面具起伏的纹饰，与光滑孢子物种，如 *C. heterocystidiosus* 有一定区别。

梣生靴耳　图 9，图版 III 22

Crepidotus fraxinicola Murrill, N. Amer. Fl.（New York）10（3）：150（1917）

菌盖直径 1.0–1.8cm，幼时浅橙色至浅褐色，扇形、凸镜形，表面具白色丛毛鳞，边缘内卷，成熟后淡黄色至乳酪色，扇形，表面稍黏，具稀疏丛毛鳞，近基部具白色绒毛，边缘完整，无缺刻，无条纹，非水浸状。菌褶 1.0–1.5mm 宽，$L=7$–10，$l=3$–5，弓形，幼时白色，成熟后奶酪色至浅橙色。菌柄 1.5–3.5×1.5–2.5mm，成熟后短圆柱形至点状，表面具白色绒毛。菌肉薄，无特殊味道和气味。

担孢子（6.8）7.3–8.4（9.0）×（4.3）4.8–5.5μm，$Q=1.4$–1.7（图版 XXV 63），正面观卵形、椭圆形至长椭圆形，远脐端稍尖，侧面观杏仁形，两边不等长，浅土褐色至茶色，光滑（油镜下），内部或具油滴，未观察到明显脐侧附胞（油镜下）；扫描电镜下担孢子表面具较密的小麻点。担子 17–26×6.5–9.3μm，棒形，向基部渐细，无色，薄壁，具 2 个或 4 个担子小梗。侧生囊状体未见。缘生囊状体 25–53（61）×（2.3）4.2–7.7μm，长圆柱形至棒形，弯曲，顶端偶见分枝，等粗或向下渐粗，近基部多一侧膨大。菌褶边缘具 60–150μm 厚凝胶层，覆盖缘生囊状体。菌盖皮层 "tomentum" 型，由 3.4–4.3μm 粗、长圆柱状细胞组成，近平伏，少数分枝，菌盖皮层上部具由长圆柱状至香肠形平伏菌丝构成的鳞片，黄色至蜜色，具 160–240μm 厚凝胶层。所有组织均无锁状联合。

生境：山杨腐木上散生。

中国分布：吉林。

世界分布：亚洲、美洲。

研究标本：**吉林** HMJAU37056，延边朝鲜族自治州安图县二道白河镇，盖宇鹏、颜俊清，2015 年 6 月 20 日。

讨论：该种自 1917 年 Murrill 发表后一直鲜有采集记录，至今仅有均来自北美洲的 5 份标本记载，是靴耳属中一个 "被遗忘的种"，自 Hesler 和 Smith（1965）研究后再无文献记录采到该种。记载的 5 份标本除了 1903 年 Murrill 采自纽约的模式标本外，其余 4 份均来自 Smith 的记录，GenBank 上该种的序列由 Aime 上传，曾用于狭义靴耳科的确定，尚不清晰是否为新近采集的标本（Murrill 1917, Hesler and Smith 1965, Aime 1999, 2001, Aime *et al.* 2005）。

根据 Hesler 和 Smith（1965）的分类系统，该种属于 *Crepidotus* subg. *Crepidotus* sect. *Crepidotus*，靴耳亚属中所有种均无锁状联合并且具有相似的孢子形态，*C. fraxinicola* 的担孢子大小与靴耳亚属中几乎所有的种均有重合，从担孢子形态上是无法区分的。靴耳亚属的分类也是众多学者头疼的事情，Senn-Irlet(1995)在对欧洲的靴耳进行研究后仅区分出靴耳亚属2种：*C. mollis* 和 *C. calolepis*，虽然认为靴耳亚属中应该还能进一步区分，但是种间差异过小，并且分类学家对 *C. mollis* 和 *C. calolepis* 这两种是否能区分开持不同意见，所以暂时将其作 *C. mollis* 复合群对待。与靴耳亚属的其他种相比，*C. fraxinicola* 是相对容易区分的，该种的主要特征是菌盖表面具丛毛状鳞片，边缘无条纹，非水浸状，并且具有一个 60–150μm 厚的凝胶层。其宏观特征可以与 *C. ochraceus*、*C. alabamensis*、*C. uber* 等边缘具条纹的种相区分，表面的丛毛状鳞片在显微镜下也与 *C.*

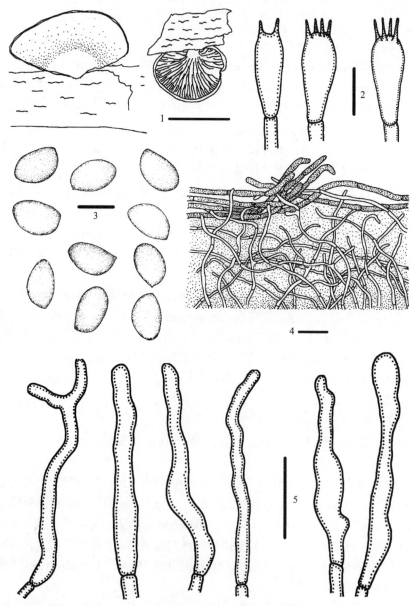

图 9　梣生靴耳 *Crepidotus fraxinicola* Murrill（HMJAU37056）

1. 担子体(basidiocarps)；2. 担子(basidia)；3. 担孢子(basidiospores)；4. 菌盖表皮(pileipellis)；5. 缘生囊状体(cheilocystidia)。标尺：1=1cm；2、4、5=10μm；3=5μm

mollis 的区别明显，微观特征特别是菌褶边缘的凝胶层这一特征可与 *C. stratosus*、*C. unicus*、*C. parvulus*、*C. putrigenus* 等无凝胶层的种相区别。从担孢子的角度考虑，虽然与大多数的靴耳亚属物种在大小上无明显区别，也具有相似的 Q 值，但 *C. fraxinicola* 担孢子远脐端稍尖，侧面观豆形稍偏梭形。

Murrill(1917) 在 *C. fraxinicola* 定名时考虑到模式采自梣树腐木上，所以以 *Fraxini*(*Fraxinus*)体现在种加词上，但根据 Hesler 和 Smith(1965)的研究认为该种可生于大多数阔叶树腐木，并不仅限于梣树，所以中国的材料采自山杨腐木上也符合该种的生境特征。Norstein(1990)认为靴耳属中菌褶边缘凝胶化的种多产自杨属腐木上，无凝胶化特征的种多产自梣树腐木上，这也与 *C. fraxinicola* 的标本生境情况相同。

异囊靴耳 图 10，图版 III 23-24

Crepidotus heterocystidiosus T. Bau & Y.P. Ge, in Ge & Bau, Mycosystema 39(2): 246 (2020)

菌盖(2.5)8.0–24.0mm，幼时白色，半透明，蹄形、半圆形、扇形、凸镜形，表面具白色短绒毛，边缘条纹不明显，非水浸状，成熟后白色至污白色，半圆形、扇形，边缘稍上翘，盖面黏，具白色绒毛，边缘具明显条纹，偶见水浸状，基部具绒状白色菌丝。菌柄幼时明显，圆柱形，1.0–3.0×0.5–1.0mm，白色，表面具白色绒毛，成熟后短圆柱形至近球状。菌褶(1.5)6.0–13.0mm，弓形，幼时白色，后稍带粉色，成熟后褐色，延生。菌肉白色，极薄，无特殊气味和味道。

担孢子(5.7)6.2–7.6(8.1)×4.3–5.2(5.6)μm，Q=1.20–1.46(1.54)，正面观宽椭圆形至椭圆形、卵形，侧面观豆形，浅褐色至茶褐色，光滑，内部或具油滴，脐侧附胞不明显。担子(14.4)18.3–26.0×(4.5)5.2–6.5μm，薄壁，具 4 担子小梗，偶见 2 担子小梗，棒状，向基部略粗，中部或一侧膨出，无锁状联合。侧生囊状体未见。缘生囊状体(26.9)41.8–54.6(64.2)×(2.8)5.9–9.2μm，烧瓶形，顶端多分枝，少数顶端较长且弯曲生长，偶见近圆柱形基部，无锁状联合。菌盖表皮"trichoderm"型，菌丝细长，(44.6)64.4–73.8×2.4–2.9μm，由基部圆柱形细胞分化，28.2–36.5(46.8)×4.5–6.9μm，具50–70μm 宽凝胶层，偶见锁状联合。

生境：群生于桉树树皮裂缝中。

中国分布：云南。

世界分布：亚洲。

研究标本：**云南** HMJAU37054、HMJAU37034、HMJAU37038，昆明市植物园，盖宇鹏、颜俊清，2016 年 8 月 6 日；HMJAU37045，昆明市黑龙潭公园，盖宇鹏、颜俊清，2016 年 8 月 6 日；HMJAU37053，中国科学院昆明植物研究所，盖宇鹏、颜俊清，2016 年 8 月 6 日。

讨论：Senn-Irlet(1995)认为锁状联合在不同的亚属中均有分布，其中 subg. *Crepidotus* 内物种均无锁状联合，根据她的研究结果，欧洲 subg. *Crepidotus* 中 2 种和 subg. *Dochmiopus* 中 3 种无锁状联合。subg. *Dochmiopus* 中 *C. cinnabarinus* 和 *C. versutus* 孢子具纹饰，而 *C. epibryus* 虽孢子光滑，但为圆柱形至纺锤形(Q=2.1–3.2)，可与该种明显区分；subg. *Crepidotus* 中物种均无锁状联合并具有光滑孢子，Senn-Irlet(1995)记

录该亚属在欧洲有 2 种 1 变种，分别为 *C. mollis*、*C. calolepis* var. *calolepis*、*C. calolepis* var. *squamulosus*，但孢子均较大，缘生囊状体为窄烧瓶形至圆柱形以及菌盖表皮类型均明显区别于该种。

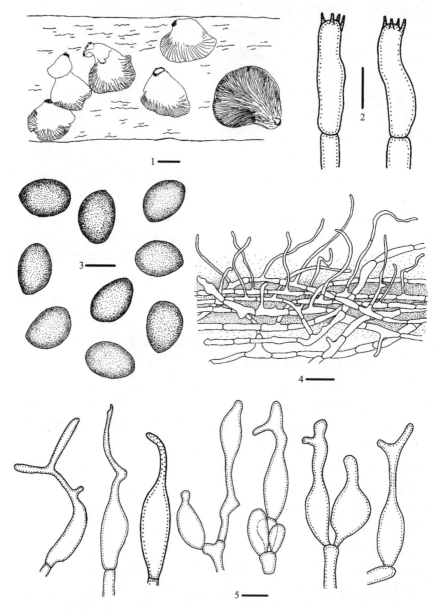

图 10　异囊靴耳 *Crepidotus heterocystidiosus* T. Bau & Y.P. Ge（HMJAU37053）

1. 担子体(basidiocarps)；2. 担子(basidia)；3. 担孢子(basidiospores)；4. 菌盖表皮(pileipellis)；5. 缘生囊状体
(cheilocystidia)。标尺：1=1cm；2=5μm；3–5 =10μm

Hesler 和 Smith（1965）根据北美洲的材料，在 subg. *Crepidotus* 共记录 26 种 3 变种，其中 *C. alabamensis*、*C. uber*、*C. coloradensis* 三种与所研究种具有相近的孢子形状和大小，其中 *C. coloradensis* 菌盖为浅黄色、灰黄色、略带粉色与之区别；*C. alabamensis* 缘生囊状体为棒状或者瓶状，顶部无分枝，而盖皮菌丝为"interwoven"，末端菌丝形成叉形或多分枝的盖生囊状体，均与所研究种相区别；*C. uber* 缘生囊状体为棒状、倒棍棒状，并且其孢子略大，菌盖表面无凝胶层，不黏，也与该种相区别。

所研究种的缘生囊状体形状是另一个重要的区别特征，在 Hesler 和 Smith (1965) 研究中有 *C. pubescens*、*C. mollis* var. *cystidiosus*、*C. distortus*、*C. fusisporus*、*C. villosus* 具有相近缘生囊状体，但后 3 种均具有锁状联合。*C. mollis* var. *cystidiosus* 则孢子较大，*C. pubescens* 属于 subg. *Crepidotus* 中的圆孢种，均与所研究种相区分。

Senn-Irelet 和 Meijer (1998) 记录过 *C. albidus* 的担孢子与所研究种具有相似的形状和大小，但缘生囊状体为圆柱形至窄烧瓶形，不分枝，并记载锁状联合极为少见，与所研究种相区别。Hesler 和 Smith (1965) 也曾对 *C. albidus* 进行研究，并坚持认为该种具有锁状联合，一般来说，即使是 subg. *Crepidotus* 内的种，锁状联合在菌盖表皮上会偶见出现，而 Hesler 和 Smith (1965) 多以这种偶见的锁状联合进行判断，这种判断方法是不稳定的，从担子基部进行观察是准确的。不过 Bandala 和 Montoya (2004) 对采自墨西哥的 *C. albidus* 进行研究也指出，该种在子实层上观察到锁状联合，据此判断，该种的研究应存争议，欧洲的种和美洲的种可能是两个种。

除此之外，Senn-Irlet (1992)、Bandala 和 Montoya (1999，2000a，2000b) 均曾对一些无锁状联合的种进行研究，但均与所研究种相区别。

软靴耳 图 11，图版 V 34-35

中文异名：粘锈耳、黏靴耳、软靴耳菌。

Crepidotus mollis (Schaeff.) Staude, Schwämme Mitteldeutschl. 25: 71 (1857)

Agaricus canescens Batsch, Elench. Fung. (Halle): 95, tab. 9: 38 (1783)

Agaricus gelatinosus J.F. Gmel., Systema Naturae, Edn 13, 2 (2): 1429 (1792)

Agaricus mollis Schrad., Spicil. Fl. Germ. 1: 133 (1794)

菌盖直径 20–60mm，半圆形、倒卵形、扇形或贝壳形至广楔形，初时凸起，后扁平，肉质，表面光滑，有胶质层，水浸后半透明，湿时很黏，盖面白色、污白色至乳黄色，往往被有茶褐色孢子粉，干后全部纯白色至灰白色或黄褐色至淡褐色，稍黏或干，平滑无毛，稍带黄土色，边缘呈淡褐色，有绒毛和灰白色粉末，但附属物易脱落至光滑，基部有一丛白毛，初期盖缘内卷，后展开，有不明显的条纹，波状或浅裂。菌褶从盖之基部中心辐射状而出，延生，稍密，狭窄，有小褶片，长短不一，密，幅窄，幼时白色，后变为褐色、深肉桂色或淡锈色。菌肉薄，膜质，表皮下带胶质，近白色，老熟后变为淡肉桂色或褐色，味柔和。无柄菌。孢子印黄土褐色、赭色或锈色。

担孢子 7.5–10×5–6μm，Q=1.3–1.6，椭圆形或卵圆形，光滑，有短尖突，淡锈色至黄褐色，有内含物，复原时遇 KOH 液不变色，遇 Melzer 氏液淡黄褐色，常含有一个大油滴，非淀粉质反应。担子 15–24×6–8μm，宽棒状，无色，具 4 个担子小梗。缘生囊状体 35–45×3–6μm，近柱形或近囊形，无色。菌褶菌髓近平行型。菌盖外皮层菌丝管状，不规则交织，粗 5–6μm，上有胶黏物。菌肉菌丝无色，遇 KOH 液不变色，遇 Melzer 氏液浅黄色。所有组织中均无锁状联合。

生境：夏季、秋季在各种活立阔叶树的倒木上覆瓦状叠生或群生。

中国分布：河北、青海、黑龙江、吉林、江苏、安徽、福建、江西、湖南、广东、广西、四川、西藏、云南、山东、贵州。

世界分布：亚洲、欧洲、美洲。

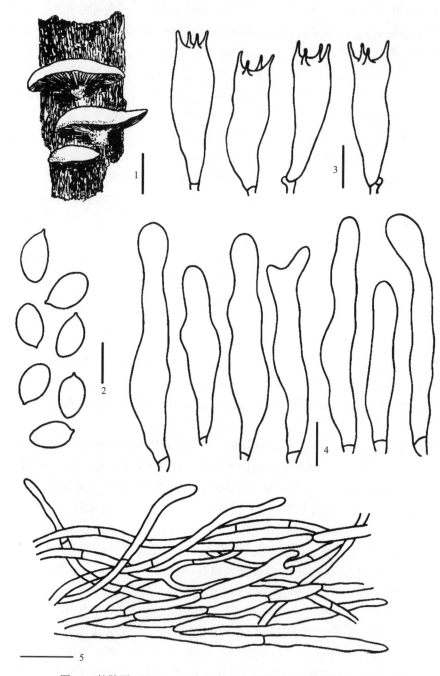

图 11　软靴耳 *Crepidotus mollis*（Schaeff.）Staude（HMJAU36922）

1. 担子体(basidiocarps)；2. 担孢子(basidiospores)；3. 担子(basidia)；4. 缘生囊状体（cheilocystidia）；5. 菌盖表皮
(pileipellis)。标尺：1=2mm；2–5=10μm

研究标本：**河北** HMJAU0558，丰宁坝上草原，图力古尔，2000 年 8 月 22 日；
HMAS23095，大石根碾子沟，马启明，1957 年 8 月 23 日。**青海** HMAS26997，香日德

莫不里沟，邢俊昌、马启明，1959 年 8 月 8 日。**黑龙江** HMJAU36917，伊春市丰林自然保护区，杨思思，2010 年 7 月 26 日；HMJAU36918，伊春市丰林自然保护区，杨思思，2010 年 7 月 26 日。**吉林** HMJAU7150，延边朝鲜族自治州安图县，图力古尔，2007 年 10 月 6 日；HMJAU7148，长白县，图力古尔，2006 年 6 月 28 日；HMJAU7138，长白县，图力古尔，2006 年 6 月 28 日；HMJAU22015，抚松县露水河，图力古尔，2009 年 6 月 25 日；HMJAU22093，抚松县露水河，图力古尔，2009 年 6 月 25 日；HMJAU201177，安图县二道白河镇，杨思思，2011 年 7 月 7 日；HMJAU7187，安图县二道白河镇，图力古尔，2007 年 7 月 9 日；HMJAU7178，安图县二道白河镇，刘宇，2007 年 9 月 1 日；HMJAU36919，珲春市团结屯，图力古尔；HMJAU22989，和龙市南山，图力古尔，2009 年 8 月 29 日；HMAS32289，安图县长白山自然保护区，杨玉川等，1960 年 7 月 26 日；HMJAU36920，珲春市胜利大队，图力古尔，2010 年 7 月 10 日；HMJAU36921，珲春市胜利大队，图力古尔，2010 年 7 月 10 日；HMJAU201079，蛟河市老爷岭，图力古尔，2010 年 7 月 9 日；HMJAU36922，长春市吉林农业大学，张鹏，2012 年 9 月 8 日。**江苏** HMJAU36923，南京市紫金山，杨思思，2013 年 7 月 7 日。**安徽** HMJAU36924，滁州市琅琊山，2013 年 7 月 9 日，杨思思。**福建** HMAS32290，福建省崇安县星村区七里桥，王庆之等，1960 年 5 月 20 日；HMJAU36925，福州市国家森林公园，杨思思，2013 年 6 月 21 日；HMJAU36926，闽清县黄楮林，杨思思，2013 年 6 月 24 日。**江西**：HMJAU36927，井冈山市茨坪镇井冈山，杨思思，2013 年 6 月 27 日；HMJAU36928，井冈山市茨坪镇，杨思思，2013 年 7 月 27。**湖南** HMAS42258，郴州公园，宗毓臣、卯晓岚，1981 年 9 月 21 日。**广东** GDGM24541，深圳市龙岗区大鹏镇，李泰辉、黄浩、邓春英，2006 年 9 月 25 日；GDGM25329，韶关市始兴县车八岭，李泰辉、黄浩等，2010 年 4 月 28 日；GDGM28741，韶关市始兴县车八岭，李泰辉、李传华等，2008 年 7 月 14 日。**广西** HMAS75816、HMAS75840，大明山，文华安、孙述霄，1997 年 12 月 19 日；HMAS75817，十万大山红旗林场，文华安、孙述霄，1997 年 12 月 19 日；HMAS75818，那坡县，文华安、孙述霄，1998 年 1 月。**四川** HMJAU36929，攀枝花市仁和区方山，杨思思，2011 年 7 月 23 日；HMAS51173，西昌泸山，文华安、苏京军，1984 年 6 月 5 日；HMAS51174，噶贡山，文华安、苏京军，1984 年 6 月 28 日。**云南** HMJAU7715，昆明市野鸭湖，图力古尔、杨思思，2011 年 8 月 8 日；HMJAU36930，昆明市五华区黑龙潭，杨思思，2011 年 7 月 25 日；HMAS59814，大理鸡足山，宗毓臣、李宇，1989 年 8 月 9 日。**西藏** HKAS45967，昌都县邛卡桥附近，葛再伟，2004 年 7 月 27 日。**山东** HMLD243，招远市东招远罗山，王建瑞，2012 年 7 月 26 日；HMLD2056，淄博市鲁山，王建瑞，2011 年 8 月 3 日。**贵州** HMAS72366，贵阳市，卯晓岚，1977 年 11 月 20 日；HMAS59822，绥阳县，应建浙、宗毓臣，1988 年 6 月 21 日。

讨论：该种是靴耳属中在国内报道分布最广泛、最常见的一个种，主要特征是具有凝胶状、有弹性、可剥离的菌盖和烟色至红褐色的菌褶。据文献记载可食用，但个体较小，食用意义不很大，故很少有人采食。该种在微观特征上与美鳞靴耳 *C. calolepis* 相近，但前者孢子稍窄，菌盖表皮无被壳菌丝。

假黏靴耳　图 12

Crepidotus pseudomollis T. Bau & Y.P. Ge, in Ge & Bau, Mycosystema 39（2）：248
　　（2020）

　　菌盖直径 0.5–1.8cm，幼时白色，多扇形至半圆形，少数蹄形、贝壳形，盖面黏，边缘完整，具条纹，稍内卷；成熟后白色至污白色，担孢子落于菌盖上导致菌盖颜色较深，多扇形、贝壳形，基部具不明显的白色绒毛；老后菌盖边缘缺刻，条纹明显，非水浸状。菌褶 1.0–2.0 mm 宽，L=5–10，l=3–7，幼时白色，成熟后污白色至浅锈色，弓形，延生。菌柄无或菌褶近基部球状，表面具白色菌丝。菌肉极薄，白色，无特殊味道和气味。

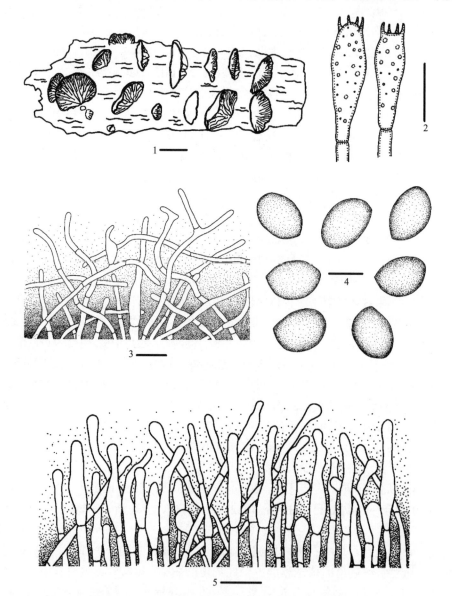

图 12　假黏靴耳 *Crepidotus pseudomollis* T. Bau & Y.P. Ge（HMJAU37125）
1. 担子体（basidiocarps）；2. 担子（basidia）；3. 菌盖表皮（pileipellis）；4. 担孢子（basidiospores）；5. 缘生囊状体
　　（cheilocystidia）。标尺：1=1cm；2、3、5 =10μm；4=5μm

担孢子(6.0)6.3–7.3(7.6)×4.2(4.6)–5.4(5.9)μm，Q=(1.23)1.30–1.47，正面观椭圆形，远脐端稍圆，侧面观杏仁形，浅褐色至土褐色，光滑，脐侧附胞明显。担子 18–22×5.8–7.4μm，多棒形，中部稍膨出，向基部渐细，顶端较基部粗，无色，薄壁，具4担子小梗。侧生囊状体未见。缘生囊状体 25–36(45)×4.8–8.8μm，棒状至窄烧瓶状，近基部一侧或两侧膨出，偶见弯曲。菌褶边缘具 50–85μm 厚凝胶层，覆盖缘生囊状体。菌盖表皮"trichoderm"型，由交织的长圆柱状细胞构成，4.3–5.8μm 宽，多数菌丝近垂直，偶见菌丝末端特化，具 60–100μm 厚凝胶层。无锁状联合。

生境：群生于阔叶树腐木、枯枝上。

中国分布：江西、福建、安徽。

世界分布：亚洲。

研究标本：**江西** HMJAU37125，资溪市马头山自然保护区，2015 年 8 月 11 日，盖宇鹏、图力古尔。**福建** HMJAU37158，武夷山市星村镇黄村石源龙，2015 年 8 月 13 日，盖宇鹏、图力古尔；HMJAU37163，武夷山市遇林窑，2015 年 8 月 14 日，盖宇鹏、图力古尔。**安徽**六安市金寨镇马鬃岭，2015 年 8 月 21 日，盖宇鹏、颜俊清，HMJAU37166。

讨论：根据 Hesler 和 Smith(1965)的分类系统，该种属于 subg. *Crepidotus*、sect. *Crepidotus*。由于 *Crepidotus pseudomollis* 的担孢子稍小，可与该组中的 *C. ochraceus*、*C. sububer*、*C. mollis* 等孢子较大的物种相区分。sect. *Crepidotus* 共有 6 种 3 变种，与 *Crepidotus pseudomollis* 担孢子大小相似的种还有 *C. fraxinicola*、*C. uber*、*C. alabamensis*，其中 *C. fraxinicola* 菌盖皮层均具褐色菌丝，根据这一特征可与 *Crepidotus pseudomollis* 相区分；*C. uber* 是该组内缘生囊状体较为特殊的一种，与 *Crepidotus pseudomollis* 的棍棒状缘生囊状体区别较大。该组内与 *Crepidotus pseudomollis* 较难区分的是 *C. alabamensis*，两者都具有凝胶层并且缘生囊状体较组内的其他物种更为接近，两种的主要区别在于 *C. alabamensis* 的菌盖皮层特征，多数情况下 *C. alabamensis* 的菌盖皮层凝胶层不明显，并且偏"cutis"型，而 *Crepidotus pseudomollis* 具有明显的凝胶层，同时菌盖皮层为"trichoderm"型。除此之外，*C. alabamensis* 在宏观特征上与 *Crepidotus pseudomollis* 也有一定区别，前者菌盖表面较干，边缘常水浸状并具短条纹，后者则是菌盖表面较黏，具长条纹，边缘非水浸状。

靴耳亚属中与 *Crepidotus pseudomollis* 在缘生囊状体形态上较为相似的还有 sect. *Parvuli* 中的 *C. parvulus*、sect. *Versuti* 中的 *C. versutus* 和 *C. herbarum*，但 3 种均可从担孢子形态上与 *Crepidotus pseudomollis* 相区分。sect. *Parvuli* 为靴耳亚属中的球状担孢子组，与 *Crepidotus pseudomollis* 在孢子形态上区别很大；*C. versutus* 的担孢子则具有纹饰，与 *Crepidotus pseudomollis* 也较易区分；*C. herbarum* 的担孢子是靴耳亚属中较为特殊的一种，宽仅有 3μm 左右，近杆状，与该种也区分明显。

条盖靴耳 图 13，图版 V 38-40

Crepidotus striatus T. Bau & Y.P. Ge, in Ge & Bau, *Mycosystema* 39(2)：251 (2020)

菌盖直径 0.8–1.7(2.3)cm，幼时白色，蹄形、贝壳形，盖面黏，边缘具不明显条纹，成熟后白色、污白色至淡肉粉色，扇形至半圆形、透镜形，老后盖面近平展，基部凸起，无明显菌丝，表面光滑，无绒毛及鳞片，盖缘波形，后具缺刻，边缘具明显条纹，较密，非水浸状。菌褶 1.5–2.5mm 宽，L=7–12，l=3–7，幼时白色，成熟后污白色至土褐色，弓形，延生。菌柄极小，幼时圆柱形，近透明，成熟后短圆柱形至点状，表面具白色菌丝。菌肉极薄，近透明，无特殊味道和气味。

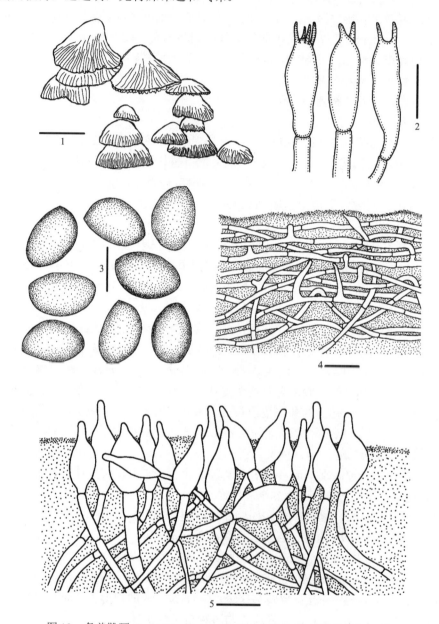

图 13　条盖靴耳 *Crepidotus striatus* T. Bau & Y.P. Ge（HMJAU37076）

1. 担子体（basidiocarps）；2. 担子（basidia）；3. 担孢子（basidiospores）；4. 菌盖表皮（pileipellis）；5. 缘生囊状体（cheilocystidia）。标尺：1=1cm；2、3、5 =10μm；4=5μm

担孢子 (6.7) 7.1–8.0 (8.5) ×4.6–5.4 (5.7) μm，Q= (1.33) 1.39–1.64，正面观椭圆形至近宽梭形，两端稍尖，侧面观杏仁形，浅茶色至土褐色，光滑，内部或具油滴，未观察到明显脐侧附胞。担子 18–24×6.0–7.6μm，圆柱形至棒形，中部稍膨出，向基部渐细，无色，薄壁，多具 2 担子小梗，少数具 4 担子小梗。侧生囊状体未见。缘生囊状体 25–41×8–14μm，细囊状至泡囊状，中部一侧或两侧膨大，顶端稍细，幼时明显，成熟后多塌陷。菌褶边缘具 37–80μm 厚凝胶层，覆盖缘生囊状体。菌盖表皮"cutis"型，由平伏长圆柱状细胞构成，4.3–5.7μm 宽，偶有短分枝，近菌盖基部分枝稍多，少数分枝可达 20μm 长，部分菌丝末端特化成盖囊体，细囊状至泡囊状（与缘生囊状体相同），具 50–120μm 厚凝胶层。无锁状联合。

生境：阔叶树腐木上群生。

中国分布：广西、福建、浙江、安徽。

世界分布：亚洲。

研究标本：**广西** HMJAU37076、HMJAU37077，南宁市良凤江国家森林公园，2016 年 8 月 16 日，盖宇鹏、颜俊清；HMJAU37087、HMJAU37093，南宁市武鸣县高峰林场爱沙分场，2016 年 8 月 17 日，盖宇鹏、颜俊清。**福建** HMJAU37050、HMJAU37052，武夷山市星村镇黄村石源龙，2015 年 8 月 13 日，盖宇鹏、图力古尔；HMJAU37061，武夷山市遇林窑，2015 年 8 月 14 日，盖宇鹏、图力古尔。**浙江** HMJAU37063，丽水市庆元县五岭坑，2015 年 8 月 16 日，盖宇鹏、图力古尔。**安徽** HMJAU37068，六安市金寨镇马鬃岭，2015 年 8 月 21 日，盖宇鹏、颜俊清。

讨论：根据担孢子光滑、菌盖具凝胶层这两个特征，*C. striatus* 应被归入 subg. *Crepidotus*、sect. *Crepidotus*（Hesler and Smith 1965）。该组共有 5 种 3 变种，除 *C. uber* 外，其余种均具有明显的凝胶层，但 *C. uber* 是该组中缘生囊状体形态与 *C. striatus* 最为相似的物种。两者同时具有细囊状至泡囊状的缘生囊状体，不同的是 *C. striatus* 菌褶边缘具有明显的凝胶层，而 *C. uber* 菌褶边缘则没有这一特征，并且在菌盖表面凝胶层也极不明显。Hesler 和 Smith（1965）在对 sect. *Crepidotus* 进行研究时对褶缘具凝胶层的状态及厚度均有细致的描述，而 *C. uber* 则是该组中无明显凝胶层的种，同时也指出菌盖表面的凝胶层也可能观察不到，这一点 Han 等（2004）也曾指出过。*C. striatus* 则在菌盖表面、菌褶边缘均具有明显的凝胶层，可与 *C. uber* 明显区分，同时 *C. uber* 的缘生囊状体壁稍厚，这也是与 *C. striatus* 的区别特征。此外，两者的生境不同也是两者的区别特征，*C. uber* 多生于北方地区，群生，成片生长，而 *C. striatus* 则多生于南方湿热环境中，担子体 3–10 个群生，与 *C. uber* 明显区别。

细囊状至泡囊状的缘生囊状体是 *C. striatus* 区别于靴耳亚属其他物种的重要特征。靴耳亚属的物种多具豆形、光滑的担孢子，在显微镜下较易识别，同时中间差异较少，世界上大多数研究多均仅识别 *C. mollis*、*C. calolepis* 两种。Hesler 和 Smith（1965）对北美洲的靴耳属研究后将这一亚属扩大为 6 组 19 种，其中去掉担孢子具明显纹饰的 sect. *Parvuli* 和上文讨论的 sect. *Crepidotus* 外尚有 4 组 8 种与 *C. striatus* 同具相似的担孢子形态，但均可通过不同的缘生囊状体形态与之相区别。在整个靴耳亚属中，也仅有 *C. uber* 与 *C. striatus* 具有相近的囊状体形态，应用这一特征可轻易地将 *C. striatus* 与靴耳属大多数物种相区分。

朱红色组 sect. *Cinnabarini*

朱红靴耳 图 14

中文异名：朱砂靴耳

Crepidotus cinnabarinus Peck, Bull. Torrey Bot. Club 22: 489（1895）

菌盖直径 10–18mm，半球形、贝壳形或扇形，幼时匙状至凸镜形，老后边缘弯曲内卷，盖面被密绒毛或长柔毛，后近光滑，朱红色、鲜红色至珊瑚红色。菌褶稠密，鲜红色至浅褐色，成熟后变为褐色，褶缘细锯齿状或流苏状，红色。菌柄不明显或具偏生、被绒毛的短菌柄。菌肉柔软，薄，白色至黄色，气味不明显，味道温和。孢子印褐色或肉桂色。

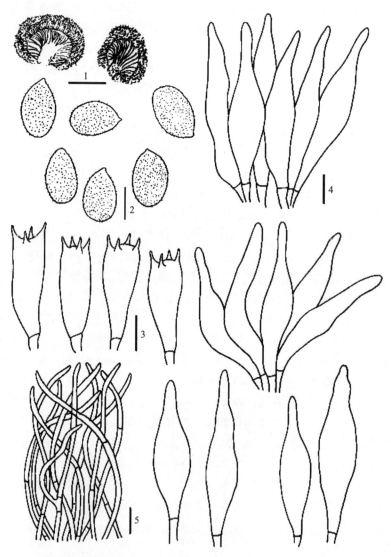

图 14　朱红靴耳 *Crepidotus cinnabarinus* Peck（HMJAU4927）

1. 担子体（basidiocarps）；2. 担孢子（basidiospores）；3. 担子（basidia）；4. 缘生囊状体（cheilocystidia）；5. 菌盖表皮
（pileipellis）。标尺：1=2mm；2–5=10μm

担孢子 6–8×4.5–7μm，Q=1.0–1.3，宽椭圆形、近球形至宽卵形，具细微小疣突或麻点。担子 20–27×5–10μm，宽棒状，具 4 个担子小梗，基部无锁状联合。无侧生囊状体。缘生囊状体 60–78×8–15μm，窄烧瓶形至泡囊形，往往歪曲，透明，少具有红色内含物。菌盖表皮由松散交织至直立、圆柱形栅栏状组织构成，直径 4–10μm，菌丝细丝状，末端细胞逐渐变尖削。无锁状联合。

生境：担子体散生或群生于阔叶树上腐木或枯枝上。

中国分布：吉林。

世界分布：亚洲、欧洲、美洲。

研究标本：**吉林** HMJAU4927，延边朝鲜族自治州抚松县露水河，图力古尔，2005 年 6 月 23 日。

讨论：本种与该属其他种最大的区别在于担子体小，颜色鲜艳、醒目，鲜红色、亮红色或朱砂红色，在野外采集中容易辨识。*C. cinnabarinus*（HMJAU4927）的孢子纹饰与 Møller 描述的有一定区别，中国材料表面具细疣突或小麻点，而国外描述孢子光滑或具明显疣突（Møller 1945），孢子壁异质（Singer 1947），扫描电镜（SEM）下孢子表面具明显纹饰，与 *C. variabilis* 具有相同的圆钝细疣或瘤。

白色组（sect. *Versuti*）分种检索表

1. 菌盖白色，采后速变浅褐色；孢子近球形 ·························· **枯腐靴耳 Crepidotus putrigenus**
1. 菌盖白色，干后黄白色；孢子椭圆形 ··· 2
  2. 盖面湿时黏，吸水，无毛 ·································· **潮湿靴耳 Crepidotus uber**
  2. 盖面干，被绒毛 ··· 3
3. 孢子近柱形、纺锤形至果仁形；缘生囊状体纺锤形，顶端分叉 ···························· ·· **长柔毛靴耳 Crepidotus epibryus**
3. 孢子椭圆形至近圆柱形；缘生囊状体近柱形至锥形，分隔，长弯曲 ························ ·· **乖巧靴耳 Crepidotus versutus**

长柔毛靴耳　图 15

Crepidotus epibryus (Fr.) Quél., Fl. Mycol. France（Paris）: 107（1888）

Crepidotus hypnophilus (Pers.) Nordstein, Syn. Fung.（Oslo）2: 78（1990）

Pleurotus graminicola (Fayod) Sacc. & D. Sacc., Syll. Fung.（Abellini）17: 26（1905）

Pleurotellus herbarum (Peck) Singer, Lilloa 13: 84（1947）

Pleurotellus hypnophilus (Pers.) Fayod [as 'hypnophilum'], Annls Sci. Nat., Bot., Sér. 7, 9: 339（1889）

菌盖直径 2–16mm，肾形、贝壳形至近圆形，表面光滑，柔软，白色，干，边缘内卷，具长柔毛或被绒毛。菌褶白色至奶油色，稠密，幅宽 1–2mm，幼时白色，最后变为浅赭色或褐色。菌肉薄，白色。菌柄偏生或无，幼时可见。无特殊气味和味道。孢子印淡黄色或黄褐色。

担孢子 6.8–10.5×2.8–3.7μm，Q=2.1–3.2，近圆柱状，淡黄色至黄色，表面光滑。担子 19–27×6–8μm，窄棒状，细长，具 4 个担子小梗。无侧生囊状体。缘生囊状体 35–55×4–7μm，形状多样，窄烧瓶形至近圆柱瓶形，弯曲、扭曲或盘绕成鞭状，颈部细长，有时顶端分叉或具大量附属物，无色，薄壁。菌盖表皮由形状不规则和部分弯曲的菌丝缠绕组成，透明。所有组织中均无锁状联合。

生境：夏季至秋季群生于阔叶树落叶、枯枝和残体上，有时也生于草本植物的茎和苔藓丛上。

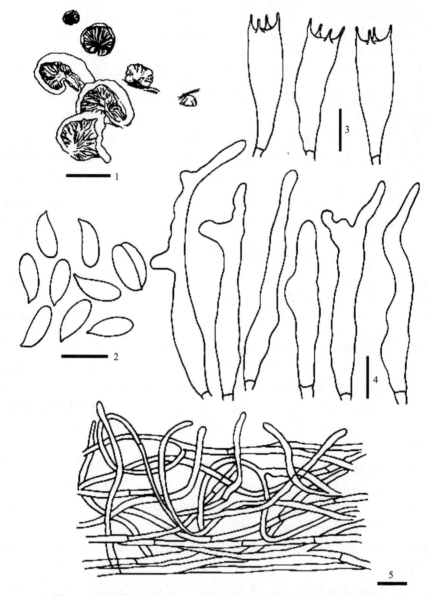

图 15 长柔毛靴耳 *Crepidotus epibryus* (Fr.) Quél. (HMJAU24456)
1. 担子体(basidiocarps)；2. 担孢子(basidiospores)；3. 担子(basidia)；4. 缘生囊状体 (cheilocystidia)；5. 菌盖表皮 (pileipellis)。标尺：1=2mm；2–5=10μm

中国分布：吉林、福建、江西。

世界分布：亚洲、欧洲、美洲。

研究标本：**吉林** HMJAU24456，延边朝鲜族自治州安图县，范宇光、盖宇鹏，2011年 8 月 12 日。**福建** HMJAU36931，厦门市文屏山，杨思思，2013 年 6 月 24 日。**江西**

HMJAU36932，井冈山市茨坪镇井冈山，杨思思，2013 年 6 月 27 日。

讨论：本种属于 subsect. *Versuti* 亚组，主要特征是具有白色的菌盖，近柱状至长椭圆形或果仁形，表面光滑的黄色孢子，使得该种易与本组其他白色靴耳相区分。值得一提的是孢子的形状作为 *C. epibryus* 最显著的特征，唯一与其相似的种是乖巧靴耳 *C. versutus*，但乖巧靴耳孢子稍大，8.5–12×5–6.5μm，Q=1.6–2.2，且缘生囊状体近圆柱形至锥形，常弯曲，分隔。

枯腐靴耳 图 16
中文异名：腐朽靴耳
Crepidotus putrigenus（Berk. & M.A. Curtis）Sacc., Syll. Fung.（Abellini）5: 883（1887）
Crepidotus applanatus（Pers.）P. Kumm., Führ. Pilzk.（Zerbst）: 74（1871）

菌盖直径 20–60mm，扇形或近肾形，肉质至膜质，重叠呈瓦状，盖面白色至污白色，采后速变浅褐色，近基部微黄褐色，密覆有白色至黄白色绒毛，菌盖边缘不规则，多少瓣裂，后近光滑，湿润时边缘有微弱条纹。菌褶稠密，宽，从中心基部辐射而出，不等长，边缘微锯齿状，初期白色至污白色，后粉红色，最后变为淡锈色、锈褐色至深肉桂色。菌肉白色，近基部处厚 1–2mm，无特殊味道和气味。无菌柄。孢子印锈褐色。

担孢子 5.1–7.2×4.7–6.4μm，球形至近球形，大多数为卵形，粗糙或光滑，表面具有小点状凸起，淡黄锈色、锈色或淡锈红色，壁中等厚，复原时遇 KOH 液或 Melzer 氏液淡黄褐色，内部常有 1 个大油滴。担子 23–27×5–7μm，棍棒状，具 2–4 个担子小梗，小梗长 3–5μm，无色至浅黄色。无侧生囊状体。缘生囊状体 23–48×6–11μm，量少，不规则形、棒状、圆柱形，有时中央呈腹鼓状或微收缩，顶端圆头，有时呈头状，散生，无色，遇 KOH 液不变色，遇 Melzer 氏液淡黄褐色。菌褶菌髓近平行型，遇 KOH 液不变色，遇 Melzer 氏液淡黄褐色。菌盖菌髓互相交织。菌盖外皮层菌丝管状，近栅栏状排列。菌肉菌丝无色，遇 KOH 液无色，遇 Melzer 氏液淡黄色。无锁状联合。

生境：群生或叠生于阔叶林中腐木上。
中国分布：河北、辽宁、浙江、广东、广西、海南、四川、贵州、云南、甘肃、西藏。
世界分布：亚洲、欧洲、美洲。
研究标本：**浙江** HMJAU36934，杭州市於潜西天目山自然保护区，杨思思，2013 年 7 月 4 日。**海南** HMAS28072，乐东县尖峰岭，于积厚、刘荣，1960 年 4 月 22 日。**四川** HKAS19864，阿坝藏族羌族自治州南坪县九寨沟，采集人不详，1984 年 9 月 26 日。

讨论：Hesler 和 Smith 于 1965 年尚承认该种，但 Singer（1973）却将该种作为肾形靴耳的异名。该种菌盖表面密覆有白色至黄白色绒毛或近光滑，从宏观形态上与 *Crepidotus malachius* 和 *Crepidotus nephrodes* 极为相似，容易混淆，但后两者有锁状联合，笔者研究后认为该种与 *C. malachius* var. *plicatilis* 为同一种。我国对该种的报道中有些提供了形态描述（邓叔群 1963，毕志树等 1994，1997，袁明生和孙佩琼 1995，邵力平和项存悌 1997，卯晓岚 2000，Wen 2005，吴兴亮 1989），有些引证了标本。毕志树等基于来自广东的材料，描述该种的担孢子近球形，表面光滑，内有 1 个油球，与 Hesler 和 Smith（1965）对其担孢子表面有点状凸起的描述存在差异。

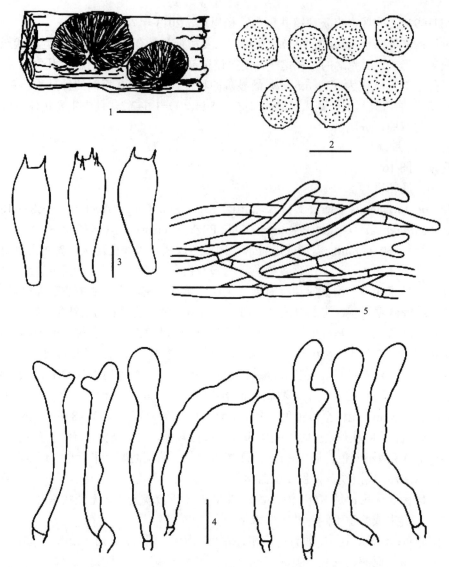

图 16 枯腐靴耳 *Crepidotus putrigenus* (Berk. & M.A. Curtis) Sacc. (HKAS19864)

1. 担子体(basidiocarps)；2. 担孢子(basidiospores)；3. 担子(basidia)；4. 缘生囊状体（cheilocystidia）；5. 菌盖表皮
(pileipellis)。标尺：1=2mm；2–5=10μm

潮湿靴耳 图 17，图版 Ⅵ 46-47

中文异名：多产靴耳

Crepidotus uber (Berk. & M.A. Curtis) Sacc., Syll. Fung. (Abellini) 5: 878 (1887)

Agaricus uber Berk. & M.A. Curtis, Proc. Amer. Acad. Arts & Sci. 4: 117 (1860) [1858]

Crepidotus sulcatus Murr., Mycologia 5: 29 (1913)

Crepidotus antillarum (Pat.) Singer, Lilloa 13: 62 (1947)

Tremellopsis antillarum Pat., in Duss, Enum. Champ. Guadeloupe: 13 (1903)

  菌盖直径 15–30mm，扇形、肾形至圆形，膜质至肉质，盖面湿时稍黏，吸水，白色，干时黄色至暗褐色，表面光滑，无毛，基部有白色绒毛。菌褶从白色绒毛基部延生而出，密，幅窄，老时赭色至锈色或褐色。菌肉薄，白色。无菌柄或退化。气味和味道均不明显。孢子印褐色。

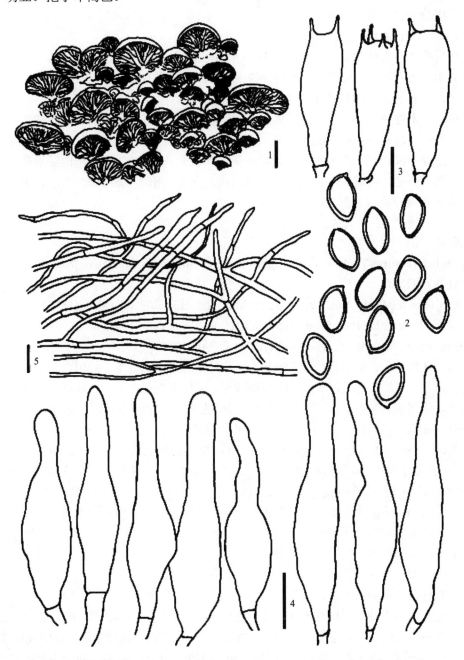

图 17 潮湿靴耳 *Crepidotus uber* (Berk. & M.A. Curtis) Sacc. (HMJAU36935)

1. 担子体(basidiocarps)；2. 担孢子(basidiospores)；3. 担子(basidia)；4. 缘生囊状体 (cheilocystidia)；5. 菌盖表皮 (pileipellis)。标尺：1=2mm；2–5=10μm

担孢子 5.6–9.3×4.6–5.8μm，椭圆形，表面光滑，孢子壁稍厚。担子 28–35×6–8μm，宽棒状，具 2–4 个担子小梗，无色，薄壁，透明。无侧生囊状体。缘生囊状体 25–38×4–7μm，近棒状、倒棍棒状、瓶状或纺锤形，中央近腹鼓状，顶端圆钝，薄壁，透明。菌褶菌髓近平行型。菌盖表皮放射状菌丝交织排列，直径 2–4μm，无色，透明。无锁状联合。

生境：夏季、秋季群生或叠生于阔叶树（栎树）腐木上。

中国分布：吉林、江西。

世界分布：亚洲、美洲。

研究标本：**吉林** HMJAU36935、HMJAU36936 和 HMJAU36937，延边朝鲜族自治州珲春市，图力古尔、杨思思，2010 年 7 月 10 日。**江西** HMJAU36938，井冈山市茨坪镇井冈山，杨思思，2013 年 6 月 27 日。

讨论：本种的主要特征是担子体小，白色，盖面潮湿，主要生长在热带和亚热带森林中。该种与 *C. sulcatus* 在显微特征上很相似，两者在宏观特征上略有不同，*C. sulcatus* 的菌盖边缘有深沟槽，而本种缘处有暗褐色条纹。该种与 *C. mollis* 的区别是前者菌盖白色至淡褐色，湿时黏，吸水，盖缘有暗褐色条纹，孢子 7.5–10×5–6μm，无褐色的被壳菌丝和凝胶状菌盖表皮。

乖巧靴耳　图 18

Crepidotus versutus Peck, Rep.（Annual）Trustees State Mus. Nat. Hist., New York 39: 72 （1887）[1886]

Agaricus versutus Peck, Ann. Rep. N.Y. St. Mus. Nat. Hist. 30: 70（1878）[1877]

Crepidotus bresadolae Pilát, C. R. Acad. Sci., U. R. S. S. 6: 46（1948）

Crepidotus pubescens Bres., Iconogr. Mycol. 16: 790（1930）

担子体背着生，菌盖直径 5–25mm，半球形至肾形、贝壳形，幼时白色，老后污白色至灰白色，干后黄白色，菌盖表面被短绒毛，多集中在盖缘处，与基质连接处常有白色硬毛，边缘锐，波状。菌褶幼时白色，后变为黄赭色至赭褐色，稍带一点粉色，宽 2–3mm。菌肉白色，薄，膜质，无特殊气味，味道清淡。无菌柄。孢子印粉褐色。

担孢子 8.1–10.9×4.5–5.7μm，Q=1.6–2.1，长椭圆形至圆柱形，不透明，有颗粒状内含物，密布小斑点，有褶皱状或疣状纹饰，无色至淡黄色，薄壁。担子 21–27×7–10μm，宽棒状，具 4 个担子小梗，少数 2 个担子小梗。未见侧生囊状体。缘生囊状体 33–71×5–9μm，圆柱形至锥形，常弯曲，分隔。菌盖表皮由不规则形状菌丝组成，菌丝细胞末端膨大，有隔。无锁状联合。

生境：夏季群生于阔叶树枯树枝上。

中国分布：吉林、江苏、福建、江西。

世界分布：亚洲、欧洲、美洲。

研究标本：**吉林** HMJAU36938，蛟河市庆岭，杨思思，2012 年 10 月 3 日。**江苏** HMJAU36939，南京市紫金山，杨思思，2013 年 7 月 7 日。**福建** HMJAU36940，福州市国家森林公园，杨思思，2013 年 6 月 21 日。**江西** HMJAU36941，井冈山市茨坪镇井冈山，杨思思，2013 年 6 月 27 日。

讨论：Pilát 等（1948）根据山西的材料报道了该种在我国的分布，戴芳澜在《中国真菌总汇》收录了该种，但两者均未提供具体形态描述。本种的特征是担孢子较大，长椭圆形至杏仁形，长度最长可达 10–12μm，表面有明显褶皱纹或疣状纹饰，缘生囊状体近圆柱状至锥形，往往歪曲，分隔。除 *C. epibryus* 外，该种从微观特征上很容易与靴耳属其他白色的种区分开，前者虽然孢子形状相似，但孢子表面光滑，且稍小一些。

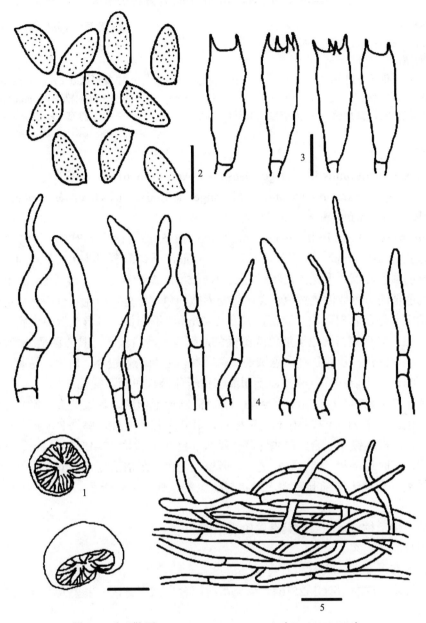

图 18　乖巧靴耳 *Crepidotus versutus* Peck（HMJAU36938）

1. 担子体（basidiocarps）；2. 担孢子（basidiospores）；3. 担子（basidia）；4. 缘生囊状体（cheilocystidia）；5. 菌盖表皮（pileipellis）。标尺：1=2mm；2–5=10μm

斜柄亚属（subg. *Dochmiopus*）分组检索表

1a. 孢子椭圆形至长椭圆形 ·· 地生组 sect. *Autochthoni*

1b. 孢子宽椭圆形 ··· 斜柄亚组 sect. *Dochmiopus*

1c. 孢子具疣突或针刺，球形至近球形 ··· 球孢亚组 sect. *Sphaeruli*

地生靴耳 图 19

Crepidotus autochthonus J.E. Lange, Dansk bot. Ark. 4 (no. 6) : 51 (1938)

Crepidotus caspari var. *autochthonus* (J.E. Lange) P. Roux, Guy García & Manie, in Roux,
    Mille et Un Champignons: 13 (2006)

Crepidotus fragilis Joss., Bull. trimest. Soc. Mycol. Fr. 53 (2) : 18 (1937)

    菌盖直径 20–40mm，扇形、半球形至近圆形，凸镜形至漏斗状，常弯曲，边缘浅裂，呈不明显水浸状，无光泽，新鲜时表面被绒毛或微细纤毛，后具绒毛，毡状，有沟痕，奶黄色至淡黄色或橄榄黄色，成熟后变为橄榄色，与基质相连处有一丛粗糙伏毛或绒毛。菌褶从基部辐射而出，稠密，幅宽 2–3mm，不等长，弓形至近中央腹鼓状，幼时菌褶白色，老后淡黄褐色至烟色或黄褐色，褶缘平滑，波状。具假菌柄或菌柄可见，偏生，短小，白色，基部具有白色绒毛。菌肉薄，近菌柄处较厚，白色，易脆，干时稍带一点苦味，味道温和，气味淡，不明显。孢子印肉桂色至黄褐色。

    担孢子 7.0–8.3×4.9–5.5μm，Q=1.3–1.6，椭圆形至卵形，具短尖头，表面光滑，壁稍厚，暗色。担子 21–29×7–10μm，宽棒状，具 4 个担子小梗，偶具 2 个担子小梗，无色，透明，基部具锁状联合。侧生囊状体缺失。缘生囊状体 37–45×7–11μm，近柱状至窄泡囊状，有时近头状，偶分隔，透明，薄壁，无色。菌褶菌髓平行型。菌盖外皮层近栅栏状排列，菌丝末端细胞膨大，形状与缘生囊状体相似，无色。所有组织均有锁状联合。

    生境：生于枯枝落叶层或具有腐殖质土壤上。

    中国分布：广东。

    世界分布：亚洲、欧洲。

    研究标本：**广东** GDGM25164，英德市石门台自然保护区，采集人不详，2008 年 3 月 26 日。

    讨论：该种的担孢子光滑，且具有锁状联合，属于斜柄亚属，在该亚属中占有其独立的系统位置，单独成一个亚组 subsect. *Autochthoni*，主要特征是担子体地生、中型至大型，菌盖奶白色或银灰色，缘生囊状体近柱状、棒状或囊状，常具隔。从担子体大小和具有光滑孢子这一特征上看，与该种最相似的为 *C. mollis*，但后者菌盖表皮凝胶质，缘生囊状体近烧瓶形、圆柱形或中央腹鼓状，担孢子顶端略凹陷，最重要的一点是无锁状联合。该种从宏观形态上还与 *C. caspari* 相近，容易混淆，但后者孢子具有褶状或疣状纹饰。

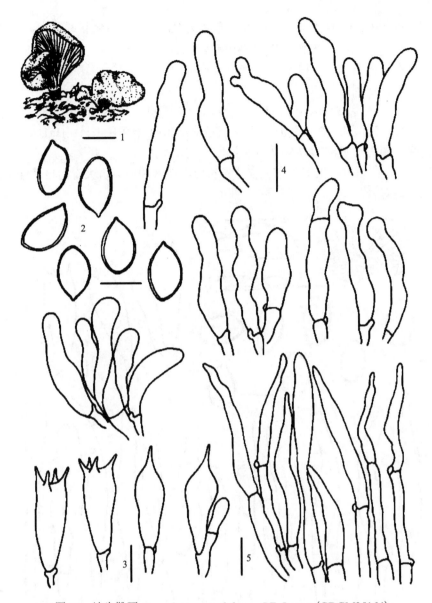

图 19　地生靴耳 *Crepidotus autochthonus* J.E. Lange（GDGM25164）

1. 担子体（basidiocarps）；2. 担孢子（basidiospores）；3. 担子（basidia）；4. 缘生囊状体（cheilocystidia）；5. 菌盖表皮
（pileipellis）。标尺：1=2mm；2–5=10μm

桦木靴耳　图 20

Crepidotus betulae Murrill, N. Amer. Fl.（New York）10（3）：151（1917）

菌盖直径 20–40mm，近圆形、扇形至肾形，盖面纯白色，被绒毛，边缘近光滑。菌肉稍厚，肉质，纯白色，味道柔和。菌褶延生，密至稍稀，幅中等宽，初期纯白色，后褐色，菌褶缘带胶质状。无柄，基部有白色绒毛。孢子印褐色。

担孢子 6.2–8.3×3.9–5.8μm，椭圆形，光滑，淡锈色。担子 21–28×5–8μm，宽棒状，具 2–4 个担子小梗。无侧生囊状体。缘生囊状体 32–67×4–11μm，近柱状、棒状、细颈烧瓶状至近腹鼓状，中央膨大。菌褶菌髓近平行型。菌盖菌髓互相交织。菌盖表皮交织状，直径 100–180μm，菌丝丝状，松散，弯曲交织，无色，有锁状联合。

生境：夏季、秋季群生或叠生于阔叶树腐木上。

中国分布：内蒙古、吉林。

世界分布：亚洲、美洲。

研究标本：**内蒙古** HKAS21339，大青山，刘培贵，1988 年 8 月 12 日。**吉林** HMJAU36942，延边朝鲜族自治州安图县，王柏，2012 年 9 月 1 日；HMJAU7193，安图县双目峰，图力古尔，2007 年 7 月 9 日。

讨论：该种在国内只报道分布于吉林省长白山地区和内蒙古大青沟自然保护区，属于东北地区特有种。

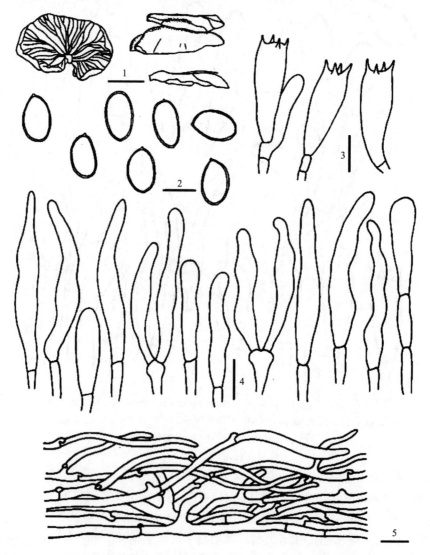

图 20　桦木靴耳 *Crepidotus betulae* Murrill（HMJAU36942）

1. 担子体（basidiocarps）；2. 担孢子（basidiospores）；3. 担子（basidia）；4. 缘生囊状体（cheilocystidia）；5. 菌盖表皮
（pileipellis）。标尺：1=2mm；2–5=10μm

毛靴耳 图 21

中文异名：毛锈耳、毛基靴耳

Crepidotus herbarum Peck, Rep.（Annual）Trustees State Mus. Nat. Hist., New York 39:
72（1887）[1886]

Agaricus herbarum Peck, Bull. Buffalo Soc. Nat. Sci. 1（2）: 53（1873）[1873–1874]

Pleurotellus herbarum（Peck）Singer, Lilloa 13: 84. 1947

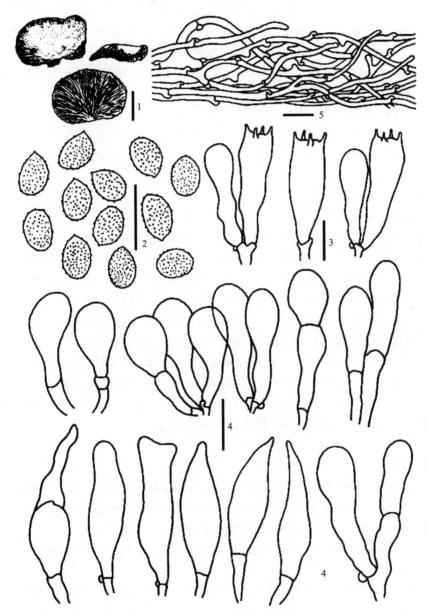

图 21　毛靴耳 *Crepidotus herbarum* Peck（HMJAU36943）

1. 担子体（basidiocarps）；2. 担孢子（basidiospores）；3. 担子（basidia）；4. 缘生囊状体（cheilocystidia）；5. 菌盖表皮
（pileipellis）。标尺：1=2mm；2–5=10μm

菌盖直径 4–10mm，贝壳形、扇形、匙形至半球形，幼时白色至奶白色，后变成浅烟褐色或淡锈褐色，近平伏，有绒毛，基部有较长的柔毛，后变光滑或近无毛，边缘内卷，弯曲，湿时菌盖边缘有细条纹，水浸状后半透明，黏。菌肉薄，近膜质，白色。菌柄不明显或很短。菌褶从侧生或偏生的基部辐射而出，菌褶近远离，稍稀，中等宽，不等长，延生，幼时白色，后变为淡锈色、浅赭色或深肉桂色。孢子印土褐色或淡锈褐色。

担孢子 6.5–7.5×2.8–3.6μm，椭圆形至长椭圆形，表面光滑，少数表面密生细微的刺突，无色或在 KOH 液中带黄色或淡褐色，少数含颗粒状内含物。担子宽棒状，17–21×6–9μm，具 4 个担子小梗，透明，无色，基部具锁状联合。缘生囊状体簇生，形状多变，21.4–48.6×6.8–10.7μm，有棒状、泡囊状或近柱状的不孕细胞，棍棒状或泡囊状至中央腹鼓状，顶端尖锐，少数叉状，中间膨大，常不规则的弯曲，有隔，基部具锁状联合。未见侧生囊状体。菌褶菌髓波状，近平行，或有时稍微交织。菌盖菌髓互相交织。菌盖表皮栅栏状，上表皮菌丝松散，零乱，无色至淡黄色，细丝状。具锁状联合。

生境：夏季、秋季散生或群生于阔叶树的倒腐木或枯枝上。

中国分布：内蒙古、吉林、河北、江苏、浙江、福建、江西、河南、湖北、云南、广西、西藏。

世界分布：亚洲、欧洲。

研究标本：**河北** HMAS32391，蔚县小五台山，采集人不详，1957 年 8 月 7 日。**吉林** HMJAU36943，蛟河市松江镇，图力古尔，2012 年 8 月 4 日；HMJAU2103，延边朝鲜族自治州，图力古尔，2000 年 7 月 29 日。**江苏** HMJAU36944，南京市紫金山，杨思思，2013 年 7 月 7 日。**福建** HMJAU36945，福州市国家森林公园，杨思思，2013 年 6 月 21 日；HMJAU36946，厦门市，杨思思，2013 年 6 月 24 日。**湖北** HMAS23094，百花山，马启明，1957 年 8 月 31 日。**广西** HMAS22830，凌皇县，徐连旴，1957 年 12 月 9 日。**西藏** HMAS52680，米林，卯晓岚，1982 年 10 月 23 日。

讨论：据文献记载该种对纤维素有分解能力，主要特征是担孢子果仁形，带浅褐色，因为这一特征，*C. herbarum* 曾被放在 *Pleurotellus* 属中，也曾作为 *Pleurotellus hypnophilus* 的异名处理。该种与在欧洲被描述的种存在一些显著差异，欧洲的种缘生囊状体纤维状或细丝状，宽 2–4μm，可能是由于地理差异所造成的。

肾形靴耳 图 22

Crepidotus nephrodes（Berk. & M.A. Curtis）Sacc., Syll. Fung.（Abellini）5: 882（1887）

Agaricus nephrodes Berk. & M.A. Curtis, Ann. Mag. Nat. Hist., Ser. 2, 12: 422（1853）

Crepidotus fulvifibrillosus Murr., North Amer. Flora 10: 153（1917）

Crepidotus applanatus var. *fulvifibrillosus*（Murr.）Pilát, Monogr. des Especès Europ. du Genre *Crepidotus*, 35（1948）

菌盖直径 10–20mm，扁平、半圆形或贝壳状，后变成扇形至肾形，盖面无毛，吸水，白色、黄白色至灰白色，基部有白色绒毛，湿时菌盖边缘有条纹。菌褶密，褶幅窄至中等宽，初白色，后变成苍白色或灰白色，最后锈色或褐色。无柄或有很短的白色菌柄。菌肉薄，白色。孢子印锈褐色。

担孢子 5.3–7.8×5.1–6.3μm，球形、近球形至卵圆形，光滑，在 KOH 液中呈浅黄褐色。担子 31–38×5–7μm，棒状，具 4 个担子小梗。无侧生囊状体。缘生囊状体 28–53×5–9(12)μm，近棒状、烧瓶状至腹鼓状，颈部细长，顶端近头状。菌盖表皮平伏，暗褐色或褐色的纤维状菌丝有时凝结聚合成小块状鳞片，有锁状联合。

生境：椴树腐木上，群生或叠生。

中国分布：吉林、云南。

世界分布：亚洲、美洲。

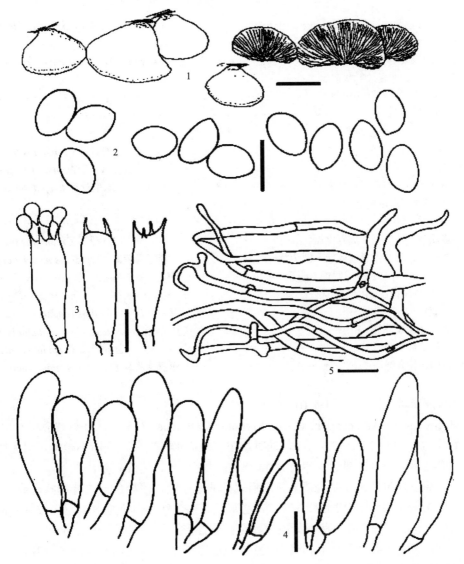

图 22　肾形靴耳 Crepidotus nephrodes (Berk. & M.A. Curtis) Sacc. (HMJAU36947)

1. 担子体(basidiocarps)；2. 担孢子(basidiospores)；3. 担子(basidia)；4. 缘生囊状体 (cheilocystidia)；5. 菌盖表皮 (pileipellis)。标尺：1=2mm；2–5=10μm

研究标本：**吉林** HMJAU36947，延边朝鲜族自治州安图县，王柏，2012 年 8 月 21 日；HMJAU7160，长白县，图力古尔，2006 年 6 月 28 日。**云南** HKAS25574，西畴县，杨祝良，1992 年 6 月 16 日；HKAS25595，文山壮族苗族自治州马关县，刘培贵，1992

年6月29日。

讨论：邵力平和项存悌(1997)描述该种产于吉林，但未引证标本。本种主要特征是菌盖肾形，白色或黄白色，边缘有条纹；菌褶苍白色；孢子近球形至卵形。该种与铬黄靴耳 *C. crocophyllus* 从担子体宏观形态上很相似，主要区别在于两者菌褶的颜色：*C. nephrodes* 初白色后变成苍白色，而 *C. crocophyllus* 菌褶橙黄色。

斜柄亚组(sect. *Dochmiopus*)分种检索表

1. 担子体朱红色至深红色 ·· 网孢靴耳 *Crepidotus reticulatus*
1. 担子体白色、黄色或肉粉色 ··· 2
  2. 菌盖边缘具明显放射状菌丝 ··················· 毛缘靴耳 *Crepidotus trichocraspedotus*
  2. 菌盖边缘无明显放射状菌丝 ··· 3
3. 成熟后菌盖呈浅裂状 ··· 4
3. 成熟后菌盖非浅裂状 ··· 5
  4. 担子体通体白色至淡黄色 ··· 6
  4. 担子体成熟后黄色 ····························· 粗孢靴耳 *Crepidotus lundellii*
5. 缘生囊状体顶端多分叉 ···························· 变形靴耳 *Crepidotus variabilis*
5. 缘生囊状体顶端有角状附属物 ···················· 球孢靴耳 *Crepidotus cesatii*
  6. 盖面成熟后污白色至淡黄色 ··· 7
  6. 盖面成熟后白色 ··· 8
7. 缘生囊状体近柱状至不规则烧瓶状 ··············· 淡黄靴耳 *Crepidotus luteolus*
7. 缘生囊状体顶端具不规则刺状、圆头状凸起 ······· 新毛囊靴耳 *Crepidotus neotrichocystis*
  8. 担孢子光滑(油镜下)或纹饰不明显 ··· 9
  8. 担孢子具纹饰(油镜下) ··· 10
9. 缘生囊状体顶端不分枝 ············ 卡氏靴耳原变种 *Crepidotus caspari* var. *caspari*
9. 缘生囊状体顶端分枝 ······· 卡氏靴耳球孢变种 *Crepidotus caspari* var. *subglobisporus*
  10. 担孢子宽椭圆形 ·································· 普通靴耳 *Crepidotus vulgaris*
  10. 担孢子长椭圆形 ··························· 亚疣孢靴耳 *Crepidotus subverrucisporus*

卡氏靴耳原变种　图23，图版 III 18-19

Crepidotus caspari var. **caspari** Velen., Mykologia (Prague) 3(5–6)：70 (1926)

菌盖(6.1)12.0–26.3(35.6)mm，幼时扇形至贝壳形，白色，表面不光滑，但无明显纹饰，成熟后扇形至近圆形，多背着生，白色至污白色，边缘完整，内卷，非水浸状，无条纹，基部具明显的放射状绒毛，老后表面或水浸状，浅橙色，边缘波状，或浅裂。菌褶 2.0–3.0mm 宽，*L*=12–23，*l*=3–7，弓形，直生，幼时白色至淡橙色，成熟后橙色至浅褐色，老后近浅锈色。菌柄无或球状至短圆柱形，若有则为 1.0–2.5mm，透明或稍带茶褐色，表面具密白色绒毛。菌肉 1.0–1.5mm 厚，白色，无特殊味道和气味。

担孢子 5.5–6.5(7.1)×4.1–4.9(5.8)μm，Q=1.2–1.4(1.5)(图版 XXVI 68)，正面观宽椭圆形至椭圆形，侧面观豆形，两边不等长，淡茶褐色至浅褐色，表面无明显纹饰，但边缘稍有凹凸变化(光镜下)，扫描电镜下表面具蠕虫状至脑状回路纹饰，纹饰较浅。担子(20)25–31×5.1–7.3μm，圆柱形至棒状，顶端稍圆，具 2 个或 4 个担子小梗，无色，薄壁。侧生囊状体未见。缘生囊状体具 2 种类型："tramal"型多蝌蚪状，头部膨大，向基部渐细；"hymential"型烧瓶形，头部钝圆，中央腹鼓状，近基部渐细；大小为

31–39×(6.4)9.5–10.8μm。菌盖皮层"cutis"型—"trichoderm"型，由 5.1–6.7μm 宽的长圆柱状细胞平行排列构成，下层细胞多分化出长圆柱状细胞，近交织排列。

生境：多生于白桦、枫桦枯枝上。

中国分布：黑龙江。

世界分布：亚洲、欧洲。

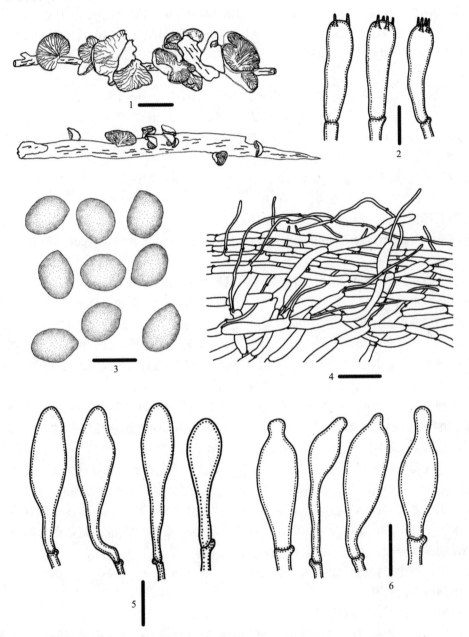

图 23　卡氏靴耳原变种 *Crepidotus caspari* var. *caspari* Velen.（HMJAU37139）

1. 担子体(basidiocarps)；2. 担子(basidia)；3. 担孢子(basidiospores)；4. 菌盖表皮(pileipellis)；5、6. 缘生囊状体(cheilocystidia)。标尺：1=1cm；2、4–6=10μm；3=5μm

研究标本：**黑龙江** HMJAU37139、HMJAU37140、HMJAU37141、HMJAU37142、HMJAU37144、HMJAU37145、HMJAU37147、HMJAU37148、HMJAU37149、HMJAU37150，伊春市带岭区凉水国家级自然保护区，盖宇鹏、颜俊清，2015 年 8 月 30 日；HMJAU37184、HMJAU37185、HMJAU37186、HMJAU37187、HMJAU 37188、HMJAU37189、HMJAU37190、HMJAU37191、HMJAU37197、HMJAU37198，盖宇鹏、颜俊清，2015 年 8 月 31 日；HMJAU37206、HMJAU37207、HMJAU37209、HMJAU37210、HMJAU37213、HMJAU37214、HMJAU37215、HMJAU 37216、HMJAU37220、HMJAU37222，伊春市乌伊岭国家级湿地自然保护区，盖宇鹏、颜俊清，2015 年 9 月 1 日。

讨论：*C. caspari* var.*caspari* 的模式标本产于欧洲，caspari 为纪念 Antonin Caspar，所以中文名为卡氏靴耳。Vizzini(2008)认为该种是 *C. lundellii* 的异名，两者从担子体形态上较难区分，但在缘生囊状体上区别较为明显，*C. caspari* var. *caspari* 的缘生囊状体为近烧瓶形，而 *C. lundellii* 的缘生囊状体为近棒状至泡囊状，除此之外，*C. lundellii* 的菌盖皮层有浅色菌丝，这一点也与 *C. caspari* var.*caspari* 相区别。

卡氏靴耳球孢变种　图24，图版 II 14-16

Crepidotus caspari var. **subglobisporus** (Pilát) Pouzar, Czech Mycol. 57(3–4)：304 (2005)

菌盖直径 6.0–15.0mm，幼时贝壳形、扇形至半圆形，白色至污白色，边缘内卷，无条纹，非水浸状，成熟后扇形至近圆形，污白色至稍带硫磺色，近平展，表面具平伏微绒毛，边缘波形，稍内卷，绒毛明显，无条纹，非水浸状，基部具放射状绒毛，侧着生；菌褶 1.0–1.5mm 宽，L=7–17，l=3–7，弯生至延生，弓形，幼时淡黄色至淡橙色，成熟后橙黄色至硫磺色；菌柄幼时可见，圆柱形至棒形，白色，成熟后消失或不易观察，近基部具白色绒毛；菌肉极薄，无特殊味道和气味。

担孢子 5.1–6.0(6.5)×4.1–5.2μm，Q=1.1–1.3(图版 XXVI 72)，正面观近球形至宽椭圆形、近卵形，两端不等宽，侧面观近豆形，两边不等长，淡黄色至淡土褐色，光滑(光镜下)；扫描电镜下担孢子表面具皱状至弱嵴状纹饰。担子 23–29×5.5–7.2μm，棒形、圆柱形，或向基部稍细，偶近基部一侧凸出，薄壁，无色；侧生囊状体未见；缘生囊状体 29–41× 5.1–8.6μm，顶部圆钝，向下波形突出，多烧瓶形，少数近棒形，顶端分枝，趾状；菌盖表皮"cutis"型—"trichoderm"型，由 (4.8)6.2–7.9μm 粗的长圆柱状至香肠形细胞平行构成，末端或中部特化成盖生囊状体，长 40–57μm，烧瓶形、圆柱形，偶见顶端趾状分枝；所有组织均具锁状联合。

生境：群生于椴树、蒙古栎林中枯枝上。

中国分布：吉林。

世界分布：亚洲、欧洲。

研究标本：**吉林** HMJAU37116，延边朝鲜族自治州安图县二道白河镇，盖宇鹏、图力古尔、颜俊清，2016 年 6 月 15 日。

讨论：该种与原变种的主要区别在于担孢子偏球形，Q=1.1–1.3，顶端或有分枝。此外，该种缘生囊状体有一定差异，应为"tramal"和"hymential"两种，其中顶端无

趾状分枝的应为 "hymential" 型，但是由于缘生囊状体较少且 "tramal" 型很少，两者在显微镜下难以区分。

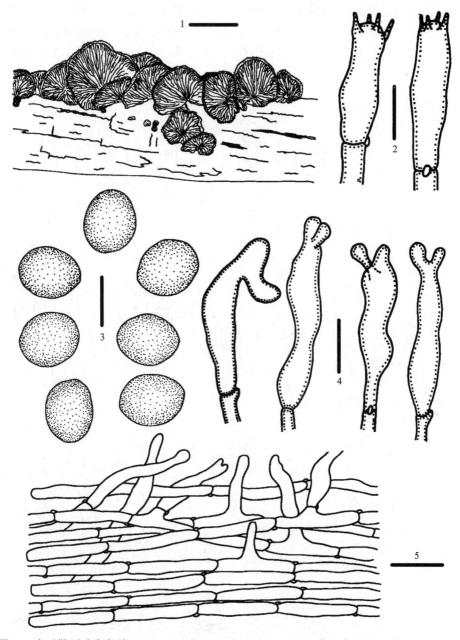

图 24　卡氏靴耳球孢变种 *Crepidotus caspari* var. *subglobisporus*（Pilát）Pouzar（HMJAU37116）

1. 担子体（basidiocarps）；2. 担子（basidia）；3. 担孢子（basidiospores）；4. 缘生囊状体（cheilocystidia）；5. 菌盖表皮（pileipellis）。标尺：1=1cm；2、4、5=10μm；3=5μm

球孢靴耳　图 25

中文异名：拟球孢靴耳、球孢锈耳

Crepidotus cesatii（Rabenh.）Sacc., Michelia 1（no.1）: 2（1877）

Crepidotus subsphaerosporus（J.E. Lange）Kühner & Romagn., Fl. Analyt. Champ. Supér.
（Paris）: 76（1953）

　　菌盖直径 10–35mm，初期钟形至凸镜形，后渐平展，圆形、叶状或肾形，有时边缘瓣裂，内卷，表面白色，密生短绒毛。菌褶密集至稍稀，幼时白色至肉粉色，成熟后变为褐黄土色。菌肉薄，白色，气味不明显，味道稍带一点苦味。菌柄缺。孢子印粉褐色。

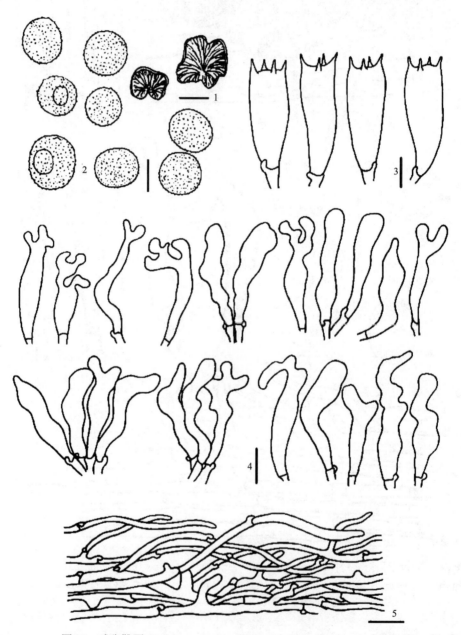

图 25　球孢靴耳 *Crepidotus cesatii*（Rabenh.）Sacc.（HMJAU36948）

1. 担子体（basidiocarps）；2. 担孢子（basidiospores）；3. 担子（basidia）；4. 缘生囊状体（cheilocystidia）；5. 菌盖表皮（pileipellis）。标尺：1=2mm；2–5=10μm

担孢子 6.3–8.9×5.3–7.3μm，Q=1.1–1.3，近球形至宽椭圆形，具颗粒状内含物，具尖状至锥形疣突，深赭色。担子 21–25×9–11μm，棒状，具 4 个担子小梗，偶具 2 个担子小梗，小梗长约 6μm，基部具锁状联合。子实层菌髓不规则型，菌丝宽约 10μm，透明。缘生囊状体 29–43×5–6μm，圆柱形、棒状或窄囊状，向上逐渐变细呈锥形，有时分枝或分节，呈珊瑚状、鹿角状或具趾状附属物。菌盖表皮由非凝胶状、多变交织的菌丝构成，菌丝末端逐渐变细，过渡至栅栏型排列。锁状联合存在于所有组织中。

生境：夏季、秋季生于阔叶树的腐木上。

中国分布：内蒙古、吉林、江苏、浙江、福建、江西、云南。

世界分布：亚洲、欧洲。

研究标本：**内蒙古** HMJAU36948，赤峰市克什克腾旗，图力古尔，2013 年 7 月 31 日；HMJAU36949，黄岗梁，图力古尔，2013 年 8 月 1 日。**吉林** HMJAU36950，延边朝鲜族自治州安图县，图力古尔，2013 年 6 月 27 日；HMJAU7018，长白县，图力古尔，2006 年 6 月 28 日。**江苏** HMJAU36951，南京市紫金山，杨思思，2013 年 7 月 7 日。**浙江** HMJAU36952，杭州市於潜天目山，杨思思，2013 年 7 月 4 日。**福建** HMJAU36953，福州市国家森林公园，杨思思，2013 年 6 月 21 日；HMJAU36954，厦门市，杨思思，2013 年 6 月 24 日。**江西** HMJAU36955，茨坪镇井冈山，杨思思，2013 年 6 月 27 日。**云南** HKAS24503，西双版纳傣族自治州勐海县，杨祝良，1991 年 8 月 16 日。

讨论：该种为常见种，宏观上菌盖锥形至钟形，密覆有短绒毛，尤其是与基质着生点处更为致密，菌褶近远离，具明显粉色调，具尖状至锥形疣突，具锁状联合的菌丝和角状的缘生囊状体，容易鉴定。此种与 *C. cesatii* var. *subsphaerosporus* 相似，但后者孢子呈长椭圆形，非球形或近球形。

粗孢靴耳　图 26

Crepidotus lundellii Pilát, Fungi Exsiccati Suecici 5–6: 10（1936）

Crepidotus caspari Velen., Hyphomycetes 3（5–6）: 70（1926）

Crepidotus amygdalosporus Kühner, in Kühner & Romagnesi, Bull. Soc. Nat. Oyonnax 8: 74
（1954）

Crepidotus subtilis P.D. Orton, Trans. Br. Mycol. Soc. 43（2）: 221（1960）

菌盖直径 4–25mm，圆形、半圆形、肾形，幼时呈蹄形、钟形，后凸镜形，表面光滑，边缘呈浅裂状，密覆有微细绒毛，白色至黄油色，干后颜色无变化，湿时被绒毛至条纹；菌褶窄至中等宽，稠密，初期白色至土黄色，老后变为暗褐色至烟褐色，褶缘具白色纤毛。菌柄幼时可见。菌肉白色，薄，厚 2mm，无特殊气味，味道类似淀粉味。孢子印赭色、茶色至黄褐色。

担孢子 6–8×4–5.8μm，Q=1.3–1.7，椭圆形至长椭圆形，表面光滑或粗糙，具大理石细纹，淡黄色至透明。担子 22–31×7–9μm，棒状，具 4 个担子小梗，基部有锁状联合。无侧生囊状体。缘生囊状体 36–48×10–15μm，形态多样，棍棒状、窄泡囊状或膀胱状，偶头状，分枝或有隔膜，透明，薄壁，有时顶端有瘤状或块状附属物。菌盖表皮由平伏型向栅栏型转变，菌丝松散、交织，近圆柱状，直立至弯曲缠绕，菌丝末端细胞膨大呈棒状或柱状。所有组织中均有锁状联合。

生境：夏季、秋季呈覆瓦状群生于阔叶树倒木和枯枝上。

中国分布：吉林、江苏。

世界分布：亚洲、欧洲、美洲。

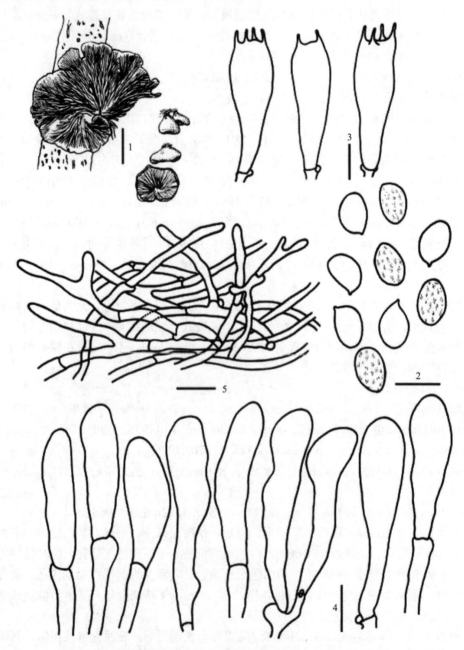

图 26　粗孢靴耳 *Crepidotus lundellii* Pilát（HMJAU36956）

1. 担子体(basidiocarps)；2. 担孢子(basidiospores)；3. 担子(basidia)；4. 缘生囊状体 （cheilocystidia）；5. 菌盖表皮
(pileipellis)。标尺：1=2mm；2-5=10μm

研究标本：**吉林** HMJAU24459，延边朝鲜族自治州珲春市胜利村，杨思思，2010年7月10日；HMJAU6729，安图县，图力古尔，2008年7月20日。**江苏** HMJAU36956，南京市紫金山，杨思思，2013年7月7日。

讨论：本种根据其有弹性、凝胶状和可剥性的菌盖和淡黄色至烟褐色的菌褶很容易鉴定。该种在宏观形态上与 *C. subverrucisporus* 相似，但后者缘生囊状体呈窄烧瓶形，孢子表面纹饰明显，而且菌盖表皮末端往往歪曲，畸形，在 *C. lundellii* 却没有观察到上述特征。此外，来自中国东北的材料担孢子比欧洲的材料（Pilát et al. 1948）的稍短、稍窄一些，欧洲材料的孢子大小为 7–10.5×5.8–7.5μm，而本研究中来自中国的材料孢子长度均没有超过 9μm，其他特征与欧洲的材料对应较好。

淡黄靴耳 图 27

中文异名：淡黄锈耳

Crepidotus luteolus Sacc., Syll. Fung. （Abellini）5: 888 （1887）

Agaricus luteolus Lambotte, Fl. Myc. Belg., Suppl. 1: 181 （1880）

菌盖直径 7–30mm，幼时蹄状，后平展，半圆形、肾形，表面有细微绒毛，白色至淡黄色，老后光滑无毛，具轻微褶皱或皱纹，变为奶油色至赭黄色，基部有一丛白毛，边缘内卷。菌肉白色，薄，具蘑菇香味或淀粉味。菌褶幼时黄色，后变为灰粉色至粉赭色，边缘呈细微齿状。具偏生菌柄或无。孢子印赭红色至肉桂色。

担孢子 7.5–9.5×4.0–5.5μm，Q=1.6–2.1，椭圆形至杏仁形，表面具小麻点或皱纹，淡黄灰色，透明。担子 21–32.5×7–8.5μm，棒状，具 4 个担子小梗，薄壁，透明，基部具锁状联合。缘生囊状体 32–65×6–11μm，丰富，形态多样，近柱状，往往歪曲或烧瓶状，顶端棒状或头状，有时具瘤状分枝。无侧生囊状体。菌盖表皮形状不规则，直径 3–6μm，菌丝末端突出，分隔处具锁状联合。

生境：夏末单生或群生于草本植物枯死的茎上，少生于倒下的小阔叶树的枯枝上。

中国分布：吉林、江西、四川、云南、西藏。

世界分布：亚洲、欧洲、美洲。

研究标本：**吉林** HMJAU3837，长春市净月潭国家森林公园，王建瑞，2004 年 8 月 2 日；HMJAU7183，长春市净月潭国家森林公园，王建瑞，2004 年 6 月 27 日；HMJAU21986，延边朝鲜族自治州安图县，图力古尔，2009 年 6 月 26 日。**江西** HMJAU36957，井冈山市茨坪镇井冈山风景区主峰，杨思思，2013 年 6 月 27 日。**云南** HKAS42933，盈江县革夯，杨祝良，2003 年 7 月 18 日。

讨论：该种的显著特征是菌盖和菌柄黄色，孢子椭圆形至杏仁形，表面具小麻点，缘生囊状体近柱状，往往歪曲，具分枝。

新毛囊靴耳 图 28，图版 V 36-37

Crepidotus neotrichocystis Consiglio & Setti, Il Genere Crepidotus in Europa （Trento）: 253（2008）

菌盖直径 9–33mm，幼时蹄形、扇形、近圆形，白色，成熟后透镜形、扇形、半圆形，表面近光滑，污白色至浅橙黄色，菌盖表面因落有成熟的担孢子而呈现浅锈色，近

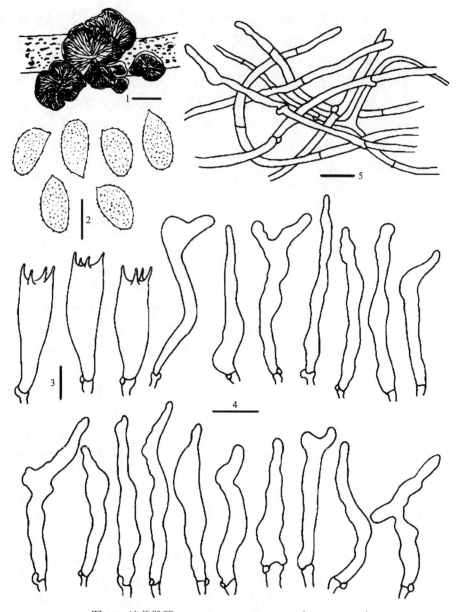

图 27　淡黄靴耳 *Crepidotus luteolus* Sacc.（HKAS42933）

1. 担子体(basidiocarps)；2. 担孢子(basidiospores)；3. 担子(basidia)；4. 缘生囊状体（cheilocystidia）；5. 菌盖表皮
(pileipellis)。标尺：1=2mm；2-5=10μm

基部无明显菌丝，边缘内卷，非水浸状，无条纹；菌褶宽 1.0–3.5mm，弓形，弯生至近
直生，L=10–18，l=3–7，幼时白色，成熟后茶褐色至近锈色；菌柄幼时可见，无色至
带粉色，成熟后消失，基部具白色稀疏菌丝；菌肉极薄，白色。

担孢子(4.9)5.3–5.9(6.9)×(3.4)3.8–4.4(5.0)μm，Q=1.4–1.9(2.0)（图版 XXVI 70），
正面观长椭圆形至近圆柱形，侧面观豆形，两边不等长，茶褐色至淡锈色，内部具油滴，
表面疣状至块状纹饰(油镜下)，脐侧附胞明显；扫描电镜下担孢子表面具结块状纹饰。
担子(19)23–28×5.6–8.1μm，棒状，多具 4 个担子小梗，少数具 2 个担子小梗，壁薄，

无色透明。侧生囊状体未见。缘生囊状体(25)33–39(47)×(4.5)5.4–7.1(9.0)μm，不规则弯曲，具多个分枝或刺状、圆头状凸起；菌盖皮层"cutis"型，由3.2–5.1μm宽的圆柱状细胞构成，偶分枝，较密，部分菌丝垂直生长，无凝胶层。所有组织均具锁状联合。

生境：群生于枫桦、白桦腐木、枯枝上。

中国分布：内蒙古。

世界分布：亚洲、欧洲。

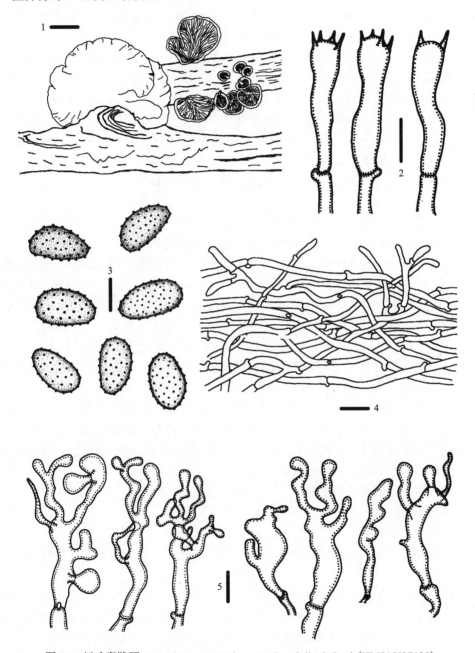

图 28　新毛囊靴耳 *Crepidotus neotrichocystis* Consiglio & Setti（HMJAU37129）

1. 担子体(basidiocarps)；2. 担子(basidia)；3. 担孢子(basidiospores)；4. 菌盖表皮(pileipellis)；5. 缘生囊状体
（cheilocystidia）。标尺：1=1cm；2、4、5=10μm；3=5μm

研究标本：**内蒙古** HMJAU37129，呼伦贝尔满归镇伊克萨玛国家森林公园，盖宇鹏，2016 年 8 月 11 日。

讨论：菌盖白色，无明显绒毛，菌褶稍密，菌柄幼时可见，担孢子长椭圆形至近圆柱形，具疣状至块状纹饰，缘生囊状体不规则弯曲，具多个分枝或刺状、圆头状凸起，是 *C. neotrichocystis* 的主要特征。靴耳属中的缘生囊状体多为棍棒状或烧瓶形、泡囊形，这种不规则形态的缘生囊状体较为少见，在已知的文献中，仅 *C. carpaticus*、*C. roseoornatus*、*C. macedonicus*、*C. cesatii*、*C. variabilis*、*C. epibryus* 具有相近的缘生囊状体形态。其中 *C. carpaticus*、*C. roseoornatus* 担孢子为球形至近球形，并且菌盖皮层为 "trichoderm" 型，与 *C. neotrichocystis* 相区别；*C. macedonicus*、*C. cesatii* 担孢子稍大，宽椭圆形，也与 *C. neotrichocystis* 相区分；*C. epibryus* 则为光滑孢子，与 *C. neotrichocystis* 也区别明显。*C. variabilis* 是靴耳属中与 *C. neotrichocystis* 最难区分的物种，*C. neotrichocystis* 在被合法发表前也长时间被认为是 *C. variabilis* 的一个变种 *C. variabilis* var. *trichocystis*，两者的担孢子在扫描电镜下均有相同的纹饰，这两种主要区别在于前者的担孢子比后者稍小并且偏椭圆形，而后者的孢子为近圆柱形，*C. neotrichocystis* 也正是基于这一特征被确定为靴耳属内的新分类单元。

网孢靴耳 图 29

Crepidotus reticulatus T. Bau & Y.P. Ge, in Ge & Bau, Mycosystema 39（2）：249（2020）

菌盖直径(0.3)0.6–0.9cm，幼时肉桂红色，扇形至半圆形，边缘内卷，成熟后朱红色，扇形、贝壳形，盖面不黏，表面具短绒毛，边缘稍内卷或不内卷，完整，无明显条纹，非水浸状；菌褶宽 1.0–1.5mm，L=7–12，l=1–3，弓形，弯生至离生，幼时淡黄色，成熟后锈褐色，边缘淡红色；菌柄未见；菌肉极薄，白色至污黄色，无特殊味道和气味。

担孢子 5.9–7.2(7.7)×4.3–4.9(5.4)μm，Q=1(1.29)1.31–1.51，正面观椭圆形至卵形，两端钝圆，侧面观近豆形，金黄色至淡褐色，表面具短嵴状至网状纹饰，多 2–3 个短嵴相连，脐侧附胞不明显；担子 20–25×5.1–7.1μm，短棒状至近圆柱形，无色，薄壁，具 4 个担子小梗；侧生囊状体未见；缘生囊状体 26–39×8.2–10.1μm，泡囊状，上部短圆柱形，较细，中部两侧腹鼓状膨大，近基部收缩；菌盖表皮 "trichoderm" 型，下层由平伏的长圆柱状菌丝构成，近表层菌丝红色，上层细胞由 3.0–4.0μm 宽的圆柱状菌丝交织构成，无色或颜色较浅；无锁状联合。

生境：散生于阔叶树倒木上。

中国分布：广东。

世界分布：亚洲。

研究标本：**广东** HMJAU37086，肇庆市鼎湖山，田恩静、刘宇，2015 年 6 月 17 日。

讨论：靴耳属内具红色担子体的物种极少，根据现有资料，欧洲仅 *C. cinnabarinus*、*C. brunneoroseus*、*C. roseoornatus* 这 3 种与 *Crepidotus ruticulatus* 具有相近颜色和形状的担子体，但均与 *Crepidotus ruticulatus* 区别明显。*C. cinnabarinus* 担子体与 *Crepidotus ruticulatus* 同为红色，但前者的颜色较浅，同时 *C. cinnabarinus* 的整个菌褶均与菌盖同色，而 *Crepidotus ruticulatus* 仅菌盖和菌褶边缘为红色，菌褶侧面微锈褐色；微观特

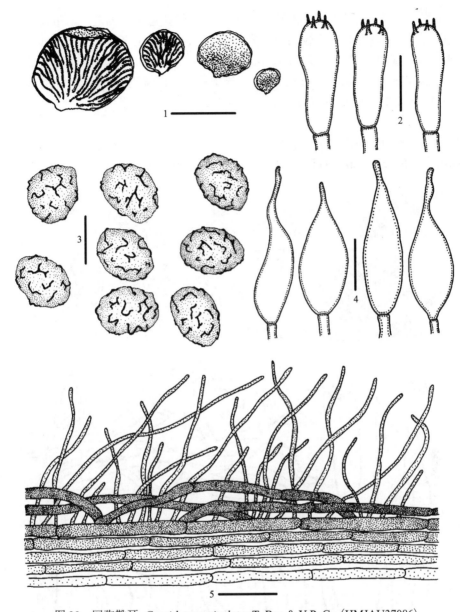

图 29　网孢靴耳 *Crepidotus reticulatus* T. Bau & Y.P. Ge（HMJAU37086）

1. 担子体(basidiocarps)；2. 担子(basidia)；3. 担孢子(basidiospores)；4. 缘生囊状体（cheilocystidia）；5. 菌盖表皮

(pileipellis)。标尺：1=1 cm；2、4、5 =10 μm；3=5 μm

征上 *C. cinnabarinus* 的担孢子为小麻点至疣状纹饰，*Crepidotus ruticulatus* 的担孢子为短嵴状纹饰。此外，缘生囊状体形态也是两者的主要区别。*C. brunneoroseus* 在宏观特征上与 *Crepidotus ruticulatus* 较为接近，两者菌盖同为红色并且菌褶为锈褐色，从宏观特征上区分两者较为困难；两种最大的区别特征在于 *Crepidotus ruticulatus* 无锁状联合，而 *C. brunneoroseus* 所有组织均具锁状联合，此外两种的担孢子纹饰也截然不同，前者为疣状至瘤状纹饰，与后者区别明显；*Crepidotus ruticulatus* 和 *C. brunneoroseus* 的菌盖均为红色，但两者带色素的细胞截然不同，前者的色素主要分布在菌盖表皮的下层细胞中，而上层交织状菌丝无颜色或颜色不明显，后者的菌盖表皮为近"trichoderm"型，菌丝之间的分化不明显，色素较均匀地分布在上下层菌丝中。C. roseoornatus 的菌盖也具颜色，但偏紫色，与 Crepidotus ruticulatus 在宏观上就可区分，除此之外，C. roseoornatus 担孢子球形，具近刺状纹饰，缘生囊状体顶端具趾状凸起，并且具有锁状联合，这些特征均可与 Crepidotus ruticulatus 相区分。

亚疣孢靴耳　图 30，图版 VI 42

Crepidotus subverrucisporus Pilát, Stud. Bot. Čechoslav. 10: 151（1949）

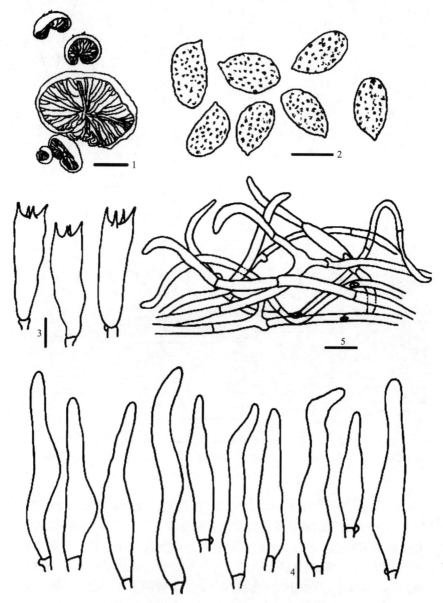

图 30　亚疣孢靴耳 *Crepidotus subverrucisporus* Pilát（HMJAU36960）

1. 担子体(basidiocarps)；2. 担孢子(basidiospores)；3. 担子(basidia)；4. 缘生囊状体（cheilocystidia）；5. 菌盖表皮（pileipellis）。标尺：1=2mm；2–5=10μm

菌盖直径 4–10mm，初期蹄形，后半球形至扇形，表面白色至米白色，幼时盖面被天鹅绒般细绒毛，后光滑无毛，淡赭褐色至橙棕色，基部有一丛白毛，边缘内卷。菌肉白色至浅灰色，薄，无特殊气味，味道清淡。菌褶初期白色，后变为淡赭色，稍带一点粉色，稍密，中等宽。孢子印红褐色至赭褐色。

担孢子 6.6–9.8×4.5–6.1μm，Q=1.3–1.7，椭圆形至杏仁形，表面具细小疣，粉灰色至黄灰色。担子 19–28×6–7μm，棒状，具 4 个担子小梗，基部具锁状联合。缘生囊状体 20–55×5.5–7.5μm，烧瓶形至纺锤形，向上顶端逐渐变细，基部稍膨大，薄壁，透明，基部具锁状联合。无侧生囊状体。菌盖表皮由松散、不规则缠绕的菌丝构成，透明，具锁状联合。

生境：夏季至秋季呈覆瓦状群生于阔叶树倒腐木上。

中国分布：黑龙江、江苏、浙江、福建。

世界分布：亚洲、欧洲。

研究标本：**江苏** HMJAU36958，南京市紫金山风景名胜区，杨思思，2013 年 7 月 7 日。**浙江** HMJAU36959，杭州市於潜天目山，杨思思，2013 年 7 月 4 日。**福建** HMJAU36960，福州市国家森林公园，杨思思，2013 年 6 月 21 日。

讨论：该种从宏观形态上与 *C. lundellii* 和 *C. luteolus* 相近，担子体小，白色至米白色，容易混淆，但 *C. subverrucisporus* 孢子表面有明显的细疣，且缘生囊状体烧瓶形至纺锤形，而不是棒状或分枝多瘤状，前者的孢子形状和缘生囊状体形状明显不同。

毛缘靴耳 图 31，图版 VI 44-45

Crepidotus trichocraspedotus T. Bau & Y.P. Ge, in Ge & Bau, Mycosystema 39（2）：252（2020）

菌盖直径 6.0–19.5 mm，半圆形至近圆形，近基部凸起，浅硫磺色至橙黄色，盖面稍黏，无明显绒毛，边缘白色至污白色，不规则，无缺刻，内卷，具明显放射状菌丝，无条纹，非水浸状，基部具白色菌丝；菌褶 1.5–2.5 mm 宽，L=11–17，l=3–7，初时污白色至淡黄色，成熟后浅肉色至浅锈色，边缘白色；菌柄点状或无，表面具白色绒毛；菌肉薄，白色，无明显味道和气味。

担孢子（8.8）9.1 – 10.5（10.7）×（5.7）6.0 – 6.8（7.1）μm，Q=1.37 – 1.60（1.69），正面观宽椭圆形至椭圆形，侧面观豆形，两边不等长，茶褐色，光滑（油镜下）；担子 10 – 31×（5.3）7.5–10μm，棒状，头部膨大，无色，薄壁，具 2 个或 4 个担子小梗；侧生囊状体未见；缘生囊状体（36）49 – 64（69）×3.5 – 5.4（7.1）μm，不规则，藤蔓状、树枝状，顶部圆头状，或分枝，近基部或趾状分枝，无色，薄壁；菌盖表皮"trichoderm"型，下层由平伏的长圆柱状细胞构成，42–71×6.0–9.8μm，淡黄色，菌丝表面凝胶化，上层由交织状长圆柱细胞构成，73–106×2.6–5.3μm，无色，透明；所有组织均具锁状联合。

生境：散生于腐木上。

中国分布：云南。

世界分布：亚洲。

研究标本：**云南** HMJAU37138，楚雄彝族自治州南华县云台山，盖宇鹏、图力古尔，2016 年 8 月 11 日。

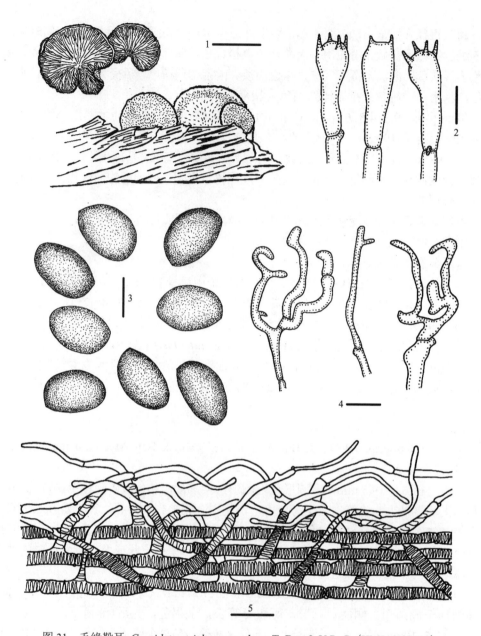

图 31　毛缘靴耳 *Crepidotus trichocraspedotus* T. Bau & Y.P. Ge（HMJAU37138）

1. 担子体（basidiocarps）；2. 担子（basidia）；3. 担孢子（basidiospores）；4. 缘生囊状体（cheilocystidia）；5. 菌盖表皮

（pileipellis）。标尺：1=1cm；3=5μm；2、4、5 =10μm

　　讨论：Hesler 和 Smith（1965）曾描述过靴耳属中一些缘生囊状体弯曲多变的种，其中 *C. flexuosus*、*C. sinuosus*、*C. campylus*、*C. fusisporus* var. *rameus*、*Crepidotus variabilis* var. *trichocystis*、*Crepidotus lanuginosus*、*Crepidotus mucidifolius* 的缘生囊状体在形态上与该种相似。其中 *C. flexuosus* 为球孢，孢子仅为 5μm 左右，*C. sinuosus* 和 *C. campylus* 的孢子稍大，但也为球孢，均与该种在担孢子形态上就可区分；*C. fusisporus* var. *rameus* 与该种具有相似的孢子形态，并且同为光滑孢子，但据 Hesler 和 Smith（1965）的描述，*C. fusisporus* var. *rameus* 的菌褶带粉色，孢子也带粉色，并且孢子与该种相比较小，同

时因时常观察到表面稍粗糙的担孢子，也与该种不同；*Crepidotus variabilis* var. *trichocystis*、*Crepidotus lanuginosus* 和 *Crepidotus mucidifolius* 虽具有与该种相似的孢子形态，但大小明显小于该种，并且表面具纹饰，与该种区别明显。

Bandala 和 Montoya（2000b）曾对产自美洲的具有弯曲囊状体的靴耳进行研究，涉及 *C. fusisporus* 所有的 5 个变种以及 *Crepidotus citri*、*Crepidotus levisporus*、*Crepidotus sublevisporus*、*Crepidotus yungicola*，其中 *C. fusisporus* 及其变种均具梭形的疣状孢子，而后 4 种均被组合为 *Crepidotus albidus*，虽具有光滑孢子，但大小仅为该种的一半，与该种相区分。除此之外，Bandala 等（1999）、Bandala 和 Montoya（2000a）、Gonouzagou 和 Delivorias（2005）均曾指出部分种也具有相似的囊状体形态，但都在孢子形态上相区分，如 *Crepidotus variabilis* 担孢子具有明显的纹饰，*Crepidotus epibryus* 的孢子则明显的杆形。非常值得注意的是 Bandala 等（2008a）发表了靴耳属一新种 *Crepidotus eucalyptinus*，该种不但与 *Crepidotus trichocraspedotus* 具有相似的缘生囊状体，并且菌盖表皮部分菌丝也凝胶化，但不同的是该种具有明显的菌柄，成熟后也不消失，并且担孢子稍小，同时 *Crepidotus eucalyptinus* 的菌盖表皮凝胶化菌丝明显是 "trichoderm" 型，而 *Crepidotus trichocraspedotus* 的凝胶化菌丝平行排列，区别清晰。

除此之外，Singer（1973）以及 Bandala 等（2006）发表的 *Crepidotus rubrovinosus* 和 *Crepidotus septicoides* 也具有类似的缘生囊状体形态，但这两种在靴耳属内极为特殊，担孢子纹饰为明显的脊状纹饰，与该种区别明显。

靴耳属中缘生囊状体多变，从圆柱形至烧瓶形、囊状均有，形态较为规则，除菌褶边缘塌陷外无藤蔓形的缘生囊状体，该种的缘生囊状体极为特殊，是靴耳属中除 *Crepidotus subtrichodermus* 仅见的，是靴耳属中一种新的囊状体类型。

变形靴耳 图 32，图版 VI 48
中文异名：变形锈耳、多变靴耳、变异锈褶耳、多形靴耳
Crepidotus variabilis (Pers.) P. Kumm., Führ. Pilzk. (Zerbst)：74（1871）
Agaricus variabilis Pers., Observ. Mycol. (Lipsiae) 2：46（1800）[1799]
Agaricus variabilis var. *variabilis* Pers., Observ. Mycol. (Lipsiae) 2：46（1800）[1799]
Claudopus multiformis Murrill, N. Amer. Fl. (New York) 10(2)：78（1917）

菌盖直径 10–35mm，圆形、肾形或半圆形，固着在基质处呈吸盘状，侧面着生，薄，新鲜时表面污白色、灰白色、灰黄色，覆有白色绒毛或被细绒毛，覆瓦状，边缘近光滑，向内卷曲，菌盖表面具粉质状覆盖物，后期脱落，光滑。菌肉初期白色，后近赭色，很薄，无特殊气味，肉微带有苦香味。菌褶稍密，初期白色，后变为土黄褐色、淡肉桂色、淡黄棕色或红褐色；无菌柄或有很短的菌柄。孢子印粉红色或粉褐色。

担孢子 5.5–7×3–3.5μm，Q=1.5–1.9，椭圆形至长椭圆形，近无色或淡锈色，表面粗糙，表面具有细小刺或小疣，壁薄，有短小尖，中央含有一大油滴。担子 16–21×5.5–6.8μm，宽棒状，具 4 个担子小梗，小梗长约 4μm。无侧生囊状体。缘生囊状体 36–45×7–9μm，形状多样，近棒状或细囊状，往往弯曲，多节多瘤状或似角状。菌盖表皮由松散、形状不规则、互相交织的菌丝构成，菌丝直径 2.5–5μm，透明，具有锁状联合。

生境：夏季、秋季于多种阔叶树的枯腐木或枯腐枝上叠生或群生。

中国分布：内蒙古、吉林、江苏、浙江、福建、山东、广西、四川、云南、贵州、西藏、香港。

世界分布：亚洲、欧洲。

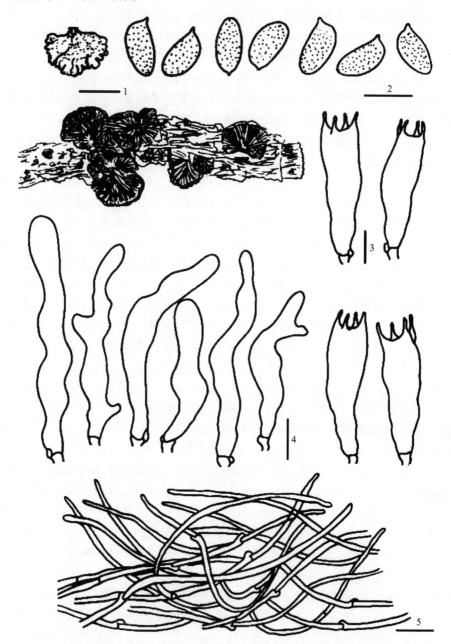

图 32　变形靴耳 *Crepidotus variabilis* (Pers.) P. Kumm. (HMJAU7182)

1. 担子体(basidiocarps)；2. 担孢子(basidiospores)；3. 担子(basidia)；4. 缘生囊状体 (cheilocystidia)；5. 菌盖表皮 (pileipellis)。标尺：1=2mm；2–5=10μm

研究标本：**吉林** HMJAU7289，延边朝鲜族自治州安图县，范宇光，2007 年 8 月 4 日；HMJAU7182，安图县，图力古尔，2007 年 7 月 10 日；HMJAU22138，蛟河市老爷岭，图力古尔，2009 年 6 月 13 日。**江苏** HMJAU36961，南京市紫金山，杨思思，2013 年 7 月 7 日。浙江：HMJAU36962，杭州市於潜天目山，杨思思，2013 年 7 月 4 日。**福建** HMJAU36963，福州市国家森林公园，杨思思，2013 年 6 月 21 日。**山东** HMLD195，烟台市，王建瑞，2012 年 8 月 4 日。**云南** HKAS47419，丽江市宁蒗彝族自治县，刘吉开，2004 年 7 月 28 日。

讨论：一些报道中曾记载该种担孢子表面光滑(袁明生和孙佩琼 1995，邵力平和项存悌 1997，吴兴亮 1989，彭卫红等 2003)，这与 Hesler 和 Smith(1965)描述其担孢子表面有点状凸起存在较大差异。此种的主要特征是菌盖边缘波状至浅裂状，孢子较小(5.5–7×3–3.5μm)，长椭圆形或近柱状，表面具细疣突，缘生囊状体往往歪曲，多节瘤。该种从微观特征上与 *C. lundellii* 相近，孢子大小近乎相同，但两者缘生囊状体的大小和形状存在明显区别。

普通靴耳　图 33

Crepidotus vulgaris Hesler & A.H. Sm., North American Species of *Crepidotus*: 121 (1965)

菌盖直径 6–22mm，扇形、贝壳形至半球形，白色，干时颜色稍褪或变为褐色，密被短柔毛或细绒毛，与基物相连处有一丛白色或淡黄色绒毛。菌褶稠密，幅窄至中等宽，幼时白色，成熟后变为褐色。无菌柄。菌肉薄，白色，气味不明显，味道温和。孢子印锈褐色。

担孢子 6.1–7.8×4.3–6.2μm，Q=1.0–1.2，正面观宽椭圆形、卵形或近球形，侧面观不等边形，表面具麻点。担子 21–32×5–8μm，宽棒状，具 2–4 个担子小梗，基部具锁状联合。无侧生囊状体。缘生囊状体 26–53×9–18μm，近棒状、泡囊状，中央膨大呈腹鼓状，有时缢缩或呈细颈瓶状。菌盖菌髓互相交织。菌盖表皮平伏，无色，有锁状联合。

生境：夏季、秋季生于阔叶树或针叶树腐朽木或残枝上。

中国分布：浙江、江西。

世界分布：亚洲、美洲。

研究标本：**浙江** HMJAU36964，杭州市於潜天目山自然保护区，杨思思，2013 年 7 月 4 日。**江西** HMJAU36965，井冈山市茨坪镇井冈山，杨思思，2013 年 6 月 27 日。

讨论：该种区别于本属其他种的主要特征是孢子表面具麻点，菌褶白色，成熟后变为褐色，具形状不规则的缘生囊状体以及菌盖表皮具平伏的菌丝。该种与 *C. subsphaerosporus* 从宏观形态上看很相似，但后者孢子椭圆形，表面密布小刺或小麻点，类似海胆状，且菌褶初期白色，后粉色。

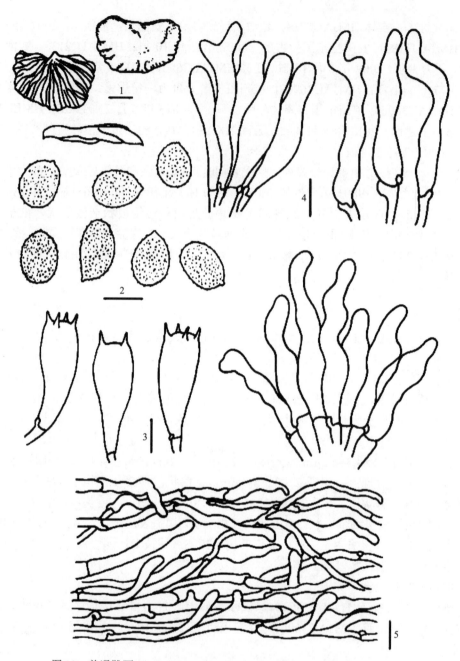

图 33 普通靴耳 *Crepidotus vulgaris* Hesler & A.H. Sm.（HMJAU36964）

1. 担子体（basidiocarps）；2. 担孢子（basidiospores）；3. 担子（basidia）；4. 缘生囊状体（cheilocystidia）；5. 菌盖表皮（pileipellis）。标尺：1=2mm；2–5=10μm

球孢亚组（sect. *Sphaeruli*）分种检索表

1. 盖面被有细鳞片或绒毛 ··· 2
1. 盖面无鳞片无绒毛 ·· 12
　　2. 缘生囊状体顶端具趾状分枝 ··趾状靴耳 *Crepidotus carpaticus*
　　2. 缘生囊状体顶端平滑、圆钝 ·· 3

平盖靴耳原变种　图 34，图版 I 3-6

中文异名：平盖锈耳、平扁靴耳、平靴耳、平展锈褶耳

Crepidotus applanatus var. **applanatus**（Pers.）P. Kumm., Führ. Pilzk.（Zwickau）: 74
  （1871）

Agaricus applanatus Pers., Observ. Mycol.（Lipsiae）1: 8（1796）

　　菌盖直径 20–50mm，扇形、近半圆形、肾形，表面光滑，盖面无毛，具细条纹，边缘有时波状，内卷，湿时水浸状，初时白色或黄白色，有茶褐色孢子粉，后变至带褐色或浅土黄色。菌肉薄，白色至污白色。菌褶较密，初期白色，后变至浅褐色或肉桂色。菌柄不明显或具短柄。孢子印浅烟褐色、锈色或锈褐色。

　　担孢子 4.5–7.0×4.5–6.5μm，Q=1.0–1.2（图版 XXVI 65），广椭圆形、球形至近球形，密生细小刺，或有麻点或小刺疣，淡褐色或锈色。担子 19–27×6–9μm，棒状，具 4 个担子小梗，小梗长 3–4μm，基部具锁状联合。无侧生囊状体。缘生囊状体 35–55×10–12μm，近棒状或头状，顶端膨大呈球形，向下逐渐变细。菌盖表皮由平周的菌丝组成，菌丝直径 3–9μm，棒状，末端细胞膨大，形状与缘生囊状体相似，透明，分隔处具有锁状联合。

　　生境：夏季、秋季于阔叶树腐木或倒伏的阔叶树朽木上群生或叠生或近覆瓦状生长。

中国分布：辽宁、吉林、黑龙江、浙江、福建、江西、广东、四川、甘肃、宁夏、香港。

世界分布：亚洲、美洲。

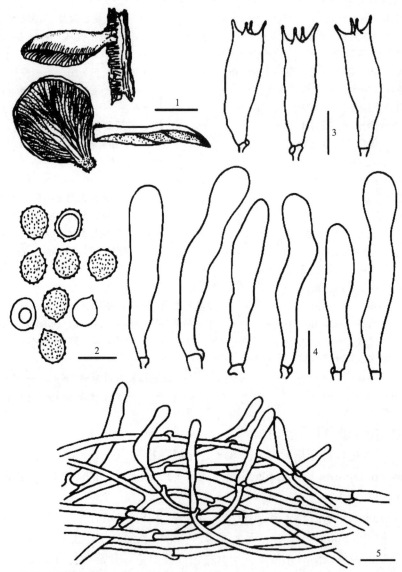

图 34　平盖靴耳原变种 *Crepidotus applanatus* var. *applanatus*（Pers.）P. Kumm.（HMJAU36966）
1. 担子体（basidiocarps）；2. 担孢子（basidiospores）；3. 担子（basidia）；4. 缘生囊状体（cheilocystidia）；5. 菌盖表皮
（pileipellis）。标尺：1=2mm；2–5=10μm

研究标本：**吉林** HMJAU36966，延边朝鲜族自治州抚松县，图力古尔、杨思思，2011 年 7 月 6 日；HMJAU36967，珲春市，图力古尔，2010 年 7 月 10 日；HMJAU36968，抚松县，图力古尔，2013 年 6 月 28 日；HMJAU201176，抚松县，图力古尔，2011 年 7 月 6 日；HMJAU4116，抚松县，图力古尔，2005 年 6 月 29 日；HMJAU7041，安图县，图力古尔，2007 年 7 月 9 日；HMJAU22199，安图县，图力古尔，2009 年 6 月 26 日；HMJAU1242，吉林市，图力古尔，2000 年 7 月 25 日；HMJAU37006、HMJAU37014、

HMJAU37018，延边朝鲜族自治州二道白河镇，盖宇鹏，2015 年 6 月 21 日。**浙江** HMJAU36969，杭州市於潜天目山，杨思思，2013 年 7 月 4 日。**福建** HMJAU36970，福州市国家森林公园，杨思思，2013 年 6 月 21 日。**江西** HMJAU36971，井冈山市茨坪镇井冈山，杨思思，2013 年 6 月 27 日。

讨论：该种从微观特征上与 *C. malachius* var. *malachius* 和 *C. cesatii* 相近，导致容易混淆，但仔细观察其缘生囊状体形状大不相同。

平盖靴耳球状变种　图 35
中文异名：扁靴耳球状变种
Crepidotus applanatus var. *globiger*（Berk.）Pilát, Atlas Champ. l'Europe（Praha）6: 36
　　（1948）

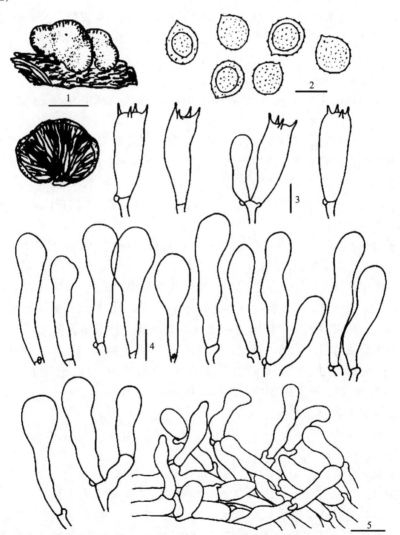

图 35　平盖靴耳球状变种 *Crepidotus applanatus* var. *globiger*（Berk.）Pilát（GDGM26815）
1. 担子体（basidiocarps）；2. 担孢子（basidiospores）；3. 担子（basidia）；4. 缘生囊状体（cheilocystidia）；5. 菌盖表皮（pileipellis）。标尺：1=2mm；2–5=10μm

菌盖直径 1–4mm，肾形或耳状，淡红色或灰色，边缘具条纹，内卷，撕裂。菌肉白色，极薄，无味道。菌褶淡粉红色至淡锈色。菌柄白色，被白色绒毛。孢子印锈色。

担孢子 5–8×4.5–7.0μm，Q=1.0–1.1，球形，粗糙，有小麻点，淡锈色，复原时遇KOH 液不变色，遇 Melzer 氏液红褐色。担子 18–21×7–8μm，棒形，无色，具 2–4 个担子小梗。侧生囊状体缺失。缘生囊状体泡囊状至粗棒状，15–31×8–13μm，群生，无色。菌盖外皮层菌丝丝状，近栅栏状排列。菌肉菌丝无色，有锁状联合。

生境：夏季、秋季单生或群生于白玉兰等阔叶树的树干腐木或朽木的树皮上。

中国分布：广东。

世界分布：亚洲、欧洲、美洲。

研究标本：**广东** GDGM27840，韶关市始兴县车八岭，李跃进、黄浩等，2010 年 9 月 27 日；GDGM26815，韶关市始兴县车八岭，李泰辉、李传华等，2008 年 7 月 14 日。

讨论：广东省科学院丘陵山区综合科学考察队(1991)和毕志树等(1994)报道了此种分布于中国广东。此种与原变种的区别在于，球状变种担孢子稍大，更为接近球形。

金色靴耳　图36，图版Ⅰ7-8

Crepidotus aureifolius Hesler & A.H. Sm., North American Species of *Crepidotus*: 75
　　（1965）

菌盖直径 1.6–4.3cm，幼时爪形、扇形，淡黄色至淡土黄色，成熟后扇形至半圆形，黄褐色至深褐色，表面具明显的锈色丛毛状鳞片，边缘无条纹，稍内卷，非水浸状，侧着生，盖面不黏，基部具橙黄色放射状菌丝。菌褶 3–4.5mm，L=15–27，l=3–7，弓形，幼时肉粉色至淡土黄色，成熟后土褐色、污褐色。菌柄未见。菌肉白色，1.0–1.5mm 厚，无特殊味道和气味。

担孢子 (5.0) 5.2–6.1 (6.4)) ×(4.7) 5.0–6.0 (6.2) μm，Q=1.0–1.1(图版 XXVI 67)，球形至近球形，黄色至淡土黄色，表面具短柱状至刺状凸起(油镜下)；扫描电镜下担孢子具柱状纹饰，表层具稀疏小麻点。子实层具长颈烧瓶形特化细胞，33–41×7.2–9.9μm，无色，薄壁。侧生囊状体 28–39 (47)×6.7–9.9μm，近基部圆柱形或两侧稍膨大，顶部细，或分枝，无色，薄壁。缘生囊状体 33–52×6.4–11.9μm，棒形至长圆柱形，表面波状，向基部一侧膨出或弯曲，无色，薄壁。菌盖表皮"cutis"型，由粗 5.8–7.5μm 的长圆柱状菌丝平行构成，上层为深褐色至锈色香肠形菌丝构成的鳞片，壁稍厚，9.1–11.7 (16.9) μm 粗。所有组织均具锁状联合。

生境：散生于蒙古栎、槐树枯腐木上。

中国分布：吉林。

世界分布：亚洲、美洲。

研究标本：**吉林** HMJAU37007，通化集安市，盖宇鹏、颜俊清，2015 年 8 月 4 日；HMJAU37013，集安市五女峰，盖宇鹏、颜俊清，2015 年 8 月 5 日。

讨论：菌盖表面具锈色丛毛状鳞片，边缘无条纹，无菌柄，担孢子球形至近球形，具侧生囊状体是 *C. aureifolius* 的主要特征。根据 Hesler 和 Smith (1965) 的分类系统，该种与 *C. crocophyllus* 同属于 subg. *Sphaerula* sect. *Sphaerula* subsect. *Fulvofibrillosi*。Bandala 和 Montoya (2008) 将该亚组的所有种均定义为 *C. crocophyllus* 复合群，认为亚

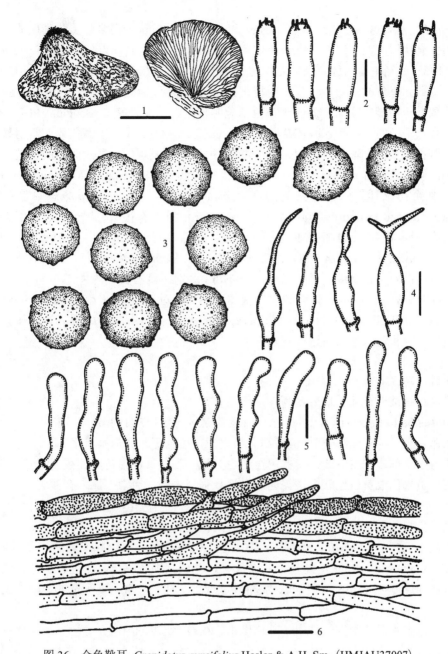

图 36　金色靴耳 *Crepidotus aureifolius* Hesler & A.H. Sm.（HMJAU37007）

1. 担子体（basidiocarps）；2. 担子（basidia）；3. 担孢子（basidiospores）；4. 侧生囊状体（pleurocystidia）；5. 缘生囊状
体（cheilocystidia）；6. 菌盖表皮（pileipellis）。标尺：1=1cm；2、4、5、6=10μm；3=5μm

组内的种与 *C. crocophyllus* 无法区分，建议组合为 *C. crocophyllus*。*C. aureifolius* 和 *C.
crocophyllus* 的宏观特征极为相似，两者均具有褐色丛毛状鳞片，不同的是 *C. aureifolius*
鳞片稍稀疏，但 *C. crocophyllus* 在老后或雨后会有较多的鳞片脱落，但两者仅靠这一特
征极难区分。在微观特征上这两种也有诸多相似之处，虽然担孢子大小稍有差异，但这
一特征在区分两种时较难操作，同样通过缘生囊状体形态不同也较难区分两种。*C.
aureifolius* 和 *C. crocophyllus* 的主要差异为 *C. aureifolius* 具有侧生囊状体而 *C.*

crocophyllus 没有这一结构。虽然 Hesler 和 Smith(1965)认为很多北美靴耳属的物种都具有侧生囊状体，但本研究与 Bandala 和 Montoya(2008)的观点部分相同，Hesler 和 Smith(1965)的侧生囊状体有很多是特化的担子，这一点在 Bandala 和 Montoya(2008c)的工作中得到充分的证明。靴耳属内特化担子较为常见，其主要特征是担子小梗稍长，担子顶端有一明显的收缩，而大小与担子无明显差异，本研究与 Bandala 和 Montoya(2008)观点不同的是，*C. aureifolius* 是 subsect. *Fulvofibrillosi* 侧生囊状体非常明显的物种。靴耳的侧生囊状体是由 Hesler 和 Smith(1965)首先发现的，虽然他们的认定范围有些宽泛，但也经过 Senn-Iret(1995)、Bandala 等(1999)、Bandala 和 Montoya(2000b)的确认，甚至在靴耳属中较为常见的 *C. calolepis* 和 *C. subverrusporus* 中也有发现(Gonouzagou and Delivorias 2005)。*C. aureifolius* 的侧生囊状体与担子形态区别十分明显，即使不考虑细长的上部也与担子在大小上有明显差异，所以本书认可将 *C. applachianensis*、*C. subaureifolius*、*C. distortus*、*C. subnidulans* 作为 *C. crocophyllus* 的异名处理，而 *C. aureifolius* 是与 *C. crocophyllus* 区别明显的另一物种。

Crepidotus aureifolius 具有侧生囊状体的物种，对于 Hesler 和 Smith(1965)以及 Gonouzagou 和 Delivorias(2005)认为 *C. calolepis* 和 *C. subverrusporus* 或者靴耳属其他物种具有侧生囊状体，本书对这一观点持疑。

基绒靴耳　图 37，图版 II 9-10
中文异名：褐绒毛靴耳、褐毛靴耳、褐毛锈耳
Crepidotus badiofloccosus S. Imai, Bot. Mag., Tokyo 53: 399（1939）

菌盖直径 10–55mm，初期侧耳形、贝壳形，后扇形、肾形至近半球形，有时勺形或近圆形，基部扁平或下凹，黄白色至污白黄色，表面密被褐色或深褐色毛状小鳞片，基部密生黄褐色或黄白色软毛，盖面幼时边缘强烈内卷，后常上翘，有浅裂，无条纹。菌肉薄，白色，靠近基部较厚(2–3mm)。菌褶初期黄白色至污黄白色或近白色，后呈肉桂色、黄褐色至灰褐色。菌柄无。孢子印肉桂色至土黄褐色。

担孢子 5.5–6×4.5–5μm，近球形，褐黄色，有细微的尖状突起或刺突，具细小疣。担子 20–30×7–8μm，棒状，具 4 个担子小梗，基部具锁状联合。侧生囊状体缺失。缘生囊状体 40–50×6–11μm，近棒状、狭棍棒状或近圆柱状，常不规则弯曲。菌盖表皮栅栏型。

生境：夏季至秋季生于林中阔叶树倒木、枯枝上或腐朽木上，群生。
中国分布：内蒙古、吉林、黑龙江、江苏、福建、陕西、甘肃、宁夏。
世界分布：亚洲。
研究标本：**内蒙古** HMJAU4221，通辽市大青沟，图力古尔，2005 年 8 月 24 日；HMJAU1396，通辽市大青沟，图力古尔，1997 年。**吉林** HMJAU36972，延边朝鲜族自治州安图县，王柏，2012 年 8 月 23 日；HMJAU22067，安图县，图力古尔，2009 年 6 月 27 日；HMJAU4071，抚松县，图力古尔，2005 年 6 月 28 日；HMJAU22098，安图县，图力古尔，2009 年 6 月 26 日；HMJAU7169，安图县，图力古尔，2007 年 7 月 9 日；HMJAU7171，安图县，图力古尔，2001 年 7 月 17 日；HMJAU7172，安图县，图力古尔，2008 年 6 月 27 日。**黑龙江** HMAS63550，大兴安岭地区呼玛县，文华安等，

2000 年 7 月 29 日。**江苏** HMJAU36973，南京市紫金山，杨思思，2013 年 7 月 7 日。
福建 HMJAU36974，厦门市，杨思思，2013 年 6 月 24 日。**陕西** HMAS61600，汉中市，卯晓岚，1991 年 9 月 21 日。

讨论：此种属中国-日本共有种。邵力平和项存悌(1997)、卯晓岚(1998，2000)、李玉和图力古尔(2003)曾报道过该种在我国的分布。

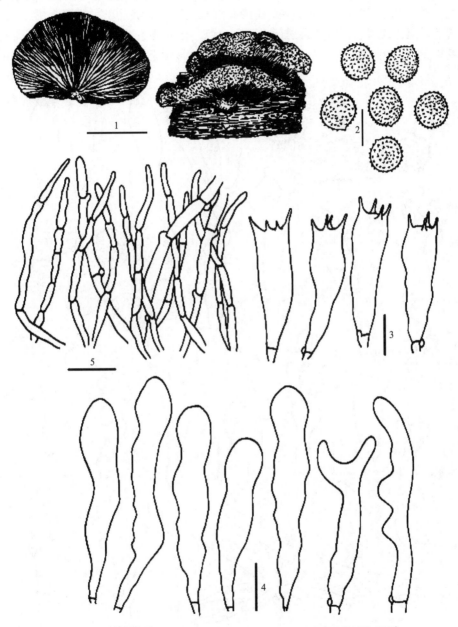

图 37　基绒靴耳 *Crepidotus badiofloccosus* S. Imai（HMJAU36972）

1. 担子体(basidiocarps)；2. 担孢子(basidiospores)；3. 担子(basidia)；4. 缘生囊状体（cheilocystidia）；5. 菌盖表皮
(pileipellis)。标尺：1=2mm；2–5=10μm

趾状靴耳 图 38，图版 III 17

Crepidotus carpaticus Pilát, Hedwigia 69: 140（1929）

Crepidotus wakefieldiae Pilát, Stud. Bot. Čechoslav. 10（4）: 152（1949）

Crepidotus wakefieldiae Pilát, Atlas Champ. l'Europe（Praha）6: 65（1948）

　　菌盖直径 4–6mm，扇形或半球形，后凸镜形，边缘向内弯卷，有轻微叶瓣状分裂，暗淡无光泽，黄色、浅褐色或米黄色，盖缘有细长天鹅绒般绒毛。菌褶稍密，宽 1–2mm，初期黄色、栗色或褐色，后变为锈色，褶缘白色，有细绒毛。菌肉薄，近膜质，白色或淡黄色，无味。菌柄幼时可见，后不明显或消失，被绒毛。孢子印米黄色或淡褐色。

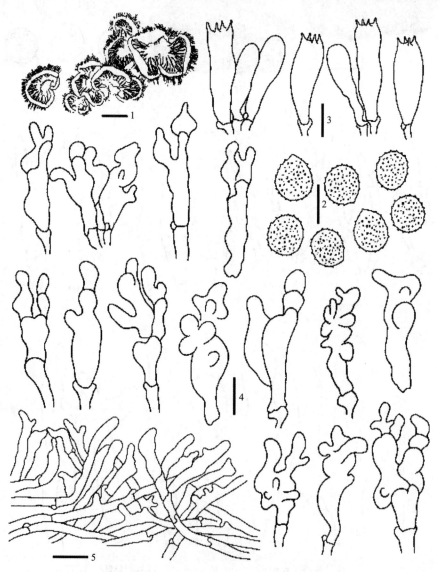

图 38　趾状靴耳 *Crepidotus carpaticus* Pilát（HMJAU36975）

1. 担子体（basidiocarps）；2. 担孢子（basidiospores）；3. 担子（basidia）；4. 缘生囊状体（cheilocystidia）；5. 菌盖表皮（pileipellis）。标尺：1=2mm；2–5=10μm

担孢子 5.2–6.1×4.8–5.3μm，球形至近球形，含颗粒状内含物，表面具小疣或疣状隆起纹饰。担子 14–17×6.6–8.9μm，棒状，具 4 个担子小梗，担子小梗长约 3μm，基部具锁状联合。缘生囊状体 19–24×5.2–10.5μm，棒状、囊状或珊瑚状，顶端具短突起或指状分枝，偶顶端覆有结晶。菌盖表皮由光滑、圆柱形、非凝胶状菌丝交织组成，菌丝末端细胞膨大，竖直或圆柱形，无色或淡黄色。所有组织均有锁状联合。

生境：夏季群生于阔叶林中桦树枯枝上。

中国分布：北京、吉林、浙江、海南、四川。

世界分布：亚洲、美洲。

研究标本：**北京** HMJAU36975，双塘涧灵山，范宇光、张鹏，2012 年 8 月 8 日。**吉林** HMJAU6032，延边朝鲜族自治州抚松县露水河镇，图力古尔，2005 年 6 月 29 日；HMJAU6728，吉林市左家，图力古尔，2008 年 7 月 9 日；HMJAU36976，吉林市永吉县，图力古尔、杨思思，2011 年 9 月 12 日。**浙江** HMJAU36977，杭州市於潜天目山，杨思思，2013 年 7 月 4 日。**海南** HMJAU1869，五指山，图力古尔，2000 年 12 月 24 日。**四川** HMJAU36978，西昌市冕宁县，图力古尔、杨思思，2011 年 7 月 20 日。

讨论：此种特征明显是担子体小、边缘内卷，黄色、浅褐色至米黄色，菌盖边缘有细长天鹅绒般绒毛；缘生囊状体形状极特殊，棒状、囊状或珊瑚状，顶端具短突起或指状分枝。此种与 *C. cesatii*、*C. luteolus* 在微观特征上有一些相似，但后者担孢子稍大，且具针刺，而 *C. carpaticus* 的孢子小（5.2–6.1×4.8–5.3μm），呈球形至近球形，具疣状纹，且具近棒状或烧瓶形、顶端带趾状分枝的缘生囊状体。此外，*C. carpaticus* 在菌盖形态和担孢子形状上与 *C. quitensis* Pat.相似（Bandala and Montoya 2000a），但后者缘生囊状体呈不规则棒状或近腹鼓状，有时近头状，颈部细长，但顶端无珊瑚状或趾状附属物。

亚宽褶靴耳近似种　图 39

Crepidotus cf. **sublatifolius** Hesler & A. H. Sm., North American species of Crepidotus: 63（1965）（待发表）

菌盖直径 4–10mm，初期半球形、扇形至贝壳形，表面赭黄色至褐色，边缘稍微内卷，后渐平展，无条纹。菌褶宽 1–2mm，与菌盖同色，黄褐色或赭黄色，稍密。菌肉稍厚，黄色或近赭黄色。无菌柄，与基物着生部分具有白色绒毛。无明显气味和味道。孢子印黄褐色。

担孢子 5.8–6.8×4.9–6.6μm，球形、椭圆形、近球形至球形，表面具纹饰，带小刺或小疣，粗糙，透明，少数中央含有一个大油滴。担子 24.4–34.2×4.8–7.3μm，长棒状，具 2–4 个担子小梗，小梗长约 3μm，透明，无色，基部无锁状联合。缘生囊状体 31.2–49.6×9.7–11.6μm，泡囊状、球囊状、纺锤形或烧瓶状，顶端膨大，腹部向下逐渐变细，少数基部具一横隔，无色，透明，基部无锁状联合。未见侧生囊状体。菌盖表皮由平行、成束的腊肠形或丝状菌丝交织凝结组成，直径 3.2–4.4μm，透明，薄壁，弯曲交织，菌丝末端细胞膨大，无色或淡褐色，有锁状联合。

生境：生于针阔混交林中杨树等阔叶树树干或树皮上，群生。

中国分布：吉林。

世界分布：亚洲。

研究标本：**吉林** HMJAU36979，延边朝鲜族自治州安图县，杨思思，2011 年 7 月 8 日。

讨论：此种与 *C. sublatifolius* 相似，但后者具侧生囊状体，近棒状、瓶形或梭形，似保龄球状。此外，*C. sublatifolius* 的盖面被白色短柔毛或绒毛。*C. corticola* 与 *C. uber* 在宏观形态上相似，但后者担孢子光滑，壁稍厚，且湿时盖缘具条纹，水渍状。

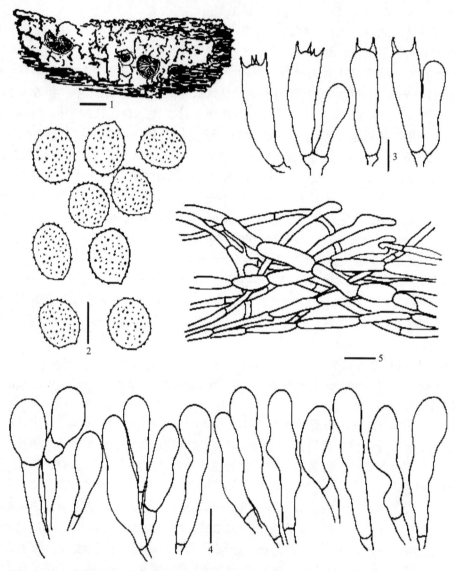

图 39　亚宽褶靴耳近似种 *Crepidotus* cf. *sublatifolius* Hesler & A. H. Sm.（HMJAU36979）
1. 担子体(basidiocarps)；2. 担孢子(basidiospores)；3. 担子(basidia)；4. 缘生囊状体（cheilocystidia）；5. 菌盖表皮（pileipellis）。标尺：1=2mm；2–5=10μm

铬黄靴耳　图 40，图版 III 20-21
中文异名：铬黄色靴耳、黄褶锈耳
Crepidotus crocophyllus（Berk.）Sacc., Syll. Fung.（Abellini）5: 886（1884）

Agaricus crocophyllus Berk., J. Bot., Lond. 6: 313（1847）

菌盖直径 12–55mm，贝壳形或扇形，盖面黄褐色，遇 KOH 液呈微红色，表面密被暗褐色至红褐色粗纤毛或细鳞片，与基物相连处常具有白色或橘黄色绒毛。菌褶稠密，初期白色，后淡黄色、黄色或橘色，成熟时变成黄褐色，遇 KOH 液菌褶呈深红色。无菌柄。菌肉柔软，薄，近白色、黄褐色或同盖面色，气味不明显，无特殊味道。孢子印黄褐色或褐色。

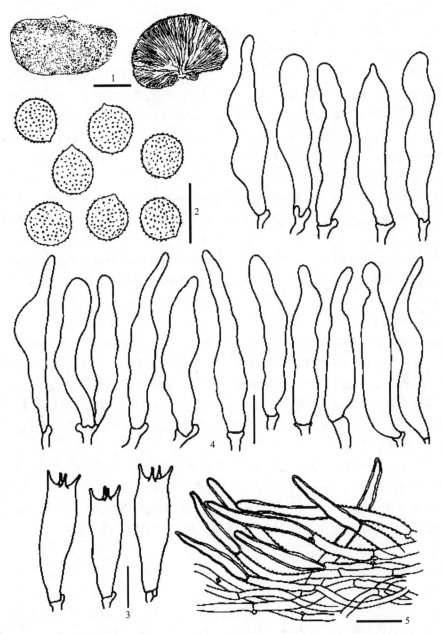

图 40　铬黄靴耳 *Crepidotus crocophyllus*（Berk.）Sacc.（HMJAU36983）

1. 担子体（basidiocarps）；2. 担孢子（basidiospores）；3. 担子（basidia）；4. 缘生囊状体（cheilocystidia）；5. 菌盖表皮（pileipellis）。标尺：1=2mm；2–5=10μm

担孢子 5.5–7×4.5–5μm（图版 XXVI 66），卵形、球形或近球形，淡赭色，表面粗糙，具小麻点或小刺。担子 30–40×5–8μm，棒状，具 2–4 个担子小梗。侧生囊状体常缺失。缘生囊状体 33–55×5–11μm，棒状、楔形、圆柱形或近瓶形。菌盖表皮平伏，圆柱形，分隔，透明或褐色，表面光滑或带结痂，具锁状联合。

生境：夏季、秋季单生、簇生或群生于各种阔叶树腐木上，少数生于针叶树腐木上。

中国分布：吉林、黑龙江、浙江、江西、四川、云南、贵州、西藏。

世界分布：亚洲、欧洲、美洲。

研究标本：**吉林** HMJAU22121，延边朝鲜族自治州安图县，图力古尔，2009 年 6 月 27 日；HMJAU36980，延边朝鲜族自治州安图县，王柏，2012 年 8 月 25 日；HMJAU36981，珲春市胜利大队，图力古尔，2010 年 7 月 10 日；HMJAU6266，抚松县，图力古尔，2006 年 7 月 26 日；HMJAU7195，延边朝鲜族自治州安图县，图力古尔，2007 年 7 月 9 日。**黑龙江** HMJAU36982，伊春市丰林自然保护区，杨思思，2010 年 7 月 26 日。**浙江** HMJAU36983，杭州市於潜天目山，杨思思，2013 年 7 月 4 日。**云南** HMJAU36984，昆明市筇竹寺，杨思思，2011 年 7 月 26 日。**西藏** HMJAU0123，林芝，图力古尔，1999 年 8 月 25 日。

讨论：此种的主要特征是菌盖黄褐色，密被红褐色至暗褐色纤毛或鳞片，且菌褶橘黄色，区别于 sect. *Sphaeruli* 其他种的特征是担孢子球形至近球形，具麻点。该种与 *C. nephrodes* 相近，但菌褶颜色较浅。该种属温带至亚热带分布种，是靴耳属中较常见的种，袁明生和孙佩琼（1995）、中国科学院青藏高原综合科学考察队（1996）都曾报道该种在我国的分布，并提供了形态描述，但只有后者的报道中引证了标本。

分枝靴耳　图 41

Crepidotus ehrendorferi Hauskn. & Krisai, Pl. Syst. Evol. 161(3–4)：183（1989）[1988]

菌盖直径 17–54mm，初期扇形或肾形，后平展至凸镜形，盖缘向内弯曲，幼时淡橙色至橙红色，成熟时淡橙红色至橘黄色，盖面老后湿润时菌盖边缘具透明状条纹，水浸状，与基物接触处被密白色绒毛。菌柄幼时可见，后消失。菌肉厚橙红色至淡橙色，无特殊气味和味道。菌褶宽 6mm，幼时淡橙色、橘黄色至黄白色，成熟后变为浅褐色或黄土色。孢子印灰褐色。

担孢子 6.2–7.9×5.6–7.7μm，Q=1.0，球形，表面具小麻点，粗糙，在 KOH 液中呈黄色至黄褐色。担子 26–33×7–9μm，棒状，薄壁，透明，具 4 个担子小梗。缘生囊状体 22–35×6–8μm，圆柱形，弯曲，透明，薄壁。菌盖表皮栅栏状，圆柱形，多弯曲，向上逐渐变为锥形或叉状，无隔，透明，薄壁。所有组织均有锁状联合。

生境：单生于阔叶树倒腐木上。

中国分布：江苏、浙江。

世界分布：亚洲、欧洲。

研究标本：**江苏** HMJAU36985，南京市紫金山，杨思思，2013 年 7 月 7 日。**浙江** HMJAU36986，杭州市於潜天目山，杨思思，2013 年 7 月 3 日。

讨论：该种担孢子球形或近球形，缘生囊状体圆柱形、泡囊状或棒状，顶端锥形，偶圆形或分枝呈叉状或鹿角状，菌盖表皮栅栏状，末端细胞圆锥形或圆柱形，顶端锥形或叉状，属于球孢亚组，与同为本组的 *C. crocophyllus*、*C. stenocystis* 和 *C. applanatus* 显微特征较为相似，但缘生囊状体和菌盖表皮存在一定区别：*C. crocophyllus* 菌盖表皮有颜色，壁厚，有硬壳包被；*C. applanatus* 缘生囊状体头状，而 *C. stenocystis* 缘生囊状体近烧瓶状。

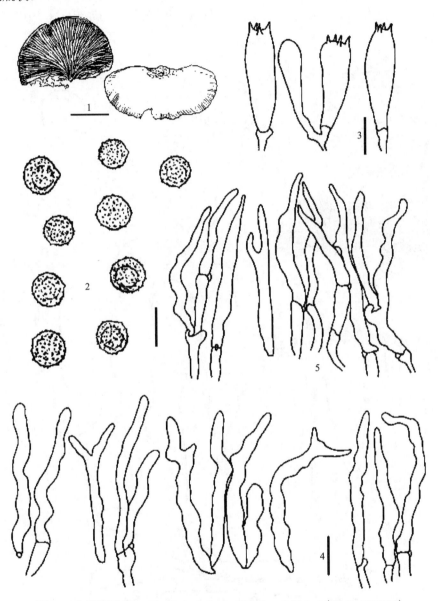

图 41　分枝靴耳 *Crepidotus ehrendorferi* Hauskn. & Krisai（HMJAU36985）

1. 担子体（basidiocarps）；2. 担孢子（basidiospores）；3. 担子（basidia）；4. 缘生囊状体（cheilocystidia）；5. 菌盖表皮（pileipellis）。标尺：1=2mm；2–5=10μm

黄茸靴耳　图 42

中文异名：黄绒靴耳、鳞锈耳、鳞靴耳菌

Crepidotus fulvotomentosus（Peck）Peck, Rep.（Annual）Trustees State Mus. Nat. Hist.,

New York 39: 73（1887）[1886]

菌盖直径 25–50mm，肉质，初近圆形，后肾形或半圆形，肉质，薄，基部具有一丛白色绒毛，表面水浸状，盖面淡褐色或淡锈色，湿润，密覆浅朽叶色、茶色或红褐色绒毛或细鳞片，后逐渐脱落，盖缘内卷，湿时盖缘具有不明显条纹，干后变为白色、黄色或淡赭色。菌肉苍白色至淡黄色，薄，无特殊气味。菌褶稍密，较宽，污白色或铁锈色。无菌柄。孢子印暗锈褐色。

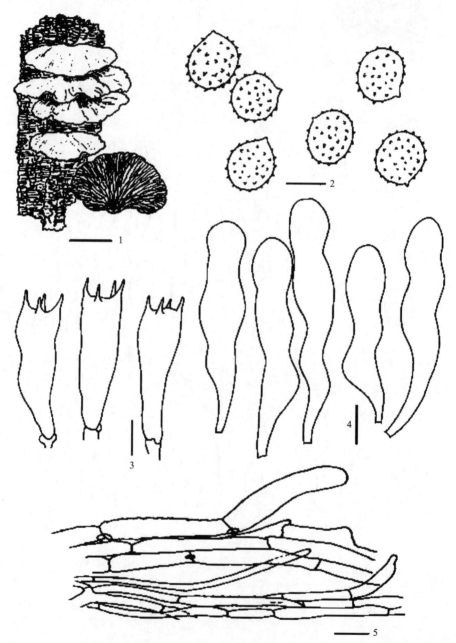

图 42　黄茸靴耳 *Crepidotus fulvotomentosus*（Peck）Peck（HMJAU36987）

1. 担子体(basidiocarps)；2. 担孢子(basidiospores)；3. 担子(basidia)；4. 缘生囊状体（cheilocystidia）；5. 菌盖表皮
(pileipellis)。标尺：1=2mm；2–5=10μm

担孢子 8.0–9.0×5.0–6.5μm，近球形、近卵圆形至椭圆形，一侧略凹，淡褐色或浅锈色，表面粗糙，具细小刺疣。担子 17.5–24.5×7.5–10.5μm，宽棒状，具 4 个担子小梗，薄壁，透明，基部具锁状联合。缘生囊状体 30–55×5–13μm，近棒状或近柱状，往往歪曲，顶端呈圆头状，向下逐渐变细，薄壁，透明。菌盖表皮由褐色、平伏、具硬壳包被的菌丝组成，分隔处有锁状联合。

生境：夏季、秋季在阔叶树枯腐倒木上簇生或群生。

中国分布：河北、吉林、江苏、湖北、四川、宁夏。

世界分布：亚洲、欧洲、美洲。

研究标本：**吉林** HMJAU36987，延边朝鲜族自治州珲春市胜利大队东，图力古尔，2010 年 7 月 10 日。**湖北** HMAS57610，神农架自然保护区，孙述霄等，1984 年 7 月 12 日。

讨论：Singer（1973）曾将该种作为美鳞靴耳 *C. calolepis* 的异名，Hesler 和 Smith（1965）认为该种是软靴耳 *C. mollis* 的异名，通过标本研究发现该种与 *C. badiofloccosus* 相近，容易混淆，但后者盖面颜色稍深，表面密被褐色或深褐色毛状小鳞片，基部密生黄褐色或黄白色软毛，且菌盖表皮栅栏型。

橙黄靴耳 图 43，图版 IV 25-27

Crepidotus lutescens T. Bau & Y.P. Ge, Phytotaxa 297（2）: 27（2017）

菌盖直径(17)28–47(58)mm，幼时肾形、稍蹄形，淡黄色至赭色，边缘稍内卷，条纹无或不明显，半透明至稍带黄色，成熟后扇形至半圆形或花瓣形，蜜色至赭褐色，边缘不内卷，具明显条纹，亮黄色，稍带水浸状，基部密布白色绒毛，菌盖表面遇 KOH 液变为深棕色。菌褶宽 2.0–3.0(5.0)mm，中等密，淡赭色至橘黄色，弯生至直生。菌柄 2.0×3.5mm，直或稍弯曲，半透明至米黄色，表面具粉霜，仅幼时可见。菌肉 0.5–1.0mm 厚，白色，无特殊味道和气味。孢子印黄棕色。

担孢子 (5.8)6.1–6.9(7.2)×(4.5)4.9–5.3(5.9)μm，Q=1.1–1.3，近球形至宽椭圆形，浅棕色至深棕色，表面具疣状至柱状凸起；扫描电镜下担孢子表面具明显的疣状至块状纹饰。担子 (23.9)24.7–30.9(32.8)×(4.9)5.1–6.5(6.8)μm，具 2 个或 4 个担子小梗，薄壁，无色。侧生囊状体未见。缘生囊状体 (30.1)33.6–46.8(58.3)×(8.8)9.5–12.1(13.0)μm，烧瓶形，头部稍膨大，薄壁，无色。菌盖皮层"trichoderm"型，上层由长圆柱状菌丝交织构成，无色，下层圆柱状至香肠形菌丝平伏排列，橘黄色。所有组织均具锁状联合。

生境：散生于山杨、榆树腐木上。

中国分布：吉林、黑龙江。

世界分布：亚洲。

研究标本：**吉林** HMJAU36988，延边朝鲜族自治州安图县，杨思思，2012 年 6 月 23 日；HMJAU22105，延边朝鲜族自治州安图县，图力古尔，2009 年 6 月 26 日；HMJAU21976，延边朝鲜族自治州安图县，2009 年 6 月 27 日，图力古尔；HMJAU36989，和龙市，图力古尔，2010 年 7 月 11 日；HMJAU5807，抚松县露水河镇，图力古尔，2005 年 6 月 28 日；HMJAU7157，延边朝鲜族自治州二道白河镇，范宇光，2015 年 8 月 21 日；HMJAU22105，图力古尔，2009 年 6 月 26 日；HMJAU27196，图力古尔，

2011 年 7 月 8 日；HMJAU27222，图力古尔，2012 年 6 月 23 日；HMJAU21976，图利古尔，2009 年 6 月 27 日；HMJAU37002，盖宇鹏，2015 年 6 月 21 日；HMJAU37003，盖宇鹏、颜俊清，2015 年 7 月 4 日；HMJAU5807，白山市露水河镇，图力古尔，2005 年 6 月 28 日；HMJAU27279，延边朝鲜族自治州和龙市，图力古尔，2010 年 7 月 11 日。**黑龙江** HMJAU37036，伊春市乌伊岭国家级自然保护区，盖宇鹏、颜俊清，2015 年 9 月 1 日。

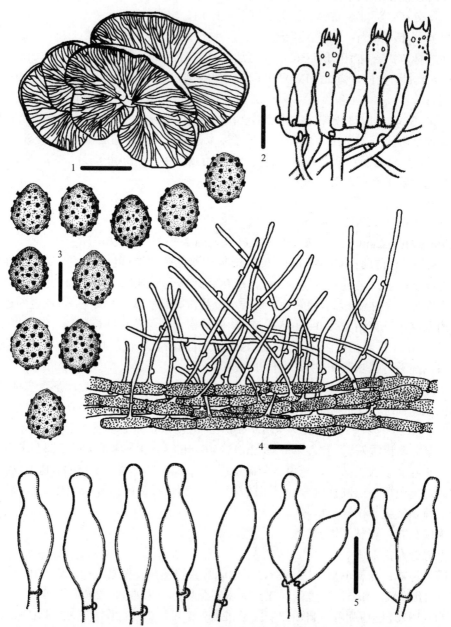

图 43　橙黄靴耳 *Crepidotus lutescens* T. Bau & Y.P. Ge（HMJAU37002）

1. 担子体（basidiocarps）；2. 担子（basidia）；3. 担孢子（basidiospores）；4. 菌盖表皮（pileipellis）；5. 缘生囊状体（cheilocystidia）。标尺：1=1cm；2、4、5=10μm；3=5μm

讨论：疣状孢子，具锁状联合，成熟后菌盖蜜色至赭褐色是 *C. lutescens* 的突出特征。按照 Senn-Irlet(1995) 的分类系统，该属应该属于 sect. *Dochmiopus*，尽管该组物种的孢子均具纹饰，但在孢子形状上均与该种相区别。*C. carpaticus* 和 *C. roseo-ornatus* 是该组中与 *C. lutescens* 在孢子形态上最为接近的种，但是囊状体上有较大的区分，前者缘生囊状体为多趾形，而后者虽然也具椭圆形孢子，但是缘生囊状体顶端具乳突状至趾状凸起，并且 *C. roseo-ornatus* 的菌盖为粉色，与 *C. lutescens* 也有较大的区别(Pilát 1929, Pöder and Ferrari 1984)。考虑到烧瓶形的囊状体形态，*C. applanatus* 和 *C. crocophyllus* 也与 *C. lutescens* 较近，但前者孢子偏圆，并且菌盖多为白色，Giovanni 和 Ledo(2008) 曾描述过一份菌盖颜色偏黄的种，但 *C. lutescens* 的菌盖颜色较深，与之区别明显，此外 Senn-Irlet(1995) 曾描述过采自欧洲的 *C. applantus* var. *applanatus* 和 *C. applanatus* var. *subglobiger*，但两者均在孢子形态上与 *C. lutescens* 有着清晰的界限；后者孢子在纹饰上与 *C. lutescens* 相近，但孢子偏圆，Q=1.0–1.2，并且菌盖表面具有明显的褐色丛毛状鳞片，也与 *C. lutescens* 明显区分(Persoon 1796, Kummer 1871, Singer 1973)。

值得注意的是，油镜下 *C. lutescens* 的孢子具有疣状至柱状凸起，但扫描电镜图片显示该种表面多为块状至疣状突起，偶见 3–5 个疣突聚集在一起，柱状凸起较少，这与光镜下的形态有一定区别。Pegler 和 Young(1975) 曾专门对靴耳属孢子进行扫描电镜研究，从扫描电镜结果考虑，有 4 个种具有相似的纹饰，*C. roseo-ornatus*、*C. applanatus*、*C. carpaticus* 和 *C. wakefieldiae*，前 3 种已经在之前讨论过，而最后一种孢子 Q=1.1，也可与 *C. lutescens* 明显区分(Pilát *et al.* 1948)。

马其顿靴耳　图 44，图版 IV 28-29
Crepidotus macedonicus Pilát , Stud. Bot. Čechoslav. 10(4)：153 (1949)

担子体宽 (0.9) 1.4–2.5 (4.5) cm，幼时蹄形至贝壳形，中部凸起至透镜形，白色至带黄色，表面具一层绒状白色菌丝，成熟后近平展至贝壳形，污白色，老后部分个体变为黄色至淡橙黄色，表面绒毛稍稀疏，近基部具白色菌丝，边缘内卷，无条纹，非水浸状，干后污白色至奶酪色。菌褶长 (8) 14–23，宽 2–2.5mm，弓形，稍密，幼时白色至奶酪色，成熟后淡黄色、橙色至淡锈褐色，不等长，直生至弯生。菌柄幼时明显，淡黄色，下部具白色菌丝，成熟后消失，密布白色菌丝。无特殊气味和味道。孢子印近锈色。

担孢子 (6.0) 6.8–7.9 (9.0)×(4.3) 4.8–5.8 (6.6) μm，Q=1.2–1.4 (1.5)（图版 XXVI 71），褐色，宽椭圆形至椭圆形，向顶端收缩，近顶端一侧略凹，脐侧附胞不明显，表面具疣状至短圆柱状纹饰(油镜下)，少数内部具 1–2 个油滴；扫描电镜下担孢子表面具疣状至小块状纹饰。担子 (2.5) 4.3–6.9 (8.2)×(20.0) 22.7–26.8 (30.3) μm，棒形，无色，中部或略收缩，具 4 个担子小梗，少数具 2 个担子小梗；未观察到侧生囊状体。缘生囊状体 (27.3) 33.0–52.2 (64.7)×(2.8) 4.6–8.7 (11.8) μm，少数棒形，多数不规则弯曲，顶端趾状分枝，无色，薄壁。菌盖表皮稀疏交织，由 3.0–5.0 (6.1) μm 的粗长圆柱状细胞构成，偶有分枝，末端不特化。所有组织均具锁状联合。

生境：山杨倒木树皮上群生。

中国分布：吉林。

世界分布：亚洲、欧洲。

研究标本：**吉林** HMJAU37030、HMJAU37033，延边朝鲜族自治州二道白河镇，盖宇鹏、刘晓亮，2016 年 6 月 28 日；HMJAU37253，吉林省敦化市胜利河林场，图力古尔，2017 年 6 月 27 日。

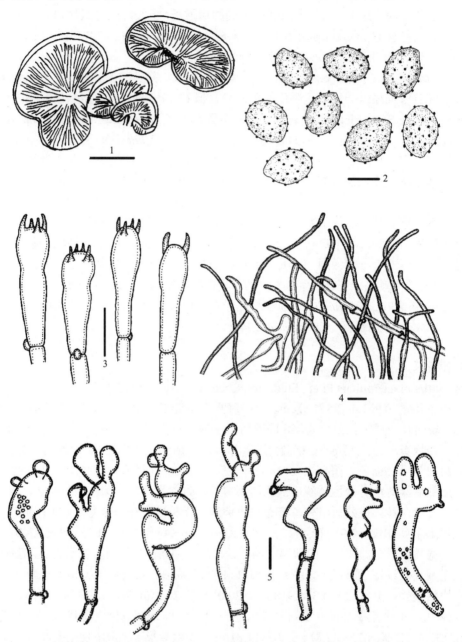

图 44　马其顿靴耳 *Crepidotus macedonicus* Pilát（HMJAU37030）

1. 担子体（basidiocarps）；2. 担孢子（basidiospores）；3. 担子（basidia）；4. 菌盖表皮（pileipellis）；5. 缘生囊状体（cheilocystidia）。标尺：1=1cm；2=5μm；3–5=10μm

讨论：菌褶带有颜色是靴耳的一个重要特征，靴耳物种菌褶多为浅土褐色、棕色、棕褐色或锈色，少数粉红色至肉桂红色，具有橙黄色菌褶并且担孢子具疣状至短圆柱状纹饰，顶端一侧略凹这一特征可使 C. macedonicus 与大多数靴耳相区别，具类似担孢子形态的靴耳有 4 种，分别是 C. macedonicus Pilát、C. palmarum Singer、C. croceotinctus Peck、C. calolepidoides Murrill，在这 4 种靴耳中，缘生囊状体不规则弯曲，末端趾状分枝仅有 C. macedonicus 和 C. croceotinctus。

Crepidotus croceotinctus 仅在美洲有记录，主要分布在巴西、巴拿马、墨西哥和美国，Senn-Irlet 和 De Meijer（1998）、Bandala 和 Montoya（2000a, 2004）、Bandala 等（2008c）分别对该种有详细的描述，C. croceotinctus 缘生囊状体虽然不规则弯曲，但是多为烧瓶形或棒形，末端膨大、极少分枝，与该种区别明显。C. macedonicus 仅在欧洲有分布，Pilát 等（1948）发表该种后 Horak 在 1964 年第二次在其原产地记录该种，直到 2001 年和 2002 年才分别在法国和斯洛伐克有文献记录该种，但不同的文献中对该种的记录相差较大。Senn-Irlet（1995）基于 Horak（1964）的宏观描述记录 C. macedonicus 担子体苍白色至污奶酪色，菌褶白色、橙红色至赭色，担孢子大小为 $6-8\times4.5-6\mu m$，Q=1.2-1.6，而 Ripkova（2002）在斯洛伐克采集的标本颜色初期为白色，成熟后暗橙色，后期为棕色，$3.75-5.25\times4.5-7.5\mu m$，Q=1.2-1.7，与中国的材料在担孢子大小上具有一定差异。

Bandala 和 Montoya（2000a）对 C. macedonicus 的主模式研究得出其担孢子应为 $(5.5)6-7(7.5)\times4-5\mu m$，Q=1.4±0.1，长白山所采标本担孢子长、宽均大出 C. macedonicus $1\mu m$，可与该种相区别。此外，Pilát 曾指出其给出的 holotype 描述是基于干标本，菌褶颜色为土褐色，长白山所采标本烘干后颜色依然为橙黄色，这也是区分两种的一个特征。长白山所采标本的菌盖表皮也是识别该种的一个重要特征，该种菌盖表皮菌丝很长，最长可达 $123\mu m$。

近葵色靴耳　图 45，图版 IV 30-32

Crepidotus malachioides Consiglio, Prydiuk & Setti, Il Genere *Crepidotus* in Europa（Trento）: 303（2008）

菌盖直径（3.0）7.0-19.0mm，初期扇形、贝壳形，污白色至黄色，边缘稍内卷，成熟后扇形至近圆形，黄色至淡褐色或锈色，表面具极短绒毛，不黏，基部具白色绒状菌丝，边缘完整，平滑，无明显条纹，非水浸状，不内卷。菌褶 0.5-1.5mm，L=5-13，l=3-7，弓形，直生，初期黄色，成熟后黄褐色至带锈色。菌柄幼时有，成熟后消失，基部具白色稀疏菌丝。菌肉白色至淡黄色，无特殊味道和气味。

担孢子 $5.1-6.3(7.0)\times4.5(4.8)-5.6(6.1)\mu m$，Q=1.0-1.2（1.3）（图版 XXV 64），球形至近球形，黄色至淡褐色，表面具疣突至近柱状纹饰（油镜下），扫描电镜下表面具短柱状至柱状纹饰，基部为小疣状凸起。担子 $18-23(29)\times4.4-7.0\mu m$，无色，薄壁，具 2 个或 4 个担子小梗。侧生囊状体未见。缘生囊状体 $27-47\times(2.8)3.7-9.9\mu m$，棒形至圆柱形，表面波形，顶端钝圆或球状膨大，中部稍细，近基部一侧或两侧膨大，透明，薄壁。菌盖表皮 "trichoderm" 型，由 $2.1-4.5\mu m$ 长圆柱状细胞构成。所有组织均具锁状联合。

生境：群生于山杨、蒙古栎腐木上。

中国分布：吉林。

世界分布：亚洲。

研究标本：**吉林** HMJAU37016、HMJAU37026，延边朝鲜族自治州二道白河镇，盖宇鹏、刘晓亮，2015 年 6 月 21 日；HMJAU37251、HMJAU37252，吉林省敦化市胜利河林场，图力古尔，2017 年 6 月 27 日。

讨论：棒形至圆柱形缘生囊状体是靴耳属内较为常见的一个特征，具有相似形态缘生囊状体的物种有 *C. crocophyllus*、*C. applanatus*、*C. subverrucisporus* 等，这些物种大多担子果较大且为散生，仅 *C. subverrucisporus* 与 *C. malachioides* 同为小担子果群生物种，两者之间最大的差异为担孢子形态，前者担孢子为豆形，而后者则为近球形。

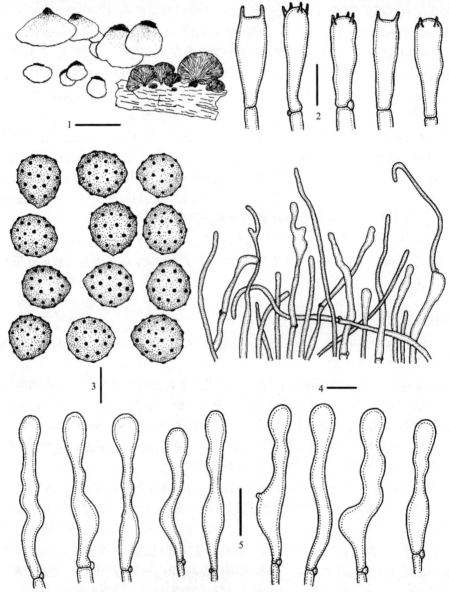

图 45 近葵色靴耳 *Crepidotus malachioides* Consiglio, Prydiuk & Setti（HMJAU37016）
1. 担子体(basidiocarps)；2. 担子(basidia)；3. 担孢子(basidiospores)；4. 菌盖表皮(pileipellis)；5. 缘生囊状体
(cheilocystidia)。标尺：1=1cm；3=5μm；2、4、5=10μm

圆孢靴耳 图 46，图版 V 33

中文异名：圆孢锈耳

Crepidotus malachius Sacc., Syll. Fung.（Abellini）5: 883（1887）

Agaricus malachius Berk. & M.A. Curtis, Ann. Mag. nat. Hist., Ser. 3 4: 291（1859）

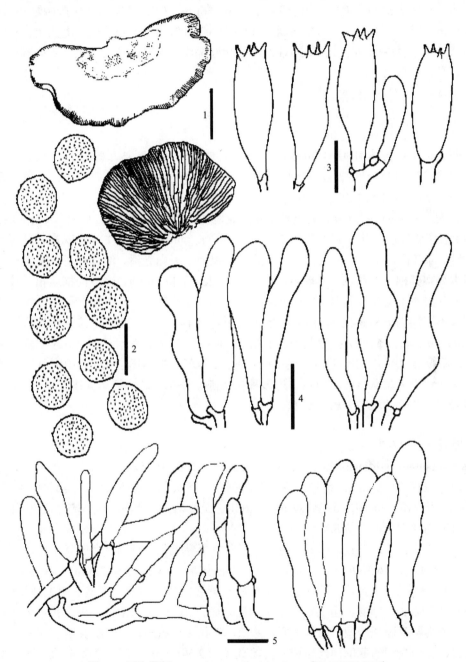

图 46　圆孢靴耳 *Crepidotus malachius* Sacc.（HMJAU36990）

1. 担子体（basidiocarps）；2. 担孢子（basidiospores）；3. 担子（basidia）；4. 缘生囊状体（cheilocystidia）；5. 菌盖表皮
（pileipellis）。标尺：1=2mm；2–5=10μm

菌盖直径 10–65mm，近肾形至扇形、扁半球形至扁平，基部常下凹，无柄或具一侧生的很短的柄，白色或灰白色，水浸后半透明，光滑，仅基部有毛，边缘有短条纹。菌肉白色，薄。菌褶稍密，宽，白色后锈色。孢子印锈褐色。

担孢子 6.3–7.5×6.8–7μm，球形或近球形，有麻点或小疣，具纹饰，不透明，有颗粒状内含物或大油滴，褐色。担子 19–23×8.6–9.6μm，棒状，具 4 个担子小梗，小梗长约 3.5μm。无侧生囊状体。缘生囊状体 30–45×6.2–8.7μm，近圆柱形、烧瓶状、棒状或近囊状。菌盖表皮由一层光滑、圆柱形菌丝相互编织，无色或淡奶油色，菌丝末端通常膨大。具锁状联合。

生境：生于阔叶树腐木上。

中国分布：吉林、福建、浙江、云南、西藏。

世界分布：亚洲、美洲

研究标本：**吉林** HMJAU36990，延边朝鲜族自治州安图县，杨思思，2012 年 8 月 17 日。**浙江** HMJAU36991，杭州市於潜天目山，杨思思，2013 年 7 月 4 日。**云南** HKAS41523，龙陵县龙江乡，杨祝良，2002 年 9 月 4 日。

讨论：Singer（1973）曾认为该种是肾形靴耳 *C. nephrodes*（Berk. & M.A.Curtis）Sacc. 的异名，作者经研究认为圆孢靴耳 *C. malachius* var. *malachius* 与 *C. nephrodes* 为两个独立的种。邓叔群、邵力平和项存悌描述的材料担孢子表面光滑，但作者基于采集长白山的标本观察其孢子有纹饰，具麻点或疣突，与 Hesler 和 Smith（1965）的描述相一致。此种在宏观形态上与平盖靴耳 *C. applanatus* 相近，容易混淆，但微观上差别很大，前者孢子大小平均为 6.8×6.4μm，而后者孢子大小为 5.4×5.1μm。此外，该种还与其一变种 *C. malachius* var. *trichifer* 在菌盖颜色上相似，但区别在于后者孢子稍小，缘生囊状体更细长。邓叔群（1963）、邵力平和项存悌（1997）在其著作中描述了该种，中国科学院青藏高原综合科学考察队（1996）也报道过该种在我国的分布，做了简单描述并引证了标本，而戴芳澜（1979）的报道未引用标本。

新囊靴耳　图 47

Crepidotus neocystidiosus P.G. Liu, Mycotaxon 56: 100（1995）

菌盖直径 21–80mm，扇形，表面奶白色至淡赭灰色，边缘波状，具不明显细条纹或纤毛，近光滑，与基质相连处被绒毛，侧生。无菌柄。菌褶密，具小褶片，初期白色，成熟时变为赭黄色，不等长。

担孢子直径 5.5–7μm，球形，孢外壁苍白色至黏土色，具明显海胆状小刺，非淀粉质。担子 14–18×6.5–9μm，棒状，4 个担子小梗，小梗长约 3.5μm。缘生囊状体 22–36×12–22μm，丰富，形状多样，宽棒状至近烧瓶状，透明，薄壁。侧生囊状体少，22–34×12–22μm，泡囊状至头状，上部粗圆，下部细长，在 KOH 液中有褐色内含物，薄壁。子实层菌髓规则型，菌丝透明，薄壁，直径 3.5–9μm，无交织凝结。近基部绒毛由松散、互相交织的薄壁菌丝组成，菌丝直径为 2.5–6.5μm。菌盖表皮不同于下层菌肉菌丝，由浓密、匍匐的丝状菌丝组成，近平行，直径为 2.5–6μm，菌丝末端无膨大，无结痂。所有组织均有锁状联合。

生境：单生于林中腐木上。

中国分布：云南。

世界分布：亚洲。

研究标本：**云南** HKAS25566，文山壮族苗族自治州麻栗坡县，杨祝良，1992 年 6 月 23 日。

讨论：此种的主要特征是担子体较大，单生，菌褶宽，色浅，孢子球形至近球形，表面具针刺状纹饰，侧生囊状体泡囊状或头状，有褐色内含物。该种与 *C. cystidosus* Hesler et A.H.Sm.在宏观形态上相近，但后者具一小短菌柄，且无侧生囊状体。该种还与肾形靴耳 *C. nephrodes* 相近，但后者无侧生囊状体，且孢子宽椭圆形，光滑。

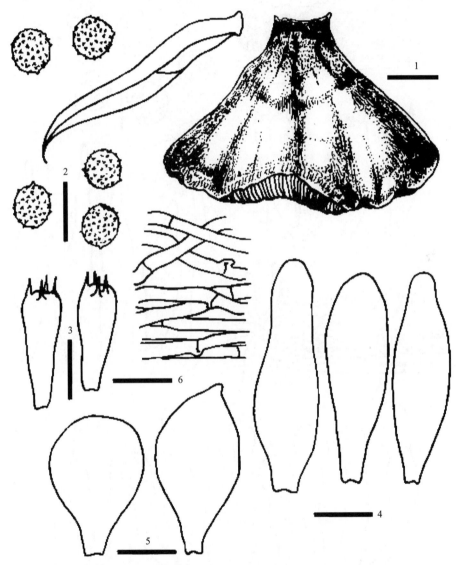

图 47　新囊靴耳 *Crepidotus neocystidiosus* P.G. Liu（HKAS25566，仿 Liu 1995）

1. 担子体（basidiocarps）；2. 担孢子（basidiospores）；3. 担子（basidia）；4. 侧生囊状体（pleurocystidia）；5. 缘生囊状体（cheilocystidia）；6. 菌盖表皮（pileipellis）。标尺：1=10mm；2–6=10μm

亚宽褶靴耳 图 48，图版 VI 41

Crepidotus sublatifolius Hesler & A.H. Sm., North American Species of *Crepidotus*: 63
（1965）

　　菌盖直径 9–14mm，蹄形、贝壳形至扇形，淡黄色、肉粉色至肉桂色，密被短白色柔毛或微细绒毛，水浸状，新鲜时边缘具条纹。菌褶稠密，初期白色至暗黄色，成熟后变为褐色。无菌柄或不明显。菌肉薄，脆，白色至黄色，气味不明显，味道温和。孢子印褐色或肉桂色。

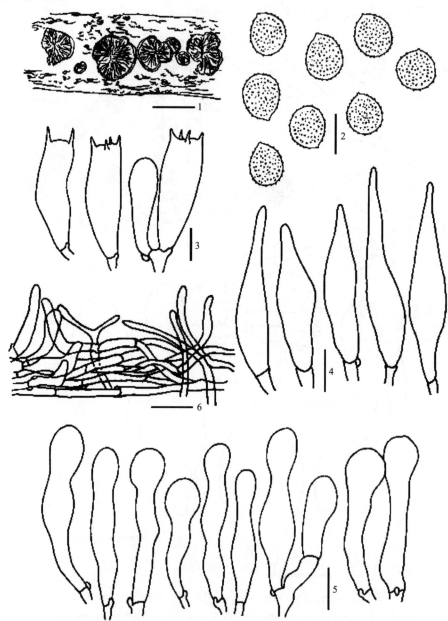

图 48　亚宽褶靴耳 *Crepidotus sublatifolius* Hesler & A.H. Sm.（HMJAU36994）

1. 担子体（basidiocarps）；2. 担孢子（basidiospores）；3. 担子（basidia）；4. 侧生囊状体（pleurocystidia）；5. 缘生囊状体
（cheilocystidia）；6. 菌盖表皮（pileipellis）。标尺：1=2mm；2–6=10μm

担孢子 4.8–6.4×5.0–7.6μm，Q=1.0–1.1，球形、近球形或卵形，不透明，表面密布小刺或尖锐状小疣突，有时不明显，在 KOH 液中呈黄褐色。担子 21–26×5–8μm，宽棒状，具 2–4 个担子小梗，基部具锁状联合。侧生囊状体 23–37×5–9μm，少量，近棒状、瓶形或梭形，颈部细长，向上逐渐变细，似保龄球状。缘生囊状体 24–67×5–9μm，近圆柱状、泡囊状或中央腹鼓状，往往歪曲，顶端膨大呈头状或球状。菌盖菌髓交织。菌盖表皮平伏，细丝状，末端细胞膨大直立，偶分叉，有锁状联合。

生境：夏季、秋季生于阔叶树腐朽木或残枝上。

中国分布：吉林、江苏、江西、四川、云南。

世界分布：亚洲、美洲。

研究标本：**吉林** HMJAU3678，长春市大顶山，王建瑞，2004 年 7 月 28 日。**江苏** HMJAU36992，南京市紫金山，杨思思，2013 年 7 月 7 日。**江西** HMJAU36993，井冈山市茨坪镇井冈山，杨思思，2013 年 6 月 27 日。**四川** HMJAU36994，西昌市泸山，图力古尔、杨思思，2011 年 7 月 19 日。**云南** HKAS30649，西双版纳傣族自治州勐腊县，臧穆，1997 年 8 月 17 日。

讨论：该种菌盖淡蜜黄色或肉桂黄色，盖面被白色短柔毛或绒毛，侧生囊状体特征突出，近棒状、瓶形或梭形，颈部细长，似保龄球状，是靴耳属中较特殊的种。该种与 *C. subverrucisporus* 在菌盖和菌褶颜色等宏观特征上相近，但后者担孢子椭圆形至杏仁形，表面具细疣，缘生囊状体烧瓶形至纺锤形，且无侧生囊状体。

硫色靴耳　图 49，图版 VI 43

中文异名：硫色锈耳

Crepidotus sulphurinus Imazeki & Toki, Bull. Govt Forest Exp. Stn Meguro 67: 38（1954）

菌盖直径 5–30mm，扇形、肾形或贝壳形，盖面硫磺色，后变浅色，土黄色或带褐色，盖缘内卷，表面干燥，茸毛状，密生粗毛。菌肉薄，与盖面同色，稍带黄色，干后为褐色，韧。菌褶初时硫磺色至淡黄色，后呈肉桂色至黄褐色，稍稀。菌柄极短或仅有基部，黄色。孢子印锈褐色。

担孢子 7–9×6.5–8μm，球形或近球形，有麻点，油镜下也会见到麻点或有明显的刺状突起，无色或淡锈色，非淀粉质反应。担子 15–23×3.9–5.8μm，棒形至圆柱形，表面波形弯曲。缘生囊状体 25–45×7–12μm，圆柱形至倒棍棒形，基部短柄状或宽棍棒状至长椭圆形，薄壁。侧生囊状体常缺。菌丝有锁状联合。

生境：夏季、秋季叠生或群生于阔叶树(栎树、槐树)枯腐木枝干上。

中国分布：内蒙古、吉林、福建、山东、四川、贵州、海南、台湾。

世界分布：亚洲。

研究标本：**山东** HMLD2055，淄博市鲁山，王建瑞，2011 年 9 月 4 日。**海南** HKAS48374，尖峰镇尖峰岭，王岚，2005 年 7 月 10 日。

讨论：此种对木材有轻微致腐能力。本种主要特征是担子体通体为黄色，菌盖表面覆有浓密直立粗毛。孢子近球形，表面具有不规则刺状纹饰。由于孢子球形且表面带刺，该种与另一种 *C. circinatus* 相似，但后者孢子更接近于椭圆形，且表面有褶皱。Singer 曾将该种作为 *C. citrinus* Petch 的异名处理。

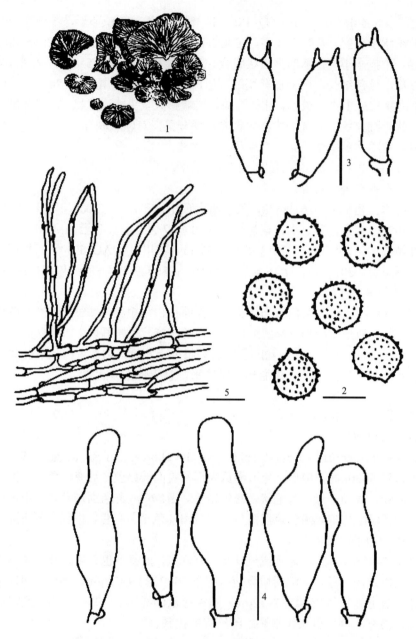

图 49　硫色靴耳 *Crepidotus sulphurinus* Imazeki & Toki（HKAS48374）

1. 担子体（basidiocarps）；2. 担孢子（basidiospores）；3. 担子（basidia）；4. 缘生囊状体（cheilocystidia）；5. 菌盖表皮（pileipellis）。标尺：1=2mm；2–5=10μm

丝盖伞属 **Inocybe**（Fr.）Fr.

Monogr. Hymenomyc. Suec. 2（Upsaliae）2（2）：346（1863）

　　担子体小型，多褐色至黄褐色，有些种呈红色、绿色或紫色调。菌盖纤维丝状，常开裂，一些具平伏或反卷鳞片，表面干。菌褶直生至贴生，初期白色、淡灰色，成熟后褐色或具有黄色或橄榄色调。菌柄等粗，常具球根状基部，表面常常具白霜状粉末。菌盖边缘通常有菌幕存在，有时菌柄具环痕或纤维状片鳞，有时存在于菌盖表面或菌柄基部边缘。菌盖表皮与菌幕通常混合形成菌盖菌幕。多数种具土腥味，一些种气味独特，有的种类味道不明显或稍苦。孢子印黄褐色。

孢子光滑，杏仁形、卵圆形至豆形，有些种类多角形，具疣突，或具针刺，鲜有萌发孔。光滑，褐色至带褐色。缘生囊状体存在，丝盖伞亚属的种类一般具有厚壁的缘生囊状体和侧生囊状体，顶部具结晶体。此外，这些种类还通常具有薄壁的球形至梨形的薄囊体。菌盖表皮为未分化的平伏型至栅栏状。锁状联合存在。

常与植物形成外生菌根。多数生于土质肥沃的土壤，一些种生于石灰质土壤，在高山带和海岸沙地也较常见。

模式种：*Inocybe relicina*（Fr.）Quél.。

中国丝盖伞属（Inocybe）分亚属检索表

1. 有侧生囊状体，侧生囊状体厚壁、顶部被结晶，孢子光滑或多角形至具疣突 ··· 丝盖伞亚属 subg. *Inocybe*
1. 无侧生囊状体，缘生囊状体薄壁，顶部无结晶，孢子光滑 ··························· 2
　2. 缘生囊状体生于子实层体菌髓，担子具有黄色素，菌柄长度一般小于菌盖直径 ··· 茸盖亚属 subg. *Mallocybe*
　2. 缘生囊状体生于子实下层，担子无黄色素，菌柄长度一般大于菌盖直径 ················· 凹孢亚属 subg. *Inosperma*

中国茸盖亚属（subg. Mallocybe）分种检索表

1. 菌盖具有明显翘起的鳞片，缘生囊状体细长，少分隔 ···································· 砖色丝盖伞近缘种 *Inocybe* aff. *latericia*
1. 菌盖不具有明显翘起的鳞片，缘生囊状体多分隔 ····························· 2
　2. 菌柄上部具明显的菌环残留痕迹，担子体较大，菌盖表面被平伏鳞片 ·· 地丝盖伞 *Inocybe terrigena*
　2. 菌柄表面无明显的菌环残留痕迹，担子体较小至中等 ···························· 3
3. 担子体土黄色至褐黄色，菌盖表皮栅栏型，缘生囊状体多分隔 ····· 甜苦丝盖伞 *Inocybe dulcamara*
3. 担子体白浆土色，菌盖表面被白色块状菌幕残留 ······················· 白锦丝盖伞 *Inocybe leucoloma*

甜苦丝盖伞　图 50，图版 VII 51-52

Inocybe dulcamara（Pers.）P. Kumm., Führ. Pilzk.（Zerbst）: 79（1871）

Agaricus dulcamarus Pers., Syn. Meth. Fung.（Göttingen）2: 324（1801）

Inocybe delecta P. Karst., Bidr. Känn. Finl. Nat. Folk 32: 460（1879）

Inocybe dulcamara f. *squamosoannulata* J. Favre, Ergebn. Wiss. Unters. Schweiz. Natn. Parks 5（33）: 200（1955）

Inocybe dulcamara var. *axantha* Kühner, Bull. trimest. Soc. Mycol. Fr. 71（3）: 169（1956）[1955]

Inocybe dulcamara var. *homomorpha* Kühner, Bull. trimest. Soc. Mycol. Fr. 71（3）: 169（1956）[1955]

　　菌盖直径 15–25mm，幼时半球形，成熟后近平展至中部下凹，表面被细密鳞片，由菌盖中央向边缘呈辐射状扩散，幼时菌盖边缘可见丝膜残留；褐黄色，中部色深，向边缘渐淡。菌褶直生或稍延生，黄褐色带橄榄色，中等密，褶缘细小锯齿状，宽达 3mm。菌柄长 22–30mm，粗 3–4mm，等粗，中空，表面纤维状，顶部具少许白霜状颗粒，中空。菌盖菌肉肉质，土黄色，厚达 3mm，菌柄菌肉纤维质，土黄色，无明显气味。

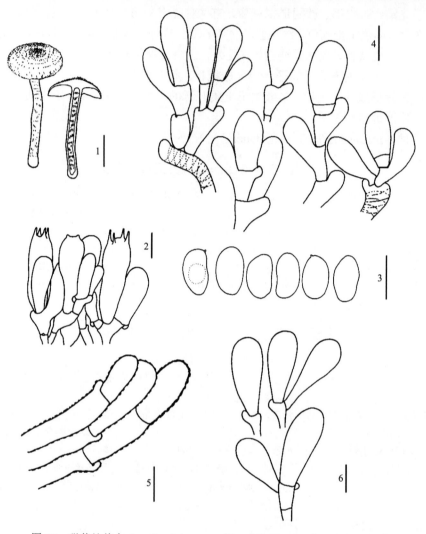

图 50　甜苦丝盖伞 *Inocybe dulcamara* (Pers.) P. Kumm. (HMJAU25714)

1. 担子体(basidiocarps)；2. 缘生囊状体(cheilocystidia)；3. 担孢子(basidiospores)；4. 担子(basidia)；5. 菌盖表皮 (pileipellis)；6. 柄生囊状体(caulocystidia)。标尺：1=10mm；2–6=10μm

　　担孢子 8.0–10.5(11.5)×(5.0)6.0–7.0μm，Q=1.7–1.9(图版 XVIII 2)，椭圆形至近豆形，光滑，黄褐色。担子 24–32×7–11μm，棒状，内部有黄色内含物，具 4 个担子小梗。缘生囊状体薄壁，透明，丰富，成串，末端细胞梨形至棒状，15–29×8–16μm。无侧生囊状体。柄生囊状体存在于菌柄顶部，与缘生囊状体形态相似，薄壁，透明，成串，20–50×12–15μm。菌髓组织淡黄色，近规则排列，由直径 5–15μm 的菌丝构成，菌丝细胞连接处缢缩。菌盖表皮栅栏型，黄褐色，由表面粗糙的厚壁菌丝构成，直径 7–18μm。锁状联合存在于所有组织。

生境：夏季至秋季单生至散生于阔叶树林下或路边。

中国分布：吉林、内蒙古、北京、广东、四川、甘肃、云南、西藏、青海、新疆。

世界分布：亚洲、欧洲、北美洲。

研究标本：北京 HMJAU25712、HMJAU25713，双塘涧灵山，范宇光、张鹏，2012年8月8日。吉林 HMJAU25714、HMJAU25716，延边朝鲜族自治州安图县二道白河镇，范宇光，2010年7月6日。甘肃：HMJAU26539，兰州市榆中县兴隆山自然保护区，图力古尔、范宇光，2012年8月22日；HMJAU26557，范宇光、张鹏，张掖市民乐县扁都口，2012年8月24日。内蒙古 HMJAU36857，呼伦贝尔根河市满归北岸林场，图力古尔，2014年8月30。西藏 HMJAU25794，林芝地区八一镇，范宇光，2010年8月7日。新疆 HMJAU2493，新源，图力古尔，2004年8月31日；HMJAU5508，托峰自然保护区，图力古尔，2007年9月3日。青海 HMAS198462，海西蒙古族藏族自治州乌兰县茶卡镇，采集人未知，1959年8月7日；HMAS221514，孙述霄、文华安、卯晓岚，祁连县，1996年8月3日。云南 HMAS260263，迪庆藏族自治州中甸，魏铁铮，2008年8月12日。

讨论：此种的主要特征是担子具有黄色内含物，缘生囊状体薄壁、透明，成串，孢子光滑，近豆形。此种在宏观形态上易与 I. perbrevis (Weinm.) Gillet 相混淆，但后者担子体更小，更纤细，柄较短。I. agardhii (N.Lund) P.D. Orton 因为与此种十分相近而曾被作为此种的一个变种，但前者的菌柄上部有明显的菌环残留。此种记载于云南，后报道于广东、四川和青海等地。

砖色丝盖伞近缘种　图 51，图版 X 79

Inocybe aff. latericia E. Horak, New Zealand Journal of Botany 15 (4)：716 (1978)

菌盖直径 14–26mm，幼时半球形，成熟后渐呈斗笠状至平展，盖中央具钝形突起或不明显，菌盖表面被细密颗粒状鳞片，锈褐色至黄褐色，幼时鳞片多平伏，成熟后呈直立状，盖缘鳞片多平伏，菌盖背景较鳞片色淡。幼时菌盖边缘可见丝膜状菌幕残留。菌褶密，直生，褐色至锈褐色，宽达 4mm，褶缘色淡。菌柄长 35–50mm，粗 2–4mm，等粗，中实，顶部具灰白色头屑状颗粒，以下为残幕状纤维鳞片，锈褐色，基部不膨大。菌肉味道不明显，菌盖菌肉带锈褐色，肉质；菌柄菌肉纤维质，近白色至带淡黄色，柄基部菌肉带橙黄色。

担孢子 9.0–11.5(13.5)×5.0–6.0μm，Q=1.6–2.0(2.7)（图版 XVIII 1），椭圆形至豆形，顶部钝圆，褐黄色，光滑。担子 25–42×8–10μm，棒状至细长棒状，向基部渐窄，内部具明显黄色色素，担子弹射后萎缩。侧生囊状体未见。缘生囊状体 20–68×9–19μm，薄壁，透明，丰富，形态多样，半球形、倒卵形、棒状、长棒状至不规则形，长棒状者多具有圆形至近圆形顶部，半球形者多成串，缘生囊状体之间有少量担子存在。柄生囊状体 24–73×10–26μm，存在于菌柄顶部，成簇，薄壁，透明，棒状至宽棒状，偶尔倒卵形至梭形。菌髓菌丝深黄色至油黄色，亚规则至不规则排列，由淡黄色的膨大菌丝构成，薄壁，直径可达 23μm。菌盖表皮菌丝栅栏型，暗褐色，由规则排列的褐色膨大菌丝构成，壁稍厚，具不明显的被壳物质(粗糙)，直径 10–24μm。锁状联合存在于所有组织。

生境：生于阔叶林内地上。

中国分布：云南。

世界分布：亚洲、北美洲、大洋洲。

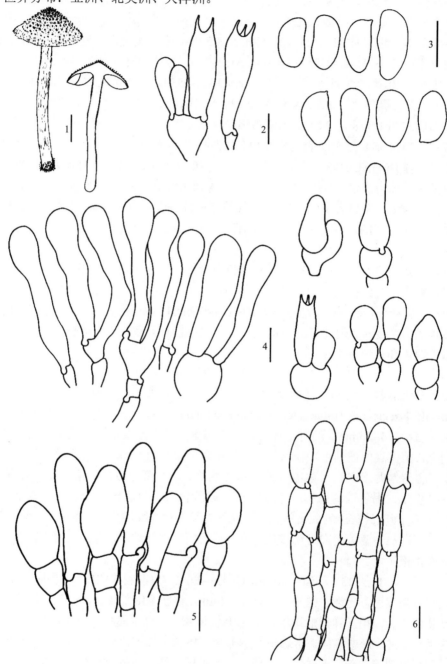

图 51　砖色丝盖伞近缘种 *Inocybe* aff. *latericia* E. Horak（HMJAU25961）

1. 担子体（basidiocarps）；2. 担子（basidia）；3. 担孢子（basidiospores）；4. 缘生囊状体（cheilocystidia）；5. 柄生囊状体（caulocystidia）；6. 菌盖表皮（pileipellis）。标尺：1=10mm；2–6=10μm

研究标本：**云南** HMJAU25961，昆明市野鸭湖，图力古尔、范宇光，2011 年 7 月 27 日。

讨论：*Inocybe latericia* 由 Horak 于 1977 年描述于新西兰，记载生于 *Nothofagus fusca* 林下，后于 1980 年由 Horak 报道于巴布亚新几内亚，记载生于 *Castanopsis acuminatissima* 和 *Lithocarpus* spp.林下。其主要识别特征是菌盖表面被褐色至黑褐色的直立尖鳞，向边缘渐平伏，菌盖和菌柄菌肉变红色；缘生囊状体薄壁，棒状至细长棒状，无侧生囊状体。中国材料采自西南亚热带阔叶林下，总体形态与新西兰和巴布亚新几内亚的材料基本对应，但存在以下差别：①菌盖鳞片和菌柄表面颜色为褐色至锈褐色；②菌柄基部菌肉带橙黄色；③缘生囊状体尺寸较长。Horak（1977, 1980b）未对柄生囊状体进行描述，而本研究材料菌柄的顶端具柄生囊状体。

白锦丝盖伞　图 52，图版 X 73

Inocybe leucoloma Kühner, Docums Mycol. 19（no.74）: 22（1988）

菌盖直径 22–27mm，幼时扁半球形，边缘内卷，后渐呈宽凸面形，质地非光滑，棉毛感，无凸起或具不明显的凸起，淡褐黄色至土黄色，幼时菌盖表面被一层灰白色菌幕，成熟后分散分布于盖表或不明显，仅菌盖边缘可见白色片状菌幕残留。菌褶幼时灰白色，后淡肉桂色至褐色，密，褶缘近平滑，色淡，宽达 4mm。菌柄长 22–26mm，粗 4–5mm，纤维丝膜状，白色至米黄色，中实，等粗，柄上部具菌幕残留，通常因孢子沉降而带褐色。菌肉草味，菌盖菌肉肉质，淡土黄色，厚达 3mm，菌柄菌肉肉质至纤维质，近白浆土色，幼时中实，后渐中空。

担孢子 8.0–9.0×4.0–5.0（5.5）μm，Q=1.6–1.9（图版 XVIII 4），椭圆形至近豆形，淡褐色，小尖不明显。担子 22–33×6–10μm，棒状，内部具黄色内含物，孢子弹射后萎缩，通常具 4 个担子小梗，偶尔为 2 个担子小梗。侧生囊状体未见。缘生囊状体 18–35×7–10μm，丰富，薄壁，透明，通常成串，棒状至宽椭圆形。无柄生囊状体。菌髓菌丝淡黄色，规则排列，由膨大的薄壁菌丝构成，直径 12–20μm。菌盖表皮平伏型，具少量翘起的菌丝，深褐色，由亚规则排列的圆柱形至膨大菌丝构成，淡黄色，壁光滑至稍粗糙，直径 4–12μm。锁状联合存在于所有组织。

生境：秋季散生于针叶树下，与松属（*Pinus*）、云杉属（*Picea*）关系密切。

中国分布：吉林。

世界分布：亚洲、欧洲、北美洲。

研究标本：**吉林** HMJAU25889，延边朝鲜族自治州安图县二道白河镇，范宇光，2010 年 9 月 15 日；HMJAU25893，延边朝鲜族自治州安图县二道白河镇，范宇光，2010 年 9 月 17 日。

讨论：此种的主要特征是菌盖表面具白色菌幕残留，担子体较粗壮，孢子椭圆形至近豆形，无侧生囊状体，缘生囊状体薄壁，成串，担子内有黄色内含物。以上特征表明该种隶属于茸盖亚属 subg. *Mallocybe*，菌盖表面具明显的白色菌幕残留是此种最好的识别特征，其中本亚属内的 *I. leucoblema* Kühner 菌盖表面同样具有白色菌幕残留，但后者的担子体更加粗壮。事实上，欧洲种 *I. leucoloma* 和 *I. leucoblema* 十分接近，这两个种均报道于苔原带及亚苔原带，与矮小的乔木形成共生关系，但中国材料采集于针叶树下，孢子相对较小，担子长度短于欧洲的材料。

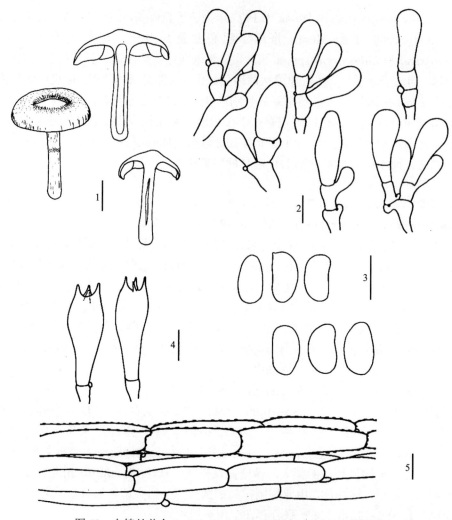

图 52　白锦丝盖伞 *Inocybe leucoloma* Kühner（HMJAU25889）

1. 担子体(basidiocarps)；2. 缘生囊状体(cheilocystidia)；3. 担孢子(basidiospores)；4. 担子(basidia)；5. 菌盖表皮
(pileipellis)。标尺：1=10mm；2–5=10μm

地丝盖伞　图 53

Inocybe terrigena（Fr.）Kuyper, Persoonia 12（4）：482（1985）

Agaricus terrigenus Fr., Öfvers. K. Svensk. Vetensk.-Akad. Förhandl. 8: 46（1851）

菌盖直径 16–24mm，幼时半球形，然后钟形，成熟后近平展至中部下凹，黄色至褐黄色，近光滑，表面被平伏鳞片，由菌盖中央向边缘呈辐射状扩散，幼时菌盖边缘内卷，可见淡黄色丝膜残留，后渐伸展。菌褶延生，幼时橄榄黄色，成熟后黄褐色，密，褶缘近平滑，褶宽达 5mm。菌柄长 35–50mm，粗 6–8mm，等粗，中实，菌柄顶部表面光滑，菌环部分以下被粗纤维鳞片，黄色至黄褐色。菌盖菌肉肉质，乳黄色，最厚处达 6mm，菌柄菌肉纤维质，黄色至黄褐色，气味不明显。

担孢子(8.0)8.5–9.5(10.0)×4.0–5.0μm，Q=1.7–1.9(图版 XVIII 3)，近豆形，光滑，黄褐色。担子 25–38×7–9μm，棒状，幼时近无色，成熟后淡黄色至内部具有黄色素，具 4 个担子小梗。缘生囊状体薄壁，透明，丰富，常成串，有时内部具有黄色色素，末端细胞梨形、棒状至细长棒状，22–60×7–16μm，有时在缘生囊状体之间可见担子，少。无侧生囊状体。菌柄顶部表皮末端菌丝薄壁或稍加厚，36–43×10–22μm，梨形至棒状，透明。菌髓组织淡黄色，规则排列，由直径 2–10μm 的薄壁菌丝构成，菌丝连接处缢缩。菌盖表皮平伏排列，油黄色，由表面光滑至稍粗糙的厚壁菌丝构成，直径 7–17μm。锁状联合存在于所有组织。

生境：针叶林或阔叶林路边，单生，不常见。

中国分布：吉林、甘肃。

世界分布：亚洲、欧洲、北美洲。

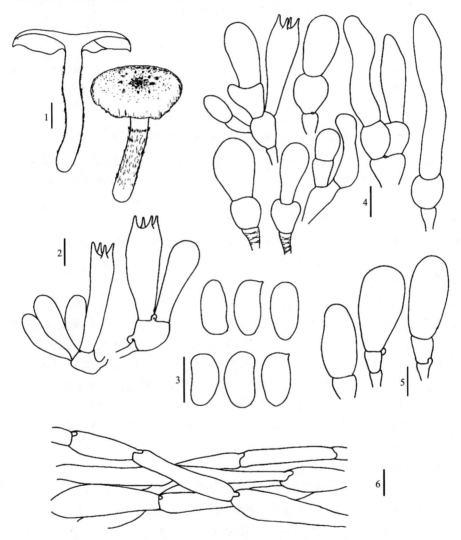

图 53　地丝盖伞 *Inocybe terrigena*（Fr.）Kuyper（HMJAU25998）

1. 担子体(basidiocarps)；2. 担子(basidia)；3. 担孢子(basidiospores)；4. 缘生囊状体(cheilocystidia)；5. 菌柄顶部末端
细胞(cells of stipe apex)；6. 菌盖表皮(pileipellis)。标尺：1=10mm；2–6=10μm

研究标本：**吉林** HMJAU25998，延边朝鲜族自治州安图县二道白河镇，范宇光，2011 年 8 月 23 日。**甘肃** HMJAU26194，兰州市徐家山森林公园，图力古尔、范宇光，2012 年 8 月 21 日。

讨论：此种隶属于茸盖亚属 subg. *Mallcobye*，也是此亚属内最容易辨认的种类之一，其菌柄具有明显的菌环区域，且菌环之下的菌柄表面被粗糙至反卷的鳞片，其显微特征与本亚属的甜苦丝盖伞相近，但后者担子体小且无菌环，可以区分。采集号 2011183 的孢子与欧洲材料相比较小，Q 值偏大（Kobayashi 2002），缘生囊状体不仅有梨形至棒状类型，尚出现细长棒状类型，这些变异属于偶尔出现还是稳定的特征尚需更多标本的研究来验证。在我国，此种最早由郑国杨等（1985）记载于广东，但作者查阅了其凭证标本发现其为错误鉴定，因此，应排除其在广东的分布。

凹孢亚属(subg. *Inosperma*)分组检索表

1. 菌盖细缝裂至开裂，菌肉切开后不变红，菌褶有时带橄榄色 ····················裂盖组 sect. *Rimosae*
1. 菌盖非平滑，常具平伏至翘起的鳞片，菌肉切开后变红色，担子细长，菌褶无橄榄色 ············
···褐色组 sect. *Cervicolore*

中国褐色组(sect. *Cervicolor*)分种检索表

1. 孢子长椭圆形，8.5–10.5×5–6μm ·····························翘鳞丝盖伞 *Inocybe calamistrata*
1. 孢子细椭圆形，13–15×6.0–7.5μm ·····························褐鳞丝盖伞 *Inocybe cervicolor*

翘鳞丝盖伞 图 54，图版 VIII 57-58

Inocybe calamistrata（Fr.）Gillet, Hyménomycètes（Alençon）: 513（1876）

Agaricus calamistratus Fr., Syst. Mycol.（Lundae）1: 256（1821）

Agaricus hirsutus Lasch, Linnaea 4: 546（1829）

Inocybe hirsuta（Lasch）Quél., Mém. Soc. Émul. Montbéliard Sér. 2, 5: 178（1872）

菌盖直径 10–20mm，幼时钟形至半球形，后为扁半球形，盖中央无突起，褐色至棕土色，表面被细密、反卷的鳞片，向边缘鳞片渐稀，至逐渐平伏，未见菌幕残留。菌褶初期乳白色，成熟后褐色、带橄榄色，较密，直生，褶缘色淡，宽达 4mm。菌柄长 40–60mm，粗 2–3mm，等粗，基部稍粗，中实，表面被褐色的粗糙鳞片，棕褐色，顶部具白色头屑状细小颗粒，灰白色，基部很小的部分带墨绿色，不明显。菌肉气味无记录，菌盖和菌柄菌肉白色，受伤或切开后迅速呈淡红色，菌柄基部小范围菌肉变为带绿色。

担孢子(8.0)8.5–10.5×5.0–6.0μm，Q=1.7–2.1(图版 XVIII 5)，长椭圆形，褐色，光滑。担子 36–44×7–10μm，细长棒状，内部具黄色内含物，孢子弹射后常萎缩。无侧生囊状体。缘生囊状体 18–55×8–12μm，丰富，薄壁，透明，细长棒状，偶尔内部具黄色内含物。柄生囊状体未见，菌柄顶部具有团状菌丝，薄壁，无色，末端细胞长棒状，22–50×7–10μm。菌髓组织淡黄色，亚规则排列，由圆柱形至膨大的薄壁菌丝构成，直径 7–15μm。菌盖表皮平伏型，盖中央处皮层翘起，向边缘则渐平伏，亚规则排列，褐色，由圆柱形至膨大的薄壁菌丝构成，粗糙，直径 5–15μm。锁状联合存在于所有组织。

生境：夏季至秋季单生于阔叶林或针叶林下。

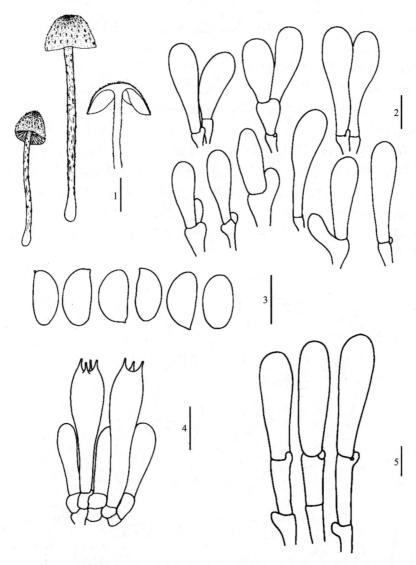

图 54　翘鳞丝盖伞 *Inocybe calamistrata* (Fr.) Gillet（HMJAU26694）
1. 担子体(basidiocarps)；2. 缘生囊状体(cheilocystidia)；3. 担孢子(basidiospores)；4. 担子(basidia)；5. 菌柄顶部末端
细胞(cells of stipe apex)。标尺：1=10mm；2–5=10μm

中国分布：吉林、安徽、福建、广东、四川、云南、陕西、台湾。

世界分布：亚洲、欧洲、北美洲。

研究标本：**吉林** HMJAU26614，蛟河市松江镇，图力古尔、郭秋霞，2012 年 7 月 27 日。**陕西** HMAS198548，秦岭，卯晓岚，1992 年 9 月 3 日。**云南** HMJAU26694，昆明市野鸭湖，范宇光，2010 年 9 月 1 日。

讨论：此种的主要特征是菌盖表面被翘起至平伏的鳞片，菌柄表面被粗糙的褐色鳞片，柄基部呈绿色至墨绿色，菌肉切开缓慢变淡红色，孢子光滑，无侧生囊状体，缘生囊状体薄壁，细长棒状。此种隶属于褐色组 sect. *Cervicolor*，也是该组内唯一菌柄基部呈绿色的种，很容易识别。描述于新西兰的 *I. calamistratoides* E. Horak 与本研究中的标本十分接近，只在菌柄基部呈绿色，孢子大小也较为接近，但其菌肉为褐色，且带水果味。显然，*I. calamistrata* 和 *I. calamistratoides* 形成一个关系紧密的自然类群。

褐鳞丝盖伞 图 55，图版 XIV 105-106

Inocybe cervicolor (Pers.) Quél., Enchir. Fung. (Paris)：95 (1886)

Agaricus cervicolor Pers., Syn. Meth. Fung. (Göttingen) 2: 325 (1801)

Inocybe bongardii var. *cervicolor* (Pers.) R. Heim, Encyclop. Mycol. 1: 388 (1931)

菌盖直径 15–23mm，幼时锥形至钟形，成熟后平展，具钝凸起，表面被平伏块状鳞片，深褐色，呈放射状排列，背景黄褐色，纤维丝状，菌盖边缘下垂，幼时具丝膜状菌幕残留。菌褶直生，厚，较密，宽达 3mm，黄褐色至褐色。菌柄长 30–38mm，粗 2.5–3mm，等粗，中实，基部膨大，上部淡褐色，中部以下色渐深，具明显的褐色颗粒状至环带状鳞片。菌肉具腐鱼味，切开后即变粉色，菌柄基部尤其明显；菌盖菌肉肉质，厚约 2mm，菌柄菌肉纤维质。

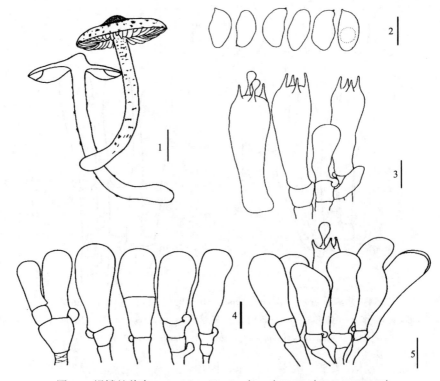

图 55　褐鳞丝盖伞 *Inocybe cervicolor* (Pers.) Quél. (HMJAU23272)

1. 担子体 (basidiocarps)；2. 担孢子 (basidiospores)；3. 担子 (basidia)；4. 缘生囊状体 (cheilocystidia)；5. 柄生囊状体 (caulocystidia)。标尺：1=10mm；2–5=10μm

担孢子 (12.0) 13.5–15 (16.5) × (5.5) 6.0–7.5 (8.0) μm，Q=1.8–2.4 (图版 XVIII 6)，长椭圆形，黄褐色，光滑。担子 35–46×8–12μm，细长棒状，多数具金黄色内含物，具 4 个担子小梗。无侧生囊状体，缘生囊状体 20–49×9–12μm，棒状至近圆柱形，薄壁，偶尔顶部壁加厚，多数透明，偶尔具金黄色内含物。菌髓菌丝近规则排列，近透明，由薄壁菌丝构成，5–16μm 宽。柄生囊状体 32–55×9–18μm，存在于菌柄顶部，成簇，与缘生囊状体形态相似，但更多样，有时顶端头状或厚壁。菌盖表皮平伏型，分两层，上层

25μm 厚，由金黄色菌丝构成，直径 4–10μm，下层淡黄色，约 40μm 厚，由近规则排列的薄壁菌丝构成，直径 5–14μm。锁状联合存在于所有组织。

生境：秋季单生于针叶林内地上。

中国分布：北京、辽宁、黑龙江、甘肃、青海。

世界分布：亚洲、欧洲、北美洲。

研究标本：**北京** HMJAU26131，双塘涧灵山，范宇光。**辽宁** HMJAU23272，本溪市关门山风景区，范宇光，2012 年 8 月 9 日。**黑龙江** HMJAU36854，佳木斯市汤原县大亮子河国家森林公园，图力古尔，2014 年 9 月 22 日。**甘肃** HMJAU26555，张掖市民乐县扁都口，范宇光，2012 年 8 月 24。**青海** HMAS96902，门源县仙米林场，王庆彬，2004 年 8 月 19 日；HMAS96855，大通县东峡林场，王庆彬，2004 年 8 月 17 日。

讨论：褐鳞丝盖伞的主要特征为菌盖表面被深褐色的块状鳞片，与颜色较浅的背景形成鲜明对比。它与 *I. bongardii* 接近，而且有学者认为褐鳞丝盖伞应该为前者的一个变种 *I. bongardii* var. *cervicolor*，因为它们的显微结构难以区分。它们最好的区分特征是担子体宏观特征及气味。

与欧洲的记载相比，采自中国东北的材料孢子较长、较窄（[Kuyper（1986）：(10.0) 10.5–14.5 (15) × (6.0) 6.5–8.0 (8.5) μm，Q=1.6–2.0；Kobayashi（2002）：(11.0) 12.4–15×6.0–8.8μm，Q=1.6–1.9]，但其他特征对应较好。

裂盖组（sect. *Rimosae*）分种检索表

1. 菌盖表面被浓密灰白色菌幕，放射状排列，菌柄白色 ·············· 云南丝盖伞 *Inocybe yunnanensis*
1. 菌盖表面菌幕不明显 ··· 2
  2. 担子体全部为褐色，生于柳树、杨树下 ·············· 新茶褐丝盖伞 *Inocybe neoumbrinella*
  2. 担子体非全部褐色 ··· 3
3. 菌盖不明显开裂 ··· 4
3. 菌盖明显开裂，菌肉带黄色 ································· 淡黄丝盖伞 *Inocybe flavella*
  4. 菌褶带黄色 ·· 新褐丝盖伞 *Inocybe neobrunnescens*
  4. 菌褶不带黄色 ··· 5
5. 菌肉具油菜味，菌柄基部稍膨大 ···························· 淀粉味丝盖伞 *Inocybe quietiodor*
5. 菌肉不具有油菜味，菌盖黄褐色、橙黄色至带红色 ·· 6
  6. 担子体带红色或受伤后变红色 ··· 7
  6. 担子体受伤后不变色，菌盖拟蜡质，菌柄具光泽 ·································· 8
7. 担子体酒红色或菌柄老后带红色 ······························ 酒红丝盖伞 *Inocybe adaequata*
7. 担子体草黄色，成熟后或伤后带红色至砖红色 ·········· 变红丝盖伞 *Inocybe erubescens*
  8. 担子体中等至较大，缘生囊状体宽棒状 ·············· 蜡盖丝盖伞 *Inocybe lanatodisca*
  8. 担子体相对较小，缘生囊状体细长棒状 ·············· 长白丝盖伞 *Inocybe changbaiensis*

酒红丝盖伞　图 56，图版 X 80

Inocybe adaequata (Britzelm.) Sacc., Syll. Fung. (Abellini) 5: 767（1887）

Agaricus adaequatus Britzelm., Ber. naturhist. Augsburg: 154（1879）

Agaricus juranus Pat., Tabl. Analyt. Fung. France（Paris）(6)：23（no. 551）（1886）

Inocybe adaequata f. *rhodiola* (Bres.) Quadr. & Lunghini, Quad. Accad. Naz. Lincei 264:

110（1990）

Inocybe adaequata var. *rhodiola*（Bres.）Bon, Docums Mycol. 18（no. 69）：35（1987）

Inocybe jurana（Pat.）Sacc., Syll. Fung.（Abellini）5: 778（1887）

Inocybe jurana var. *rhodiola*（Bres.）Quadr., Docums Mycol. 14（no. 56）：32（1985）[1984]

Inocybe rhodiola Bres., Fung. tTident. 1（4–5）：80（1884）

菌盖直径 22–60mm，幼时锥形至钟形，成熟后近平展至边缘上翻，红褐色至酒红色，表面纤维丝状，细缝裂，盖中央具钝状凸起，幼时菌盖边缘内卷，后展开。菌褶直生至近离生，密，幼时淡粉色，成熟后为褐色，褶缘呈锯齿状，宽达 9mm。菌柄长90–110mm，粗 9–12mm，上下等粗，表面纤维丝状，暗粉色或酒红色，老后或手触变黑色，具纵条纹，中实。菌盖菌肉肉质，粉色，最厚处达 9mm，菌柄菌肉纤维质，粉色，无特殊气味。

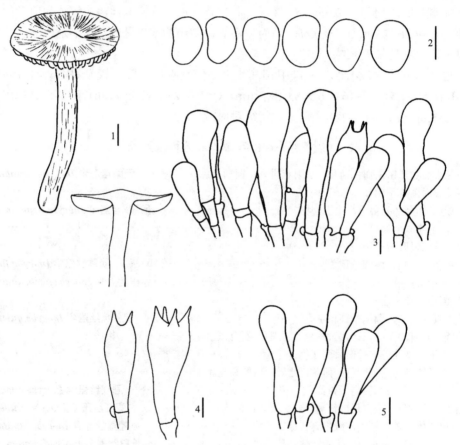

图 56　酒红丝盖伞 *Inocybe adaequata*（Britzelm.）Sacc.（HMJAU25939）
1. 担子体（basidiocarps）；2. 担孢子（basidiospores）；3.缘生囊状体（cheilocystidia）；4. 担子（basidia）；5. 柄生囊状体（caulocystidia）。标尺：1=10mm；2–5=10μm

担孢子（9.0）9.5–14.5（16）×6.0–7.5（8.5）μm，Q=1.6–1.9（图版 XVIII 7），近豆形，光滑，黄褐色。担子 30–46×9–12μm，棒状，有时内部有黄色内含物，具 4 个担子小梗，少数具有 2 个担子小梗。缘生囊状体薄壁，透明，丰富，末端细胞棒状至细长棒状，偶尔分隔，30–70×11–16μm，有时内部具有黄色内含物。无侧生囊状体。柄生囊状体存在于菌柄顶部，与缘生囊状体形态相似，薄壁，透明，20–45×12–15μm。菌髓组织淡黄色，近规则排列，由直径 5–18μm 的圆柱形至膨大菌丝构成。菌柄表皮菌丝内具有粉红色素，光滑，直径 3–5μm，菌盖表皮平伏排列，规则，粉红色，由表面光滑至粗糙的薄壁菌丝构成，直径 2–10μm。锁状联合存在于所有组织。

生境：夏季单生或散生于阔叶林或针叶林内地上，土壤肥沃。

中国分布：吉林、云南、青海。

世界分布：亚洲、欧洲。

研究标本：**吉林** HMJAU26567，长春市吉林农业大学校园，图力古尔、郭秋霞，2012 年 7 月 20 日。**云南** HMJAU25939，昆明市黑龙潭公园，图力古尔、范宇光，2011 年 7 月 25 日。**青海** HMAS99677，互助土族自治县，北山林场，海拔 2800m，文华安、周茂新，2004 年 8 月 15 日。

讨论：此种的主要特征是担子体粉色至酒红色，较大，粗壮，孢子近豆形，光滑，无侧生囊状体，缘生囊状体长棒状，薄壁。此外该种的菌盖表皮和菌柄表皮菌丝均具有十分明显的粉红色或淡粉色素。本研究中的标本各特征与来自欧洲的材料对应较好 (Stangl 1989)，但 Kobayashi(2002) 记载的孢子稍小。酒红丝盖伞仅在我国的西藏自治区有所记载(中国科学院登山科学考察队 1995)。

长白丝盖伞　图 57，图版 XI 84

Inocybe changbaiensis T. Bau & Y.G. Fan, Mycosystema 37(6)：4 (2018)

担子体中等大。菌盖直径 20–35mm，幼时锥形，后呈斗笠形至平展，中央具明显突起，老后边缘稍翘起，黄色至赭黄色，向边缘色渐淡，纤维丝状，有时边缘开裂。菌褶幼时近白色，密，成熟后带橄榄色或近灰色，褶缘非平滑。菌柄长 50–65mm，粗 3.5–6.5mm，向下渐粗，基部膨大，无边缘，中实，表面平滑，顶部和基部近白色，中部与菌盖同色。菌肉具明显土腥味，菌盖菌肉白色，肉质，菌柄菌肉纤维质，致密。

担孢子 8.5–10.5×5.0–6.0μm，Q=1.5–1.9(图版 IX 12)，椭圆形至近豆形，黄褐色，光滑。担子 30–39×7–11μm，棒状至细长棒状，具 4 个担子小梗，内部透明，偶尔具淡黄色内含物。无侧生囊状体。缘生囊状体透明，薄壁，明显分隔，偶尔内部具金黄色色素，末端细胞 22–63×10–12μm，短棒状至长棒状，顶部钝圆或呈头状。柄生囊状体仅生于菌柄顶部，形态与缘生囊状体相似，15–34×9–16μm，透明，薄壁。菌髓菌丝近规则排列，淡黄色，由透明至带黄色的薄壁菌丝构成，直径可达 18μm。菌盖表皮菌丝规则排列，橙褐色至棕褐色，由圆柱形至膨大的被壳菌丝构成，直径 7–17μm。锁状联合存在于所有组织。

生境：秋季单生于针阔混交林内地上，土质肥沃。

中国分布：吉林。

世界分布：亚洲。

研究标本：**吉林** HMJAU25861，安图县二道白河镇，图力古尔、范宇光，2010 年 9 月 17 日。

讨论：此种的主要特征是具有平滑、纤维丝状的菌盖，菌柄光滑，孢子较小，缘生囊状体多分隔。以上特征使得此种成为裂盖组 sect. *Rimose* 特征较为明显的种之一。描

述于欧洲的 *I. maculata* f. *fulva* Bon 和北美洲的 *I. lanatodisca* 与此种十分接近，但长白丝盖伞的担子体较小，菌肉具明显的土腥味，缘生囊状体棍棒状且多分隔。

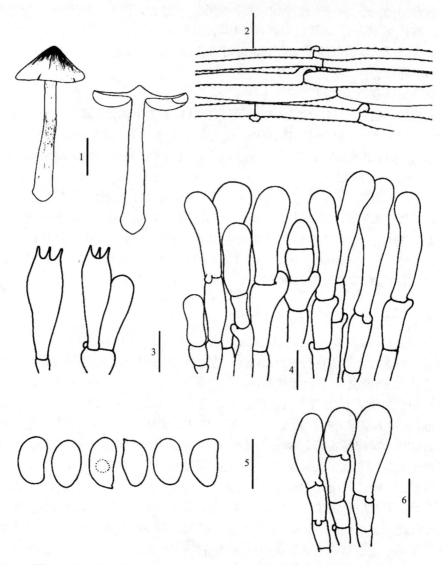

图 57　长白丝盖伞 *Inocybe changbaiensis* T. Bau & Y.G. Fan（HMJAU25861）

1. 担子体（basidiocarps）；2. 菌盖表皮（pileipellis）；3. 担子（basidia）；4. 缘生囊状体（cheilocystidia）；5. 担孢子（basidiospores）；6. 柄生囊状体（caulocystidia）。标尺：1=20mm；2–4、6=20μm；5=10μm

变红丝盖伞　图 58

Inocybe erubescens A. Blytt, Skr. VidenskSelsk. Christiania, Kl. I, Math.-Natur. 6: 54（1905）[1904]

Inocybe patouillardii Bres. [as '*patouillardi*'], Annls mycol. 3（2）: 161（1905）

担子体中等至较大。菌盖直径 30–65mm，幼时锥形至钟形，成熟后斗笠形至平展，幼时菌盖下弯，边缘内卷或不明显，老后菌盖边缘强烈上翻；中央具锐突起，表面干，纤维丝状，粗糙，细缝裂，成熟后有时边缘开裂，幼时菌盖边缘可见丝膜状菌幕残留；

草黄色至赭黄色，伤后或老后逐渐带粉红色至橙红色。菌褶密，直生，窄，3–5mm 宽，幼时污白色至灰白色，成熟后或伤后带粉色，褶缘与褶面同色或稍淡。菌柄长 65–90mm，粗 6–12mm，等粗或上部渐细，基部球形膨大，中实，表面细纤维丝状，顶部被粗纤维状或呈头屑状鳞片，中下部被白色菌丝，表面白色至污白色，成熟后逐渐带粉红色或橙红色。菌肉淀粉味或不明显，菌盖菌肉肉质，白色至带粉红色或橙红色，0.5–1cm 厚；菌柄菌肉幼时近肉质，成熟后纤维质，与菌盖菌肉同色。

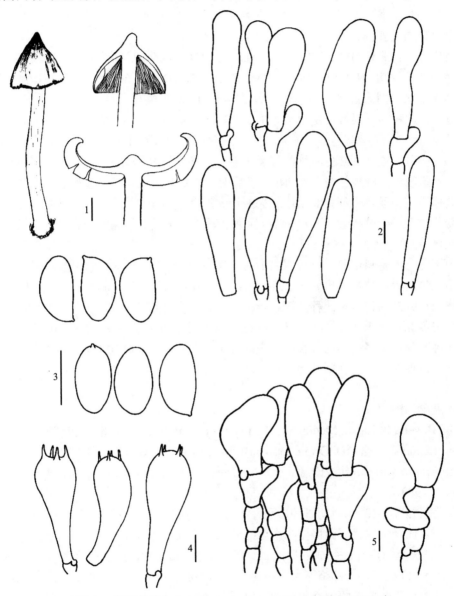

图 58　变红丝盖伞 *Inocybe erubescens* A. Blytt（HMJAU26120）

1. 担子体（basidiocarps）；2. 缘生囊状体（cheilocystidia）；3. 担孢子（basidiospores）；4. 担子（basidia）；5. 柄生囊状体（caulocystidia）。标尺：1=10mm；2–5=10μm

担孢子（10.0）11–13.5（14.5）×（6.0）6.5–7.5μm，Q=1.7–2.0（图版 XVIII 8），椭圆形至长椭圆形，顶部钝，黄褐色，光滑。担子 31–39×9–14μm，棒状，具 4 个担子小梗。无

侧生囊状体。缘生囊状体 25–54×10–15μm，丰富，棒状至长棒状，透明，薄壁。柄生囊状体 22–38×10–15μm，存在于菌柄顶部，与缘生囊状体形态相似。菌髓菌丝规则排列，近无色，由薄壁的圆柱形至膨大菌丝构成，直径 5–12μm。菌盖表皮平伏型，壁稍加厚、亮黄色，内部透明，表面稍粗糙或不明显，直径 5–10μm。锁状联合存在于所有组织。

生境：夏季单生或散生于壳斗科林下，土质肥沃。

中国分布：北京、云南、甘肃、青海。

世界分布：亚洲、欧洲。

研究标本：**北京** HMJAU26119、HMJAU26120，双塘涧灵山，范宇光、张鹏，2012年8月7日。**甘肃** HMJAU26537、HMJAU26695、HMJAU26696，兰州市榆中县兴隆山自然保护区，图力古尔、范宇光，2012年8月22日。

讨论：此种的主要特征是担子体中等至较大，菌盖、菌褶、菌肉在伤后或老后变粉红色至橙红色；微观形态上，孢子椭圆形，无侧生囊状体，缘生囊状体薄壁。裂盖组 (sect. *Rimosae*) 内具有相似变红色特性的种类不多，描述于欧洲的 *I. adaequata* 具有粗壮的担子体，但菌盖及菌柄颜色偏于酒红色，老后变为暗红色至带紫色，微观形态上其菌盖表皮和菌柄表皮菌丝具粉红色。此外，描述于欧洲的 *I. godeyi* 具有相似的变色特征，且其颜色变化与此种十分接近，但 *I. godeyi* 菌盖光滑至近光滑，具有厚壁的侧生囊状体和柄生囊状体。

中国北方的材料菌盖多具有明显的锐突起，而来自于欧洲材料的记载则多为钝状凸起或不强调具有此特征。此种曾记载于中国的四川、云南、青海和西藏等地。但袁明生和孙佩琼（1995）的记载与此种的核心特征有差别，应排除在四川的分布。另外，卯晓岚（2000）记载此种生于北方针叶林下（青海），孢子尺寸明显较小（8–10.5×5.6–6.8μm）。

此种是丝盖伞属内毒性较大的种类。需要指出的是，个别地区被民间采食，虽不是广泛食用，混杂于其他食用种类中。

淡黄丝盖伞　图 59

Inocybe flavella P. Karst., Meddn Soc. Fauna Flora Fenn. 16: 100（1890）[1889]

Inocybe xanthocephala P.D. Orton, Trans. Br. Mycol. Soc. 43（2）：277（1960）

Inocybe rimosa var. *flavella*（P. Karst.）A. Ortega & Esteve-Rav., Cryptog. Mycol. 10（4）：341（1989）

菌盖直径 20–50mm，幼时钟形至斗笠形，成熟后平展至边缘上翻，中央具较钝凸起，周围表面纤维丝状，菌盖边缘小至深开裂，土黄色至深土黄色。菌褶宽 2–5mm，直生，中等密，幼时灰白色，成熟后深土黄色，褶缘小锯齿状，颜色浅。菌柄长 30–71mm，粗 5–7mm，圆柱形，基部略膨大，中实，表面不明显纤维丝状，被白色粉末状颗粒，米黄色至土黄色。菌盖菌肉肉质，米黄色，菌柄菌肉纤维质，白色，具土腥味。

担孢子（9.7）10.9–11.7（12.9）×（5.1）5.6–7.0（7.3）μm，Q=1.7–2.0，椭圆形至长椭圆形或豆形，光滑，黄褐色。担子 29–41×7–14μm，棒状，具 4 个担子小梗，少数具有 2 个担子小梗，内部浑浊，具油滴或气泡状物质。无侧生囊状体。缘生囊状体 46–73×8–14μm，薄壁，棒状至纺锤形，基部缢缩形成较长柄，内部清澈。未见柄生囊状体。菌盖表皮平伏型，由表面平滑的圆柱形菌丝构成，油黄色，直径 3–16μm。锁状联合存在于所有组织。

生境：夏季至秋季散生于阔叶林内地上。

中国分布：吉林、内蒙古。

世界分布：亚洲、欧洲。

标本：**吉林** HMJAU37799，长春市净月潭公园，乌日汗，2016 年 9 月 13 日。**内蒙古** HMJAU37796，通辽市扎鲁特旗罕山国家自然保护区，乌日汗，2016 年 8 月 3 日。

讨论：本种的主要特征是担子果体较粗壮，菌盖表面突起处周边纤维丝状，边缘深开裂至上翻，菌褶较宽，褶缘小锯齿状，菌柄表面不明显纤维丝状，基部略膨大，担孢子光滑，无侧生囊状体，未见典型的柄生囊状体。

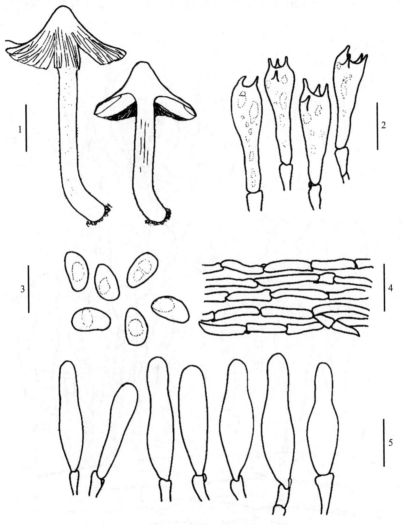

图 59　淡黄丝盖伞 *Inocybe flavella* P. Karst.（HMJAU37799）

1. 担子体(basidiocarps)；2. 担子(basidia)；3. 担孢子(basidiospores)；4. 菌盖表皮(pileipellis)；5. 缘生囊状体
(cheilocystidia)。比例尺：1=10mm；2–5=10μm

蜡盖丝盖伞 图 60，图版 XII 95-96

Inocybe lanatodisca Kauffman [as '*lanotodisca*'], Publications Mich. Geol. Biol. Surv., Biol.
Ser. 5, 26: 459（1918）

Inocybe maculata f. *fulva* Bon, Docums Mycol. 21（no. 81）: 47（1991）

　　菌盖直径 35–45mm，幼时菌盖锥形，成熟后近平展至边缘上翻，橘黄色至褐黄色，颜色均一，盖中央具有明显的突起，较锐，菌盖表面具细缝裂，缝裂由菌盖边缘至菌盖半径的 2/3 处，盖缘无丝膜残留。菌褶直生，灰白色至黄褐色，密，褶缘非平滑，宽达 3mm。菌柄长 40–50mm，粗 5–8mm，圆柱形，顶部稍粗，基部膨大，膨大处可达 8–10mm，柄表面大部分与菌盖同色，顶部与底部色淡，基部白色。菌盖菌肉肉质，灰白色，菌盖突起处菌肉厚 4mm，菌柄菌肉纤维质，灰白色，带黄色，具竖条纹，具较弱的土腥味。

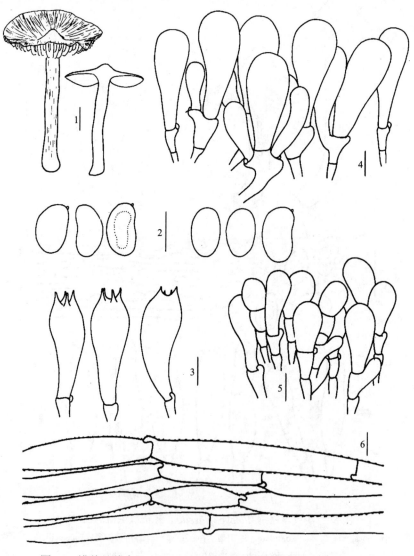

图 60　蜡盖丝盖伞 *Inocybe lanatodisca* Kauffman（HMJAU25993）

1. 担子体（basidiocarps）；2. 担孢子（basidiospores）；3. 担子（basidia）；4. 缘生囊状体（cheilocystidia）；5. 柄生囊状体（caulocystidia）；6. 菌盖表皮（pileipellis）。标尺：1=10mm；2–6=10μm

担孢子 8.0–10.0（11.0）×5.0–6.0（6.5）μm，Q=1.6–1.8（图版 XIX 13），近豆形，黄褐色，光滑。担子 26–35×8–12μm，棒状，内部透明，具 4 个担子小梗。缘生囊状体薄壁，透明，丰富，成串，末端细胞宽棒状，18–37×10–19μm。无侧生囊状体。柄生囊状体存在于菌柄顶部，薄壁，透明，成串，棒状至椭圆形，13–19×7–10μm。菌髓组织淡黄色，近规则至不规则排列，由直径 5–18μm 的圆柱形菌丝构成。菌盖表皮平伏型、规则排列，黄褐色，由表面粗糙的薄壁菌丝构成，直径 5–17μm。锁状联合存在于所有组织。

生境：夏季至秋季单生于阔叶林或针叶林内地上。

中国分布：河北、内蒙古、辽宁、吉林、黑龙江、四川、云南、西藏、陕西、青海、宁夏。

世界分布：亚洲、欧洲、北美洲。

研究标本：**河北** HMAS23123，小五台山汤池寺，徐连旺，1957 年 8 月 19 日；HMAS22876，小五台山汤池寺，徐连旺，1957 年 8 月 20 日。**内蒙古** HMJAU36859，克什克腾旗旗沙地云杉林，图力古尔，2013 年 8 月 2 日。**辽宁**：HMJAU26043，本溪市关门山风景区，范宇光，2011 年 9 月 4 日。**吉林** HMJAU25774，长春市吉林农业大学校园，范宇光，2010 年 7 月 30 日；HMJAU25993、HMJAU25992，延边朝鲜族自治州安图县二道白河镇，范宇光，2011 年 8 月 23 日。**四川** HMAS51205，巴塘濯拉，文华安、苏京军，1983 年 7 月 28 日；HMAS51206、HMAS51207，稻城老林口，文华安、苏京军，1983 年 8 月 3 日。**黑龙江** HMAS144829，抚远县，文华安等，2000 年 8 月 9 日；HMJAU36822，佳木斯市汤原县北靠山，图力古尔，2014 年 9 月 2 日。**云南** HMAS4369，呈贡县，采集人未知，1938 年 7 月 23 日。**西藏** HMAS53330，墨脱县，卯晓岚，1983 年 8 月 9 日；HMAS53331、HMAS53338、HMAS53336，波密县，卯晓岚，1983 年 8 月 27 日、1983 年 8 月 31 日、1983 年 8 月 28 日。**陕西** HMAS138951，太白山自然保护区，文华安、周茂新，2005 年 7 月 4 日。**青海** HMAS98587，互助土族自治县，北山林场，郭良栋、张英，2004 年 8 月 17 日；HMAS144965，互助土族自治县，文华安、周茂新，2004 年 8 月 13 日；HMAS96899，互助土族自治县南门峡林场，海拔 3000m，王庆彬，2004 年 8 月 13 日；HMAS132017，互助土族自治县南门峡林场，海拔 3000m，文华安、周茂新，2004 年 8 月 13 日；HMAS130540，互助土族自治县南门峡林场，海拔 3000m，郭良栋、张英，2004 年 8 月 13 日；HMAS96837，大通县东峡林场，王庆彬，2004 年 8 月 17 日；HMAS19867，祁连县，采集人未知，1996 年 8 月 13 日。**宁夏** HMJAU25931，隆德县六盘山自然保护区，图力古尔、范宇光，2012 年 8 月 19 日。

讨论：此种的主要特征是菌盖米黄色、橙黄色至红褐色，菌盖表面具细缝裂，孢子光滑，近豆形，无侧生囊状体。此种在欧洲一般采用 *I. maculata* f. *fulva* 这个名称，但近期的形态与分子系统学分析证实了欧洲的材料与北美洲被称作 *I. lanatodisca* 的材料以及广泛分布于中国东北、西北和西南地区的材料为同种。此种在欧洲和北美洲及中国均为广泛分布种，生于阔叶树或针叶树下。而 *I. lanatodisca* 的名称早于 *I. maculata* f. *fulva*，因此将后者作为前者的异名处理。

新褐丝盖伞　图 61，图版 VIII 60
Inocybe neobrunnescens Grund & D.E. Stuntz, Mycologia 62: 934（1970）

Inocybe brunnescens G.F. Atk., Am. J. Bot. 5: 211（1918）

　　担子体小。菌盖直径 13–30mm，幼时钟形，后呈斗笠形至逐渐平展，盖中央具突起，幼时盖表面光滑，成熟后呈纤维丝状或不明显，盖边缘常细小开裂，黄白色至黄褐色。菌褶密，直生，幼时淡黄色，成熟后黄色带橄榄色，褶缘色淡，宽达 3mm。菌柄长 38–55mm，粗 3–5mm，中实，向下渐粗，基部球形膨大，幼时黄白色，后变淡土黄色，表面被残幕状鳞片，不明显，柄基部白色。菌肉味道不明显，菌盖菌肉白色带淡褐色，最宽处达 5mm，菌柄菌肉污白色至灰白色，纤维质或稍肉质。

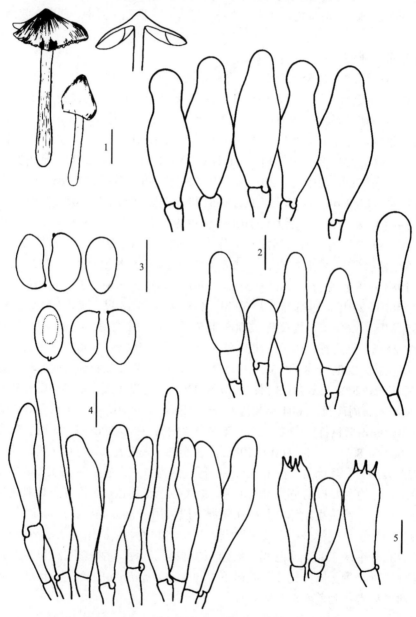

图 61　新褐丝盖伞 *Inocybe neobrunnescens* Grund & D.E. Stuntz（HMJAU25785）

1. 担子体(basidiocarps)；2. 缘生囊状体(cheilocystidia)；3. 担孢子(basidiospores)；4. 柄生囊状体(caulocystidia)；5. 担子(basidia)。标尺：1=10mm；2–5=10μm

担孢子 10.0–12.5（13.0）×（5.5）6.0–7.0（7.5）μm，Q=1.6–2.1（图版 XIX 10），多数近豆形，少数椭圆形，黄褐色，光滑。担子棒状，25–32×10–12μm，具 4 个担子小梗，透明。无侧生囊状体。缘生囊状体 20–63×13–19μm，丰富，成簇，薄壁，透明，纺锤形至宽纺锤形，幼时棒状至宽棒状，顶部常呈头状，有时分隔。柄生囊状体仅分布于菌柄顶部，36–97×7–21μm，长棒状，薄壁，透明，常分隔。菌髓菌丝近规则排列，淡黄色至无色，由膨大的薄壁菌丝构成，直径达 25μm。菌盖表皮菌丝平伏型，金黄色，近规则排列，由薄壁的圆柱形菌丝构成，表面具贝壳物质，淡黄色，直径 5–10μm。锁状联合存在于所有组织。

生境：夏季生于亚高山带云杉、冷杉林，沙质土壤。

中国分布：西藏。

世界分布：亚洲、美洲。

研究标本：**西藏**：HMJAU25785，林芝色季拉山垭口附近，范宇光，2010 年 8 月 7 日。

讨论：新褐丝盖伞 *I. neobrunnescens* Grund & D.E. Stuntz 是褐丝盖伞 *I. brunnescens* G.F. Atk.的替代名称。此种的核心特征是菌盖深褐色，光滑至边缘开裂，菌柄色淡至褐色，菌褶带淡绿色，孢子近豆形，缘生囊状体棒状至膨大，上部常呈头状。本研究中的材料采自西南亚高山地区，与北美洲的材料相比，中国材料菌盖颜色较淡，孢子稍大，柄生囊状体分隔者较少，尺寸更长。

新茶褐丝盖伞　图 62，图版 VIII 63-64

Inocybe neoumbrinella T. Bau & Y.G. Fan, Mycosystema 37（6）：697（2018）

担子体较小。菌盖直径 22–30mm，幼时锥形，后渐平展，盖中央有明显较锐的突起，粗纤维丝状，质地粗糙，除盖中央外表面呈明显的细缝裂，边缘近开裂，棕褐色至茶褐色，突起处赭黄色，幼时可见菌盖边缘具淡褐色菌幕残留。菌褶密，直生，褐色带橄榄色，褶缘非平滑，与褶面同色，宽达 3mm。菌柄长 28–47×2–3mm，中实，圆柱形，中下部渐粗，较菌盖色淡，表面被一层白色至污白色鳞状平伏的菌幕残留，顶部呈白霜状至头屑状，基部具白色菌丝，中下部渐粗。菌肉薄，无明显气味，菌盖菌肉肉质，褐色至淡褐色，水浸状，盖中部菌肉厚约 1mm，菌柄菌肉淡褐色，纤维质，较疏松。

担孢子（8.5）9.0–12.0（13.0）×5.5–6.5（7.0）μm，Q=1.5–1.9（图版 XIX 15），椭圆形，有的近豆形，两端钝圆，褐色。担子 22–28×8–11μm，棒状，具 4 个担子小梗，内部具有亮黄色色素。无侧生囊状体。缘生囊状体丰富，25–50×11–18μm，棒状至纺锤形，薄壁至稍加厚，顶部钝或稍平，基部偶尔分隔，表面被颗粒状结晶体。柄生囊状体仅生于菌柄顶端，与缘生囊状体相似，常成串，20–48×10–17μm。菌髓菌丝亚规则排列，透明至带黄色，由薄壁的膨大菌丝构成，直径可达 24μm。菌盖表皮平伏型，规则排列，红褐色，由圆柱形至膨大的被壳菌丝构成，褐色，直径 5–18μm。锁状联合存在于担子体各部位。

生境：柳树下，沙质土壤，生于路边。

中国分布：吉林。

世界分布：亚洲。

研究标本：**吉林** HMJAU25742（holotype），延边朝鲜族自治州安图县二道白河镇黄松蒲，图力古尔、范宇光，2010 年 7 月 15 日；HMJAU25732、HMJAU25730，延边朝鲜族自治州安图县二道白河镇黄松蒲，范宇光，2010 年 7 月 14 日。

讨论：此种的主要特征是担子体棕褐色至茶褐色，菌盖表面纤维丝状、细缝裂，较粗糙，盖中央具钝突起。描述于欧洲的 *I. umbrinella* 与此种接近，但它的菌柄为白色至米黄色，菌褶明显窄，菌盖颜色为暖黄色至褐色，缘生囊状体顶部多数钝圆形。

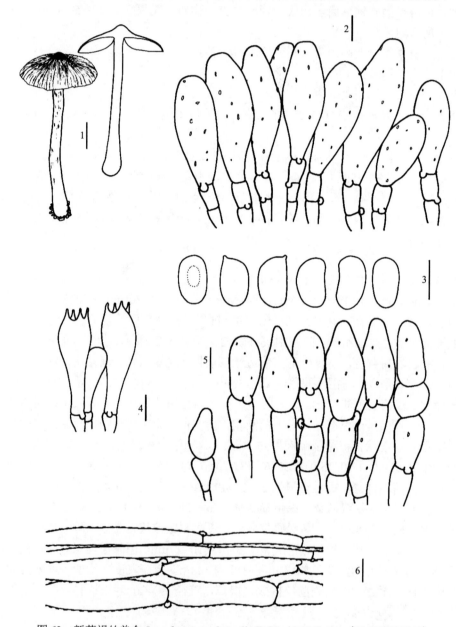

图 62　新茶褐丝盖伞 *Inocybe neoumbrinella* T. Bau & Y.G. Fan（HMJAU25742）

1. 担子体(basidiocarps)；2. 缘生囊状体(cheilocystidia)；3. 担孢子(basidiospores)；4. 担子(basidia)；5. 柄生囊状体(caulocystidia)；6. 菌盖表皮(pileipellis)。标尺：1=10mm；2–6=10μm

淀粉味丝盖伞 图 63，图版 XIV 107

Inocybe quietiodor Bon, Docums Mycol. 6 (no. 24): 46 (1976)

担子体小，但粗壮。菌盖直径 15–20mm，幼时半球形，成熟后扁斗笠形至平展，中央具较钝凸起或不明显，边缘伸展，表面光滑，草黄色至褐黄色，干后草黄色。菌褶直生，密，白色至灰白色，成熟后带褐色，褶缘与褶面同色。菌柄长 19–30mm，粗 3–4mm，圆柱形，中实，向下渐粗，基部膨大，宽达 5–7mm，灰白色至米色，表面不明显纤维丝状，具纵条纹。菌肉味道特殊，似油菜叶汁，菌盖菌肉肉质，白色带淡褐色，1–2mm 厚，菌柄菌肉纤维质至肉质，白色，光亮，菌柄基部菌肉带褐色。

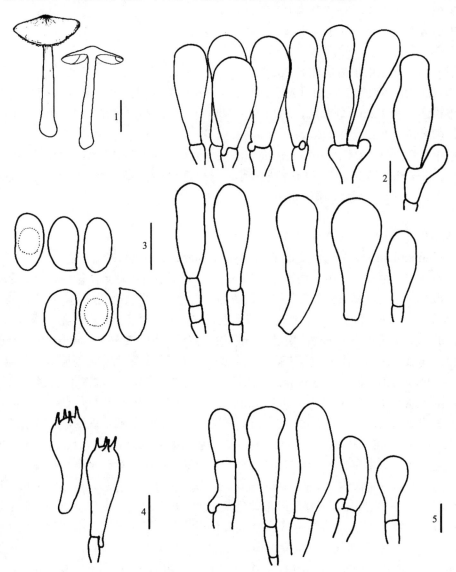

图 63　淀粉味丝盖伞 *Inocybe quietiodor* Bon（HMJAU26048）

1. 担子体（basidiocarps）；2. 缘生囊状体（cheilocystidia）；3. 担孢子（basidiospores）；4. 担子（basidia）；5. 柄生囊状体（caulocystidia）。标尺：1=10mm；2–5=10μm

担孢子 8.0–9.5(10.0)×5.0–6.0μm，Q=1.6–1.9（图版 XIX 9），椭圆形，偶尔稍呈豆形，黄褐色，光滑。担子棒状，25–39×9–11μm，具 4 个担子小梗，顶部钝圆，基部渐细，内部具气泡状颗粒。无侧生囊状体，缘生囊状体 23–45×8–13μm，丰富，棒状至宽棒状，薄壁，透明，基部多分隔，偶尔内部具黄色素。柄生囊状体 17–48×7–12μm，生于菌柄顶部，棒状至不规则，透明，薄壁，较少。菌髓菌丝淡黄色，规则排列，由薄壁的膨大菌丝构成，直径 13–28μm，透明。菌盖表皮菌丝平伏型，交织排列，金黄色，由薄壁至稍加厚的淡黄色菌丝构成，表面具被壳物质，直径 5–12μm。锁状联合存在于所有组织。

生境：秋季生于阔叶林内地上。

中国分布：北京、辽宁、吉林。

世界分布：亚洲、欧洲。

研究标本：**北京** HMJAU26126，双塘涧灵山，范宇光，2012 年 8 月 8 日。**辽宁** HMJAU26048，本溪市关门山风景区，范宇光，2011 年 9 月 7 日。**吉林** HMJAU26583，蛟河市松江镇西 3 km，郭秋霞，2012 年 8 月 4 日；HMJAU26624，白石山林业局漂河林场，郭秋霞，2012 年 8 月 6 日。

讨论：此种的主要特征是菌盖表面光滑至近光滑，具不明显凸起，菌柄基部球形至亚球形；孢子椭圆形，规则，鲜有稍呈豆形。与库克丝盖伞原变种（*I. cookie* var. *cookei*）十分接近，区别在于后者的孢子稍小，且为明显豆形，具有明显的蜜甜味。

云南丝盖伞　图 64，图版 VII 55-56

Inocybe yunnanensis T. Bau & Y.G. Fan, Mycosystema 37（6）：699 （2018）

子实体中等至较大。菌盖直径 20–60mm，半球形至宽半球形，边缘内卷，菌盖中央无明显突起，表面被浓密灰白色毡毛状菌幕，辐射状，平伏至稍翘起，中部浓密，向边缘渐稀疏，延伸至菌盖边缘，形态完整，盖表皮土黄色至赭黄色，菌盖边缘波状。菌褶密，直生，乳白色至带橄榄色，宽达 4mm，褶缘波状。菌柄长 55–100mm，粗 5–15mm，近等粗，基部稍细，粗壮，中实，表面被浓密棉毛状鳞片。菌肉味道不明显，菌盖菌肉肉质，淡橄榄黄色，最厚处达 6mm，菌柄菌肉纤维质至肉质，带淡粉色，呈竖条纹。

担孢子 (8.5) 9.0–10.5(11.0)×5.0–6.0μm，Q=1.5–1.9（图版 XIX 11），椭圆形至豆形，有些孢子明显偏大，12.2–15.3×8.0–9.7μm，椭圆形至宽椭圆形或不规则，黄褐色，光滑。担子 22–33×9–11μm，棒状，向基部渐细，顶部钝，偶尔顶部呈头状，具 4 个担子小梗。无侧生囊状体。缘生囊状体 30–47×12–15μm，薄壁，透明，宽棒状至长纺锤形，偶尔分隔。无典型柄生囊状体。菌柄顶部表皮菌丝透明，薄壁，圆柱形，末端细胞顶部钝圆或呈头状，直径 7–12μm。菌髓组织带黄色至无色，规则排列，由薄壁至稍加厚的膨大细胞构成，直径达 25μm。菌盖菌幕菌丝淡黄色至无色，规则排列，由圆柱形至稍膨大的菌丝构成，直径 7–18μm。菌盖表皮菌丝褐色，平伏型，规则排列，由稍厚壁的圆柱形至膨大菌丝构成，光滑至稍粗糙，直径 5–20μm。锁状联合存在于所有组织。

生境：秋季单生于阔叶树下。

中国分布：云南。

世界分布：亚洲。

研究标本：**云南** HMJAU25840（holotype）、HMJAU25883、HMJAU25841、HMJAU25843，昆明市黑龙潭，图力古尔、范宇光，2010 年 9 月 2 日；HMJAU25962，昆明市野鸭湖，图力古尔、范宇光，2011 年 7 月 27 日。

讨论：此种的识别特征为菌盖及菌柄表面被极浓密的白色菌幕，担子体粗壮。担孢子光滑，椭圆形至豆形，缘生囊状体薄壁，无侧生囊状体。以上特征集合表明此种隶属于裂盖组 sect. *Rimosae*。与欧洲的 *I. arenicola*（R. Heim）Bon 接近，同样具有浓密的白色菌幕和粗壮担子体，但后者孢子较大，菌柄基部稍膨大或近球形膨大，缘生囊状体更长，且生于海岸沙地（Kuyper 1986）。

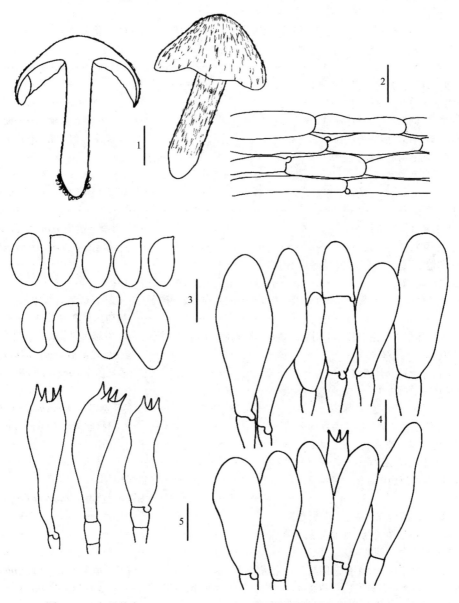

图 64　云南丝盖伞 *Inocybe yunnanensis* T. Bau & Y.G. Fan（HMJAU25840）

1. 担子体（basidiocarps）；2. 菌盖表皮（pileipellis）；3. 担孢子（basidiospores）；4. 缘生囊状体（cheilocystidia）；5. 担子（basidia）。标尺：1=10mm；2-5=10μm

丝盖伞亚属(subg. *Inocybe*)分组检索表

1. 菌盖边缘具丝膜状菌幕残留，柄生囊状体仅生于菌柄上部至中部 ┈┈┈┈ **丝膜组 sect. *Cortinatae***
1. 菌盖边缘无菌幕残留，菌柄表面全部被柄生囊状体 ┈┈┈┈┈┈┈┈┈ **缘根组 sect. *Marginatae***

丝膜组(sect. *Cortinatae*)分种检索表

18. 菌盖蓝紫色，菌褶相对稀疏 ……………………… **土味丝盖伞蓝紫变型** *Inocybe geophylla* f. *violacea*

19. 担子体小，菌盖直径一般小于 15mm，子实层囊状体细长，有时内部具褐色色素 ………………
……………………………… **卷鳞丝盖伞原变种** *Inocybe cincinnata* var. *cincinnata*

19. 担子体相对大，菌盖直径大于 15mm，孢子顶部相对锐，子实层囊状体内部无色素 …………
…………………………………… **卷鳞丝盖伞大果变种** *Inocybe cincinnata* var. *major*

    20. 菌盖白色、象牙白色至黄色、橙黄色、红色 …………………………………… 21

    20. 菌盖褐色、灰色、红褐色 …………………………………………………………… 26

21. 担子体白色至象牙白色或初期白色、老后带红色或砖红色 …………………………… 22

21. 菌盖黄色至橙黄色 ………………………………………………………………… 25

    22. 担子体白色，成熟后带红色 ………………………………………………… 23

    22. 担子体白色，成熟后不带红色 ……………………………………………… 24

23. 担子体小、纤细，成熟后变砖红色，子实层囊状体壁通常大于 1μm …………………
……………………………………………… **红白丝盖伞原变型** *Inocybe whitei* f. *whitei*

23. 担子体中等大，相对粗壮，成熟后带红色至粉红色，子实层囊状体壁通常小于 1μm …………
…………………………………… **红白丝盖伞亚美尼亚变型** *Inocybe whitei* f. *armeniaca*

    24. 担子体白色，菌盖表面丝状光滑，菌柄基部带黄色，孢子顶部钝 …………………
…………………………………… **土味丝盖伞原变种** *Inocybe geophylla* var. *geophylla*

    24. 担子体白色至象牙白色，菌盖中部具平伏的灰白色鳞片，菌柄表面具光泽，基部不带黄色，
    孢子相对细长 ……………………………… **长孢土味丝盖伞** *Inocybe oblonga*

25. 菌盖黄色至橙黄色，表面被不明显的平伏鳞片，鳞片橙黄色，幼时菌盖边缘可见完好的膜状菌幕
残留，子实层囊状体梭形 ……………………… **垂幕丝盖伞** *Inocybe appendiculata*

25. 菌盖黄色至土黄色，幼时表面被一层灰白色菌幕，幼时菌盖边缘仅见丝膜状菌幕残留，子实层囊
状体纺锤形 ……………………………… **拟暗盖丝盖伞** *Inocybe phaeodiscoides*

    26. 菌盖表面纤维丝状、无鳞片或具不明显鳞片 ………………………………… 27

    26. 菌盖表面被明显鳞片 …………………………………………………………… 31

27. 子实层囊状体薄壁 ………………………………… **薄囊丝盖伞** *Inocybe leptocystis*

27. 子实层囊状体厚壁 ………………………………………………………………… 28

    28. 菌盖土黄色，柄生囊状体延伸至菌柄中部 …………… **沙地丝盖伞** *Inocybe pruinosa*

    28. 菌盖褐色至红褐色，柄生囊状体存在于菌柄上部 ………………………………… 29

29. 菌柄基部球形膨大 ………………………………… **甘肃丝盖伞** *Inocybe gansuensis*

29. 菌柄基部非球形膨大 ……………………………………………………………… 30

    30. 菌盖中央具小突起，菌柄中上部肉粉色，子实层囊状体长颈瓶形 ………………
………………………………………… **光帽丝盖伞** *Inocybe nitidiuscula*

    30. 菌盖无小突起，菌柄米黄色，子实层囊状体纺锤形 …………………………………
………………………………… **光滑丝盖伞近似种** *Inocybe* cf. *glabrescens*

31. 孢子近椭圆形至椭圆形 ……………………………………………………………… 32

31. 孢子近杏仁形 …………………………………………………………………… 36

    32. 孢子长椭圆形至细长形，有时带不明显的角 ………………………………… 33

    32. 孢子椭圆形至长椭圆形，红褐色 ……………… **暗红褐色丝盖伞** *Inocybe obscurobadia*

33. 子实层囊状体顶部锐，具小突起 …………………………………………………… 34

33. 子实层囊状体顶部无突起 …………………………………………………………… 35

    34. 菌盖中部具明显突起，淡褐色，表面被灰白色鳞片，生于高山带 …………………
…………………………………… **暗毛丝盖伞灰鳞变种** *Inocybe lacera* var. *rhacodes*

    34. 菌盖中部无突起，灰色至鼠灰色，生于阔叶林或针叶林内 …………………………
…………………………………… **暗毛丝盖伞原变种** *Inocybe lacera* var. *lacera*

尖顶丝盖伞　图 65

Inocybe acutata Takah. Kobay. & Nagas., Mycotaxon 48: 461 (1993)

菌盖直径 8–20mm，幼时锥形，后渐呈钟形至凸镜形，中央具明显尖锐的突起，菌盖边缘具条纹，幼时稍内卷，后下弯至伸展，具不明显的丝膜状菌幕残留；菌盖表面干，纤维丝状，褐色至深褐色或红褐色，干后褐色，突起处为乳白色至象牙白色，平滑，无鳞片，有时老后突起处具平伏鳞片。菌褶中等密，贴生，2–3mm 宽，幼时白色至污白色，成熟后淡褐色至褐色，褶缘非平滑、色淡。菌柄长 40–95mm，粗 10–20mm，等粗，细长圆柱形，有时螺旋状扭曲，基部膨大，褐色至深褐色，有时基部暗褐色，表面具灰白色纤维鳞片，顶部鳞片密集呈糠皮状。菌盖菌肉污白色，薄；菌柄菌肉纤维质，淡褐色。

担孢子 (9) 9.5–10.5×7.5–9 (9.5) μm，Q=1.1–1.25 (图版 XXI 28)，宽椭圆形至近球形，黄褐色，表面具丰富针刺状突起，小刺不分枝。担子 22–30×10–13μm，宽棒状，粗壮，具 4 个担子小梗，有时小梗粗壮，长达 7μm，无色至亮黄色，孢子弹射后担子常干瘪状。无侧生囊状体。缘生囊状体 25–32.5×10–15μm，薄壁、无色透明，棒状，顶部有时呈头状至亚头状。子实层菌髓菌丝近规则排列，淡棕色，由圆柱形至膨大的薄壁菌丝构成，薄壁至稍加厚，8–25μm。柄生薄囊体存于菌柄顶部，形态与缘生囊状体接近。菌盖表皮平伏型，近规则紧密排列，淡褐色至淡棕色，由圆柱形至膨大的菌丝构成，薄壁或壁稍厚，表面具被壳物质，直径 5–15μm。锁状联合存于所有组织。

生境：夏季生于栎树林中地上。

中国分布：安徽、江苏。

世界分布：亚洲。

研究标本：**安徽** HMJAU56857，合肥市四顶山，朱力扬，2020 年 7 月 6 日。**江苏** HMJAU56858，南京市紫金山灵谷寺，朱力扬，2020 年 7 月 26 日。

讨论：该种的主要特征是子实体小、纤弱，菌盖中央具明显尖锐的突起，突起处污白色，菌柄表面具灰白色鳞片；孢子近球形，具不分枝的针刺状突起，无侧生囊状体，缘生囊状体薄壁。该种与栎属植物共生，最初描述于日本，已知分布地包括日本和中国。与原始描述相比，缘生囊状体较小。此外，该种的褶侧薄囊体与原担子不容易区分，因此在本研究中没有对该特征单独描述。

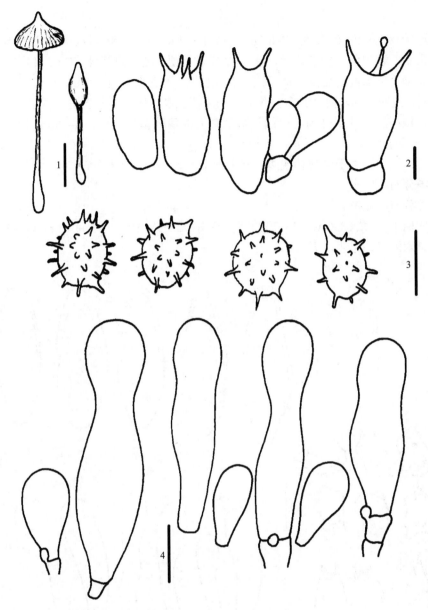

图 65　尖顶丝盖伞 *Inocybe acutata* Takah. Kobay. & Nagas.

1. 担子体 (basidiocarps)；2. 担子 (basidia)；3. 孢子 (basidiospores)；4. 缘生囊状体 (cheilocystidia)。

标尺：1=10mm；2–4=10μm

齿疣丝盖伞　图 66

Inocybe alienospora (Corner & E. Horak) Garrido, Biblthca Mycol. 120: 176 (1988)

　　担子体小。菌盖直径 8–15mm，幼时半球形至钟形，成熟后凸镜形，中央具钝突起或不明显，菌盖边缘下弯；菌盖表面干，纤维丝状，中央具平伏至稍翘起的鳞片，边缘平滑，幼时可见丝膜状菌幕残留，黄褐色至褐色，干后呈棕褐色。菌褶中等密，直生，淡黄色至暗褐色，褶缘色淡，1–2mm 宽。菌柄长 2–4cm，粗 1.5–3mm，等粗，中实，表面被从毛状鳞片，淡褐色至褐色。菌盖菌肉肉质，淡黄色，1–1.5mm；菌柄菌肉纤维质。

担孢子(8.5)9.0–10(10.5)×7–8.5μm，Q=1.3–1.4(图版 XX 24)，多角形带疣突，疣突呈弱齿状，黄褐色。担子棒状，具 4 个担子小梗。侧生囊状体 40–62×14–21μm，纺锤形，厚壁，顶部被结晶体，基部钝，少数缢缩。缘生囊状体 35–62×5–10μm，细长棒状，薄壁，透明，偶尔内部具黄褐色素。未见柄生囊状体。菌盖表皮平伏型，金黄色至金褐色，规则至近规则排列，由圆柱形至膨大的薄壁菌丝构成，8–15μm 宽。锁状联合存在于所有组织。

生境：夏季群生于混交林或阔叶林中地上。

中国分布：广东。

世界分布：亚洲。

研究标本：**广东** GDGM6623，广州市黄花岗，郑婉玲，1981 年 5 月 12 日；GDGM6356，广州市树木园，练忠明，无日期。

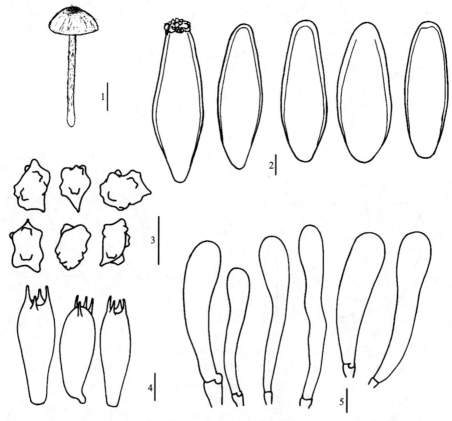

图 66　齿疣丝盖伞 *Inocybe alienospora*（Corner & E. Horak）Garrido（GDGM6623）

1. 担子体(basidiocarps)；2. 侧生囊状体(pleurocystidia)；3. 担孢子(basidiospores)；4. 担子(basidia)；5. 缘生囊状体
(cheilocystidia)。标尺：1=10mm；2–5=10μm

讨论：此种的主要特征是担子体小，菌盖表面被鳞片，孢子多角形呈弱齿状突起，侧生囊状体厚壁，缘生囊状体薄壁。与产自东南亚的 *I. lasseroides*、*I. alboviscida*（E. Horak）Garrido 具有相似的孢子特征，但前者孢子明显较大，后者菌柄表面被白粉状颗粒；描述于北美洲的 *I. multicoronata* A.H. Sm.具有相似的孢子特征，但其缘生囊状体为厚壁，可以区分。

垂幕丝盖伞　图 67
Inocybe appendiculata Kühner, Bull. Soc. Nat. Oyonnax 9 [Suppl.（Mém. hors sér. 1]: 4
　　（1955）

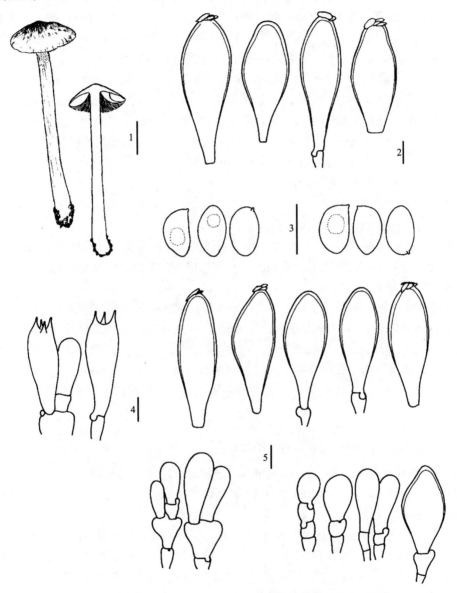

图 67　垂幕丝盖伞 *Inocybe appendiculata* Kühner（HMJAU26205）
1. 担子体（basidiocarps）；2. 侧生囊状体（pleurocystidia）；3. 担孢子（basidiospores）；4. 担子（basidia）；5. 缘生囊状体和
缘生薄囊体（cheilocystidia and paracystidia）。标尺：1= 10mm；2–5=10μm

　　菌盖直径 15–20mm，幼时锥形至钟形或半球形，成熟后斗笠形或凸镜形，盖中央具凸起，有时不明显，纤维丝状，边缘下垂、稍开裂，赭黄色，有时带土橙色，幼时边缘内卷，具丝膜状菌幕残留。菌褶密，直生，幼时淡灰色，成熟后带褐色，褶缘色淡，2–3mm 宽。菌柄长 30–52mm，粗 3–4mm，等粗，有时中下部渐粗，基部膨大，中实，草黄色至米黄色，顶部具不明显白霜状颗粒，向下渐为纤维丝状。菌肉味道不明显，菌盖菌肉肉质，2–3mm 宽，菌柄菌肉纤维质，白色，具光泽。

担孢子 (7.0) 7.5–9.0 (10.0) ×5.0–6.0μm，Q=1.4–1.6 (图版 XXIV 54)，椭圆形至近杏仁形，顶部稍锐，厚壁，黄褐色。担子 22–30×9–11μm，棒状，向基部渐窄，顶部钝至近平截，内部透明。侧生囊状体 34–55×11–19μm，梭形至棒状，顶部钝圆，被结晶体，基部多形成柄，偶尔平截，内部近透明，厚壁，壁厚 0.5–1 (1.5)μm。缘生囊状体 28–48×11–17μm，形态与侧生囊状体相似，内部透明，偶尔内部具有黄色内含物，发育初期壁薄。缘生薄囊体 9–25×10–14μm，薄壁，透明，多数棒状，少数宽棒状至倒卵形，有时成串。无柄生囊状体。菌柄表皮菌丝成簇，由不规则的油黄色菌丝和内部均一浑浊菌丝交织构成，延伸至菌柄下部。菌髓菌丝规则排列，无色至淡黄色，由稍膨大的薄壁菌丝构成，直径达 14μm。菌盖表皮平伏型，褐色，由不规则排列的圆柱形薄壁菌丝构成，淡黄色，直径 5–10μm。锁状联合存在于所有组织。

生境：秋季单生于阔叶林内地上。

中国分布：吉林、甘肃。

世界分布：亚洲、欧洲、北美洲。

研究标本：**吉林** HMJAU22760，延边朝鲜族自治州和龙市青山林场，图力古尔，2009 年 8 月 30 日。**甘肃** HMJAU26205，兰州市榆中县兴隆山自然保护区，图力古尔、范宇光，2012 年 8 月 22 日。

讨论：此种孢子椭圆形至近杏仁形，子实层囊状体壁稍加厚，梭形至细长形，菌柄顶部具白霜状颗粒，以上特征表明此种隶属于 sect. *Tardae*。此种与描述于日本的 *I. elliptica* Takah. Kobay. 十分相似，但后者的孢子形状细长，子实层囊状体仅顶端稍加厚。来自北美洲和欧洲的记载均表明此种具有柄生囊状体 (Kuyper 1986)，虽然在菌柄顶端仅十分有限地分布。本研究中的材料采自中国北方，菌柄顶部未观察到典型的柄生囊状体。

赭色丝盖伞　图 68，图版 XVI 121

Inocybe assimilata Britzelm., Ber. Naturhist. Augsburg 26: 137 (1881)

Astrosporina umbrina (Bres.) Rea, Persoonia 11 (1): 14 (1979)

Inocybe umbrina Bres., Fung. Trident. 1 (4–5): 50 (1884)

菌盖直径 15–20mm，幼时钟形至半球形，后呈斗笠形或平展，盖中央具明显钝状凸起，有时边缘上翻，深褐色至暗褐色，颜色均一，表面粗纤维丝状，细缝裂至边缘开裂，幼时边缘具菌幕残留。菌褶密，直生，初期乳白色，后橄榄灰色，成熟后呈淡褐色，褶缘色淡，近柄端狭，向盖缘端渐膨大，宽达 4mm。菌柄长 32–40mm，粗 2–3mm，等粗或向下稍粗，基部膨大至带边缘，膨大处可达 5mm，淡褐色至带淡肉色，中下部色渐淡，表面被灰白色纤维丝状菌幕残留，呈竖条纹，顶部具白霜状颗粒，中下部覆白色棉毛状菌丝，中实。菌肉味道不明显，菌盖菌肉肉质，白色，菌柄菌肉纤维质，具光泽，中上部白色至近白色，中下部带褐色或带肉色，基部膨大处白色，肉质，致密。

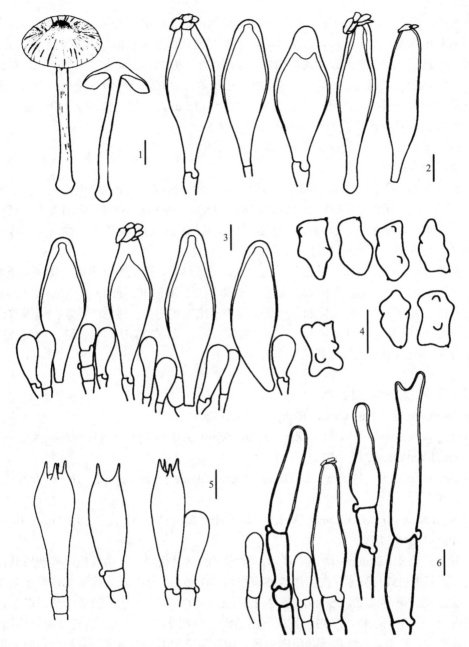

图 68　赭色丝盖伞 *Inocybe assimilata* Britzelm.（HMJAU26033）

1. 担子体（basidiocarps）；2. 侧生囊状体（pleurocystidia）；3. 缘生囊状体和缘生薄囊体（cheilocystidia and paracystidia）；4. 担孢子（basidiospores）；5. 担子（basidia）；6. 菌柄顶部末端细胞（cells of stipe apex）。标尺：1=10mm；2-6=10μm

　　担孢子(6.5)7.0–9.0(10.5)×(4.5)5.0–6.5μm，Q=1.1–1.8(图版 XX 20)，具不明显凸起，偶尔具明显突起，不规则矩形，淡褐色至褐色。担子 19–27×6–8μm，棒状，具 4个担子小梗，偶尔具 2 个担子小梗，小梗细长，可达 4μm，内部具黄色色素，但孢子弹射后不萎缩。侧生囊状体梭形至长纺锤形，顶部钝圆，基部渐缩小形成较长的柄，壁厚，达 0.5–1(2)μm，常于顶部明显加厚，可达 3–4μm，顶部被结晶体。缘生囊状体39–63×13–17μm，与侧生囊状体形态相似。缘生薄囊体 10–24×5–8μm，存在于缘生囊状体之间，薄壁，透明，丰富，细棒状至粗棒状，偶尔成串。未见柄生囊状体。菌柄顶部表面具厚壁菌丝，多分隔，末端菌丝与子实层囊状体形态相似，偶尔顶部具结晶。菌髓菌丝近透明，由膨大的薄壁菌丝构成，亚规则至不规则排列，有时菌丝细胞近球形膨大，直径达 25μm。菌盖表皮菌丝暗褐色，平伏型，亚规则至不规则排列，由圆柱形至膨大菌丝构成，表面光滑至具被壳物质，直径 5–15μm。锁状联合存在于所有组织。

生境：夏季或秋季散生于阔叶林或针叶林内。

中国分布：辽宁、河南、广东、四川、云南。

世界分布：亚洲、欧洲。

研究标本：**辽宁** HMJAU26033，本溪市老秃顶子国家级自然保护区，范宇光，2011 年 9 月 7 日。**河南** HMJAU26091、HMJAU26093、HMJAU26094，南阳市内乡县宝天曼自然保护区，范宇光，2012 年 7 月 27 日；HMJAU26101，南阳市内乡县宝天曼自然保护区，范宇光，2012 年 7 月 28 日。

讨论：此种的主要特征是菌盖纤维丝状，具细缝裂，褐色至深褐色，菌柄表面被一层纤维丝状菌幕残留，呈竖条纹；孢子呈不规则矩形。描述于欧洲的 *I. proximella* P. Karst. 与此种接近，但其菌盖中部突起常较锐，且孢子疣突更明显。赭色丝盖伞在中国曾记载分布于云南、西藏、四川和广东，但毕志树等(1994)给出的描述与来自欧洲的权威描述相差较大。因此应排除其记载的分布地。

薄褶丝盖伞　图 69，图版 IX 69-70

Inocybe casimiri Velen., České Houby 2: 369（1920）

Astrosporina casimiri（Velen.）Zerova, in Zerov & Peresipkin, Viznachnik Ukraïnǐ 5 Basidiomycetes: 346（1979）

Astrosporina casimiri（Velen.）E. Horak, Arctic Alpine Mycology, II（New York）: 223（1987）

Inocybe lanuginosa var. *casimiri*（Velen.）R. Heim, Encyclop. Mycol., 1 Le Genre Inocybe（Paris）: 365（1931）

菌盖直径 10–20mm，幼时半球形，被细密的刺毛状鳞片，褐黑色，成熟后菌盖渐平展，菌盖中央鳞片直立，向盖边缘逐渐平伏，深褐色，具蛛丝状菌幕或残留于菌盖边缘，易消失。菌柄长 28–35mm，粗 2–2.5mm，中实，上下等粗，菌幕残留处以上近白色带褐色，以下棉毛状，呈褐色且向下渐色深。菌褶幼时灰白色，后变淡褐色至褐色，直生或弯生，稍密，褶缘色淡。菌肉白色，菌盖菌肉肉质，近表皮处带褐色，菌柄菌肉稍纤维质，无特殊气味。

担孢子(9.0)10.0–12.5(14.5)×8.0–9.5(10.5)μm，Q=1.3–1.5(图版 XIX 16)，表面具 13–15 个小疣突，遇 5% 的 KOH 溶液呈淡褐色。担子棒状，向下不规则渐细，具 2 个或 4 个担子小梗，小梗长达 5.5μm，内部非透明，呈淡金绿色调，24–33×10–14μm。无侧生囊状体。缘生囊状体薄壁，头状至粗棒状或梭形，透明，29–48×11–15μm。缘生薄囊体梭形或近圆形，薄壁，透明，16–25×10–14μm。柄生囊状体仅生于菌柄顶部，近棒状，薄壁，末端细胞丰富，多厚壁，有时带褐色，37.5–50×10–13.5μm。缘生薄囊体未见。菌盖表皮由厚壁菌丝构成，带褐色，直径 5–18μm。锁状联合存在。

生境：秋季生于褐色腐朽的树桩上，通常腐朽程度较深。

中国分布：吉林、黑龙江、江苏、浙江、四川、云南、西藏。

世界分布：亚洲、欧洲、美洲。

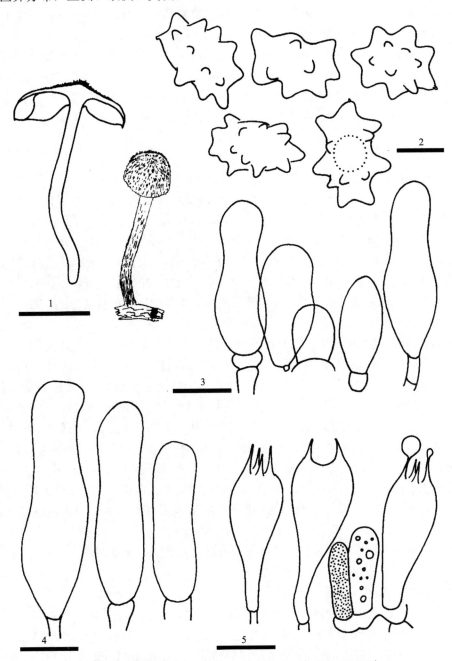

图 69　薄褶丝盖伞 *Inocybe casimiri* Velen.（HMJAU26697）

1. 担子体（basidiocarps）；2. 担孢子（basidiospores）；3. 缘生囊状体（cheilocystidia）；4. 柄生囊状体（caulocystidia）；5. 担子（basidia）。标尺：1=10mm；2=10μm；3–5=20μm

研究标本：**吉林** HMJAU26697，安图县二道白河镇，范宇光，2010 年 9 月 23 日；HMJAU25888，长白山自然保护区，范宇光，2010 年 9 月 11 日。**黑龙江** HMJAU25777，伊春市五营镇丰林自然保护区，图力古尔、范宇光，2010 年 7 月 28 日。**四川** HMAS51203，贡嘎山西坡，文华安、苏京军，1984 年 7 月 16 日。**西藏** HMAS53335，波密县易贡乡，卯晓岚，1982 年 10 月 8 日。

讨论：该种与 *I. lanuginosa* 接近，Heim（1931）将其组合为 *I. lanuginosa* 名下的一变种 var. *casimiri*。Stangl（1989）将 *I. leptophylla* G.F. Atk.和 *I. casimiri* 组合并将前者作为优先名称。Kobayashi（1993 2002）研究了 *I. casimiri* 的模式标本，未发现侧生囊状体，认为 *I. casimiri* 与 *I. leptophylla* 的区别在于前者无侧生囊状体，并主张将 *I. casimiri* 作为独立的种处理。本研究中观察到的标本与 Kobayashi（1993）报道的基本一致，因此作者支持将 *I. casimiri* 作为独立种的观点。

板栗丝盖伞　图 70

Inocybe castanea Peck, Bull. N.Y. St. Mus. 75: 16（1904）

担子体中等大。菌盖直径 15–32mm，幼时钟形，后呈半球形，中部具钝状凸起，表面纤维丝状，褐色至红褐色，颜色均一，边缘开裂，幼时边缘具白色细毛状菌幕残留，成熟后消失。菌褶密，直生至稍弯生，不等长，薄，幼时白色，后呈淡褐色至褐色，褶缘平滑，宽约 3mm。菌柄长 30–55mm，粗 2.5–4.5mm，圆柱形，中实，中生或稍偏生，等粗或基部稍粗，顶部具白色粉状颗粒，向下渐不明显，中部以下纤维状，米黄色至淡褐色，菌柄基部可见绒毛状菌丝。菌肉气味不明，菌盖菌肉白色至奶油色，肉质；菌柄菌肉纤维质，淡黄色至淡褐色。

担孢子 7.0–8.0×5.0–5.5μm，Q=1.4–1.5，具 5–7 个疣突，顶部具明显突起，褐色。担子 22–28×8–10μm，棒状，内部具气泡状内含物或透明，具 4 个担子小梗。侧生囊状体 58–75×12–17μm，壁厚 2–4μm，无色至淡黄色，长颈瓶形，偶尔呈细长形或纺锤形，顶部渐锐，被结晶，基部钝至钝圆，多数无柄，内部清澈透明。缘生囊状体 52–73×13–17μm，与侧生囊状体相似。缘生薄囊体 15–25×10–15μm，薄壁，透明，棒状至宽棒状。柄生囊状体 42–72×12–16μm，生于菌柄顶部，可延伸至菌柄 1/3–1/2 处，顶部丰富，向下渐稀疏，长颈烧瓶形至细长囊状，有时形态不规则，壁厚 2–3μm。菌髓菌丝无色至淡黄色，规则排列，由薄壁的圆柱形至膨大菌丝构成。菌盖表皮平伏型，深褐色，近规则排列，由光滑至稍粗糙的圆柱形菌丝构成，直径 2–10μm。锁状联合存在。

生境：夏季至秋季生于云杉、落叶松等针叶林内地上，土质肥沃。

中国分布：内蒙古。

世界分布：亚洲、欧洲。

研究标本：**内蒙古** HMJAU36995，莫尔道嘎白鹿岛，图力古尔，2013 年 8 月 11日；HMJAU36844，呼伦贝尔根河市满归，图力古尔，2014 年 7 月 12 日；HMJAU36843，呼伦贝尔根河市满归南山，图力古尔，2014 年 8 月 6 日；HMJAU36861、HMJAU36867，呼伦贝尔满归伊克萨玛国家森林公园，图力古尔，2013 年 7 月 10 日；HMJAU36874，呼伦贝尔莫尔道嘎白鹿岛，图力古尔，2013 年 8 月 11 日；HMJAU36907，呼伦贝尔雅克石市图里河与伊图里河交界处，图力古尔，2014 年 9 月 1 日；HMJAU36873，克什克腾旗白音敖包国家级自然保护区，图力古尔，2013 年 8 月 2 日。

讨论：丝盖伞具有的结晶囊状体在 5%的 KOH 溶液中很容易分解，而该种子实层囊状体顶部结晶分解之后仍残留有细小结晶状残留，此特征十分稳定，是该种识别的重要信息。采自中国东北的材料与欧洲的材料在孢子形态、大小，囊状体形态等方面的吻合度较高。

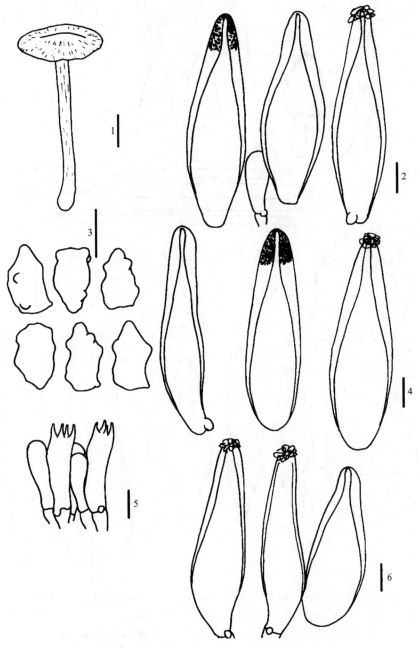

图 70　板栗丝盖伞 *Inocybe castanea* Peck（HMJAU36995）

1. 担子体（basidiocarp）；2. 缘生囊状体（cheilocystidia）；3. 担孢子（basidiospores）；4. 侧生囊状体（pleurocystidia）；5. 担子（basidia）；6. 柄生囊状体（caulocystidia）。标尺：1=10mm；2-6=10μm

光滑丝盖伞近似种　图 71，图版 XII 93-94
Inocybe cf. **glabrescens** Velen., České Houby 2: 373（1920）

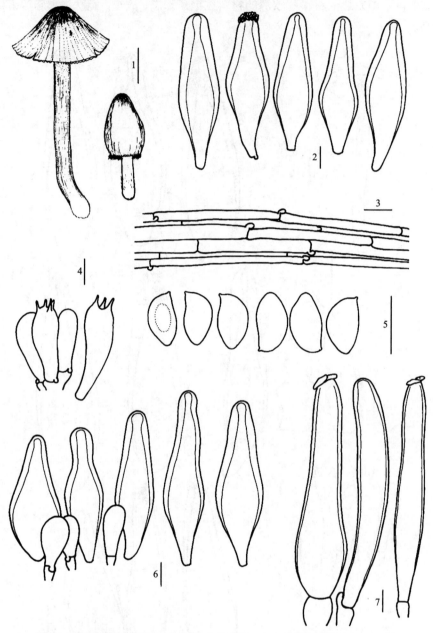

图 71　光滑丝盖伞近似种 *Inocybe* cf. *glabrescens* Velen.（HMJAU26020）
1. 担子体（basidiocarps）；2. 侧生囊状体（pleurocystidia）；3. 菌盖表皮（pileipellis）；4. 担子（basidia）；5. 担孢子
（basidiospores）；6.缘生囊状体（cheilocystidia）；7. 柄生囊状体（caulocystidia）。

标尺：1=10mm；2-7=10μm

　　担子体中等大。菌盖直径 25–30mm，幼时钟形，后呈半球形，中部较平，无突起，表面纤维丝状，米黄色至草黄色，中部淡褐色，边缘色较淡，具开裂，幼时边缘具白色细毛状菌幕残留，成熟后消失。菌褶密，直生或弯生，不等长，薄，幼时白色，后呈象牙白色，褶缘非平滑，呈细小齿状，宽达 3mm。菌柄长 50–70mm，粗 6–7mm，圆柱形，中实或常虫蛀，等粗或基部稍粗，顶部具白色粉状颗粒，向下渐不明显，呈竖条纹、近光滑，污白色至乳白色，幼时菌柄下部可见白色绒毛状菌丝。菌肉无明显气味，菌盖菌肉白色，肉质，近表皮处带褐色；菌柄菌肉纤维质，淡肉色或半透明状。

担孢子 (8.0) 8.5–9.5×4.5–5.5μm，Q=1.6–1.9（图版 XXV 57），杏仁形，顶部稍锐，褐色，光滑。担子 24–29×8–10μm，棒状，内部非透明，具气泡状内含物，具 4 个担子小梗，小梗细弱。侧生囊状体 47–70×13–16μm，壁厚 2–3μm，亮黄色，长颈瓶形或一侧膨大，偶尔呈细长形或纺锤形，顶部被结晶，基部渐细，多形成小柄，内部清澈透明。缘生囊状体 36–75×11–15μm，与侧生囊状体相似，但形态多变。缘生薄囊体 17–24×9–14μm，丰富，薄壁，非透明，内部均一浑浊，棒状至宽棒状，偶尔呈卵圆形。柄生囊状体 78–97×10–15μm，生于菌柄顶部，可延伸至菌柄 1/3–1/2 处，顶部丰富，向下渐稀疏，长颈烧瓶形至细长囊状，有时形态不规则，壁厚 1–2μm。菌髓菌丝无色至淡黄色，近规则排列，由薄壁的圆柱形至膨大菌丝构成。菌盖表皮平伏型，深褐色，近规则排列，由光滑至稍粗糙的圆柱形菌丝构成，直径 4–10μm。锁状联合存在于所有组织。

生境：秋季生于阔叶混交林或针叶林内地上，土质肥沃。

中国分布：辽宁、青海。

世界分布：亚洲、欧洲。

研究标本：**辽宁** HMJAU26020、HMJAU26021，本溪市关门山风景区附近，范宇光，2011 年 9 月 6 日。**青海** HMJAU36893，海北藏族自治州祁连县手爬崖，图力古尔，2014 年 7 月 20 日；HMJAU36828，西宁市互助县巴扎旗乡，图力古尔，2014 年 7 月 17 日。

讨论：此种的主要特征是担子体中等大，幼时菌盖边缘具白色绒毛状菌幕残留，盖中央钝、无突起，孢子杏仁形、较小，柄生囊状体分布于菌柄表面 1/3–1/2 处，且与子实层囊状体形态差异较大。以上特征表明此种隶属于 sect. *Tardae*，但此组内并没有与之相近的种类。值得注意的是，除菌柄表面特征差异之外，此种与描述于欧洲的 *I. glabrescens* 极为接近，虽然后者菌柄表面全部覆盖有白色霜状颗粒，但根据 Kuyper（1986）的描述，白色霜状颗粒仅在上部较为明显，这一点与此种的情况较为一致。虽然中国的材料采自于阔叶林下，而欧洲的材料生于针叶林下，但从显微特征上看，此种与 *I. glabrescens* 在孢子、子实层囊状体及柄生囊状体方面均极为接近。

卷鳞丝盖伞原变种　图 72，图版 XII 91

Inocybe cincinnata var. **cincinnata** (Fr.) Quél., Mém. Soc. Émul. Montbéliard, Sér. 2, 5: 179 (1872)

Agaricus cincinnatus Fr., Syst. Mycol. (Lundae) 1: 256 (1821)

Agaricus phaeocomis Pers., Mycol. Eur. (Erlanga) 3: 192 (1828)

Inocybe cincinnatula Kühner, Bull. Soc. Nat. Oyonnax 9 (Suppl. (Mém. hors sér. 1)): 4 (1955)

Inocybe conformata P. Karst., Bidr. Känn. Finl. Nat. Folk 48: 465 (1889)

Inocybe phaeocomis (Pers.) Kuyper, Persoonia, Suppl. 3: 138（1986）

　　菌盖直径 8–15mm，幼时钟形，后呈半球形至平展，灰褐色，表面被淡褐色鳞片，中部鳞片反卷，向边缘渐平伏，幼时边缘内卷，后伸展，盖中央有时具不明显的突起，幼时盖缘可见菌幕残留。菌褶直生，幼时带淡紫色，后变为灰褐色至褐色，褶缘色淡，2–3mm 宽。菌柄长 20–30mm，粗 1.5–3mm，等粗，中实，上部淡紫罗兰色，光滑，被灰白色的纤维丝膜，中下部紫罗兰色渐淡，被褐色鳞片。菌盖菌肉薄，淡肉色，菌柄上部菌肉淡紫色至灰紫色，下部渐色淡至白色，气味不明显。

　　担孢子(8.0) 8.5–9.5 (10.5)×5.0–6.0μm，Q=1.5–1.9（图版 XXV 58），近杏仁形，黄褐色，光滑。担子 24–29×7.5–10μm，棒状，内部具气泡状内含物，具 4 个担子小梗。侧生囊状体 63–81×10–17μm，厚壁，颈部细长，中下部膨大，顶部钝圆，被结晶体，基部具小柄，有些内部具褐色内含物。缘生囊状体 51–76×11–17μm，与侧生囊状体形态相似，丰富，有些形态不规则。缘生薄囊体 12–20×7–11μm，椭圆形至卵圆形，薄壁，透明。柄生囊状体未见，菌柄顶部具有形态不规则的厚壁菌丝，有的与囊状体形态类似。菌盖表皮菌丝平伏至稍翘起，褐色，分两层，上层由厚壁菌丝构成，直径 10–24μm，壁光滑，黄色，菌丝细胞短，有的甚至呈亚球形，下层由被壳菌丝构成，表面粗糙。锁状联合存在于所有组织。

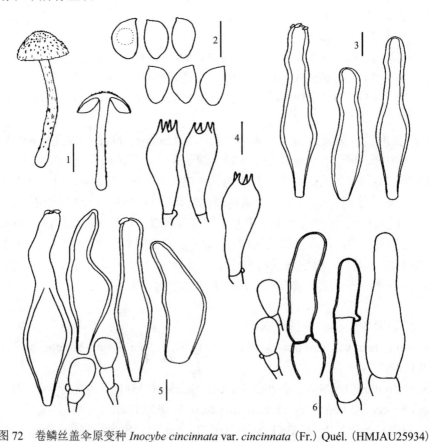

图 72　卷鳞丝盖伞原变种 *Inocybe cincinnata* var. *cincinnata* (Fr.) Quél. (HMJAU25934)

1. 担子体 (basidiocarps)；2. 担孢子 (basidiospores)；3. 担子 (basidia)；4. 侧生囊状体 (pleurocystidia)；5. 缘生囊状体和缘生薄囊体 (cheilocystidia and paracystidia)；6. 菌柄顶部末端细胞 (cells of stipe apex)。标尺：1=10mm；2–6=10μm

生境：夏季散生于阔叶林地上。

中国分布：四川、青海、台湾。

世界分布：亚洲、欧洲。

研究标本：**四川** HMJAU25934，凉山彝族自治州冕宁县，图力古尔、范宇光，2011 年 7 月 21 日。

讨论：此变种的主要特征为担子体小，表面被翘起至反卷的鳞片，菌盖及菌柄中上部明显带紫丁香色，褶缘带褐色。与 var. *major* 的主要区别为担子体较小，孢子顶端相对钝，子实层囊状体具黄褐色内含物。来自于欧洲的记载认为此种的褶缘带褐色，缘生薄囊体褐色(HMAS80591)，但一些材料褶缘为近白色，缘生薄囊体无色。本研究中的材料属于后一种情况。

卷鳞丝盖伞大果变种　　图 73，图版 XII 92

Inocybe cincinnata var. **major** (S. Petersen) Kuyper, Z. Mykol. 55(1): 114 (1989)

Inocybe obscura var. *major* S. Petersen, Danske Agaricaceer: 329 (1911)

Inocybe phaeocomis var. *major* (S. Petersen) Kuyper, Persoonia, Suppl. 3: 140 (1986)

Inocybe obscuroides P.D. Orton, Trans. Br. Mycol. Soc. 43(2): 276 (1960)

菌盖直径 20–25mm，幼时钟形，后逐渐平展至上翻，褐色，表面被细密的褐色鳞片，中部鳞片稍翘起，向边缘鳞片渐平伏，菌盖中部有不明显的凸起。菌褶稀疏，幼时带紫色，成熟后逐渐变为灰褐色，宽达 3mm，直生，褶缘与褶面同色。菌柄等粗或向基部稍粗，长 45–60mm，粗 1.8–2.0mm，有时基部膨大，菌柄顶部带淡紫罗兰色，中下部不明显，表面被纤维状、褐色菌幕残留，中实。菌盖菌肉肉质，白色，1–2mm 厚，菌柄菌肉近表皮处褐色，中部白色，纤维质。

担孢子 8.5–10 (11.5)×5.0–6.0μm，Q=1.6–1.9(图版 XXV 59)，近杏仁形，顶部锐，黄褐色，光滑。担子 27–34×9–11μm，棒状，内部具气泡状内含物，具 4 个担子小梗。侧生囊状体 68–100×12–19μm，厚壁，细长，下部膨大，顶部钝圆，被结晶体，基部具小柄，内部浑浊，无褐色内含物。缘生囊状体 66–84×12–21μm，与侧生囊状体形态相似，较少。缘生薄囊体 22–31×12–20μm，亚球形至倒卵形，薄壁，透明。柄生囊状体 56–66×14–21μm，仅存在于菌柄极顶部，与缘生囊状体形态相似。柄生薄囊体 20–29×15–21μm，椭圆形至卵圆形，透明，薄壁。菌髓组织淡黄色，菌丝亚规则排列，由圆柱形至膨大菌丝细胞构成，直径 10–27μm。菌盖表皮菌丝平伏至稍翘起，褐色，由被壳菌丝构成，表面粗糙，常被结晶颗粒，直径 8–17μm。锁状联合存在于所有组织。

生境：夏季散生于阔叶林中地上，土质肥沃疏松。

中国分布：云南、西藏。

世界分布：亚洲、欧洲。

研究标本：**云南** HMJAU25958，昆明市野鸭湖，图力古尔、范宇光，2011 年 7 月 27 日。**西藏** HMAS53449，墨脱县，卯晓岚，1982 年 8 月 16 日。

讨论：此种的主要特点是菌褶幼时和菌柄上部带明显紫色，菌褶较稀疏，孢子顶部锐，子实层囊状体细长。卷鳞丝盖伞原变种 *I. cincinnata* var. *cincinnata* 与此种在宏观和微观形态上十分接近，但前者担子体小，子实层囊状体具有褐色内含物。从卯晓岚

（2000）的记载"菌盖 1–3cm……"，可以推断其很可能是 *I. cincinnata* var. *major*，但对其生境的记录是针叶林下，此记载与欧洲及本研究的生境有所差异，因此无法判断其准确性。

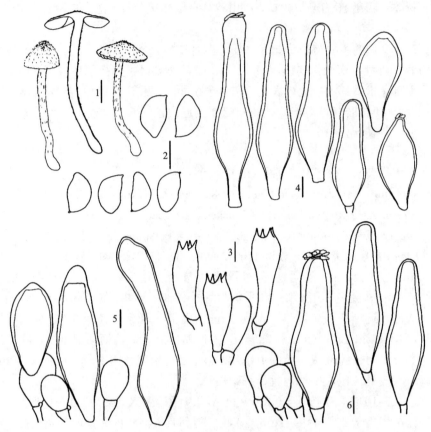

图 73　卷鳞丝盖伞大果变种 *Inocybe cincinnata* var. *major*（S. Petersen）Kuyper（HMJAU25958）

1. 担子体(basidiocarps)；2. 担孢子(basidiospores)；3. 担子(basidia)；4. 侧生囊状体(pleurocystidia)；5.缘生囊状体和缘生薄囊体(cheilocystidia and paracystidia)；6. 柄生囊状体和柄生薄囊体(caulocystidia and cauloparacystidia)。

标尺：1=10mm；2–6=10μm

绿褐丝盖伞　图 74

Inocybe corydalina Quél., Mém. Soc. Émul. Montbéliard, Sér. 25: 543（1875）

Agaricus corydalinus（Quél.）Pat., Tab. Analyt. Fung.（Paris）(6)：23（1886）

　　菌盖直径 26–45mm，幼时钟形，后呈凸镜形至平展，菌盖中央具钝状凸起，菌盖边缘长于菌褶，表面具平伏鳞片，纤维丝状，灰褐色至褐色，有时赭褐色，中央具墨绿色，向边缘渐淡，有时不明显。菌褶直生，很密，薄，幼时白色至灰白色，成熟后带褐色，褶缘微锯齿状，色淡。菌柄长 60–95mm，粗 4–6mm，等粗，基部稍膨大，直径可达 7–8mm，中实，灰色至暗灰色，顶部具不明显的白色至灰白色纤维鳞片，向下为纤维丝状，具纵条纹，常呈螺旋状，中部或中下部呈暗绿色或墨绿色，有时不明显，基部被灰白色绒毛状菌丝。菌肉具明显香味，似稍腐烂的梨香味。菌盖菌肉肉质，白色至污白色，4–6mm 厚，菌柄菌肉纤维质，近白色，近表皮处带淡肉褐色。

担孢子 8.0–10.0(10.5)×5.0–6.0μm，Q=1.5–1.8（图版 XXIII 47），椭圆形至苦杏仁形，顶部钝或稍锐，黄色至黄褐色，光滑。担子 20–30×8–10μm，棒状，具 4 个担子小梗，小梗长达 5μm。侧生囊状体 40–65×12–17μm，细长形至长梭形，厚壁或不明显，0.5–1(2)μm，顶部被结晶体、钝，基部常渐细，形成较长的柄，有时基部钝。缘生囊状体 60–82×11–18μm，与侧生囊状体形态相似，细长形者居多。缘生薄囊体 18–28×

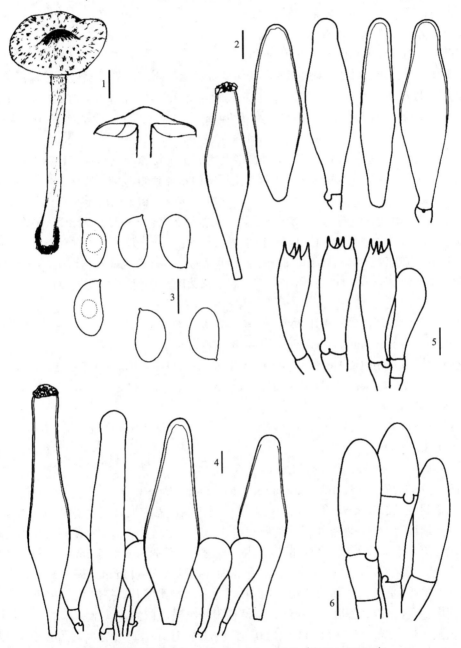

图 74　绿褐丝盖伞 *Inocybe corydalina* Quél.（HMJAU26698）

1. 担子体(basidiocarps)；2. 侧生囊状体(pleurocystidia)；3. 担孢子(basidiospores)；4. 缘生囊状体和缘生薄囊体
(cheilocystidia and paracystidia)；5. 担子(basidia)；6. 柄生囊状体和柄生薄囊体(caulocystidia and cauloparacystidia)。

标尺：1=10mm；2–6=10μm

10–12μm，多数梨形至亚球形，具较长的柄，偶尔宽棒状，薄壁，透明，丰富。无柄生囊状体。菌柄顶端具簇生的未分化菌丝，薄壁，近透明，分隔，末端细胞 27–48×7–15μm。菌褶菌髓规则排列，由透明至黄褐色的薄壁菌丝构成，直径 12–18μm。菌盖表皮平伏型，淡绿色，不规则排列，由黄绿色的薄壁菌丝构成，直径 3–6μm。锁状联合存在于所有组织。

生境：散生于阔叶红松混交林地上。

中国分布：黑龙江、吉林。

世界分布：亚洲、欧洲、北美洲。

研究标本：**吉林** HMJAU26698，延边朝鲜族自治州安图县二道白河镇，范宇光，2012 年 9 月 6 日；HMJAU26672，二道白河镇第一漂流，郭秋霞，2012 年 8 月 19 日；HMAS221332，安图县二道白河镇，海拔 744m，孙翔、郑勇、李国杰，2009 年 8 月 11 日。

讨论：菌盖及菌柄的淡绿色调，极密的菌褶和菌肉特殊的气味是该种的主要识别特征。此外，子实层囊状体薄壁或稍加厚、无柄生囊状体使得该种更易区别。描述于欧洲的种 *I. coelestium* Kuyper 与此种接近，该种担子体菌盖和菌柄同样具有绿色至墨绿色调，且菌肉具有同样气味，Kuyper 将这种气味描述为 "peruvian balsam"（秘鲁胶树），但相对而言，该种的担子体较小，子实层囊状体为明显厚壁，可以与绿褐丝盖伞区分。

此种在我国仅记载黑龙江省有分布，本研究的材料采自吉林省长白山，目前仅得到一份新鲜标本，与欧洲的材料相比，尚未观察到菌肉有任何变红色的特性。

弯柄丝盖伞　图 75，图版 VII 49-50

Inocybe curvipes P. Karst., Hedwigia 29: 176（1890）

Astrosporina boltonii（R. Heim）A. Pearson, Trans. Br. Mycol. Soc. 26（1–2）: 46（1943）

Inocybe boltonii R. Heim [as 'boltoni'], Encyclop. Mycol., 1 Le Genre Inocybe（Paris）: 345 bis（1931）

Inocybe curvipes var. *globocystis*（Velen.）Bon, Docums Mycol. 28（nos 109–110）: 10（1998）

Inocybe globocystis Velen., České Houby 2: 368（1920）

Inocybe lanuginella（J. Schröt.）Konrad & Maubl., Icon. Select. Fung. 6: 137（1937）

菌盖直径 22–36mm，幼时锥形，成熟后渐平展，盖中央具明显的突起，突起处烟褐色，向边缘渐淡，表面被平伏的辐射状鳞片，老后边缘开裂，幼时菌盖边缘内卷，成熟后渐伸展，老后反卷或上翻。菌褶直生，较密，不等长，宽达 3.5mm，幼时灰白色、带橄榄色，成熟后褐色，褶缘非平滑，色稍淡。菌柄长 35–45mm，宽 3–5mm，等粗，多弯曲，烟褐色，顶部和基部色淡，表面被绒毛状小纤维鳞片，基部有白色菌丝，中实。菌盖菌肉白色，突起处菌肉厚 3mm，菌柄菌肉纤维质，白色，淡土腥味。

担孢子炮弹型，（8.0）9.0–11.5（12.0）×5.0–6.0（6.5）μm，Q=1.7–1.9（图版 XX 22），具明显至不明显的突起，孢子小尖明显，淡褐色。担子 17–27×8.5–11.5μm，棒状至短棒状，向下渐细或近等粗，具 4 个担子小梗，偶尔具 2 个担子小梗，内部近透明或具气泡状物。侧生囊状体 41–63×21–26μm，壁厚，达 1–2μm，宽纺锤形至亚球形，顶部尖或具小突起，被少量结晶体，基部渐细，多数形成小柄，内部透明，内壁边缘常具黄色不规则内含物。缘生囊状体与侧生囊状体形态接近，39–53×17–24μm。缘生薄囊体14–18×9–12μm，倒卵形至宽椭圆形，薄壁，透明。柄生囊状体和柄生薄囊体未见。菌髓菌丝亚规则排列，带黄色，由膨大的薄壁菌丝构成，直径 15–47μm。菌盖表皮平伏型，红褐色，由粗糙的膨大菌丝构成，亚规则排列，褐色，直径 3–20μm。锁状联合存在于所有组织。

生境：夏季单生或散生于林内地上或林缘路边，与杨属（*Populus*）、柳属（*Salix*）或落叶松属（*Larix*）关系密切。

中国分布：内蒙古、吉林、黑龙江、西藏。

世界分布：亚洲、欧洲、北美洲、非洲、大洋洲。

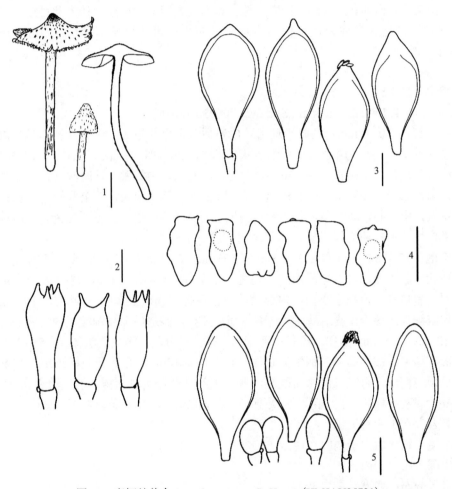

图 75　弯柄丝盖伞 *Inocybe curvipes* P. Karst.（HMJAU25721）

1. 担子体（basidiocarps）；2.担子（basidia）；3.侧生囊状体（pleurocystidia）；4.担孢子（basidiospores）；5.缘生囊状体与缘生薄囊体（cheilocystidia and paracystidia）。标尺：1=10mm；2–5=10μm

研究标本：**吉林** HMJAU25710，延边朝鲜族自治州安图县二道白河，范宇光，2010年 7 月 10 日；HMJAU25741，延边朝鲜族自治州安图县二道白河，范宇光，2010 年 7 月 15 日；HMJAU25721，延边朝鲜族自治州安图县二道白河，范宇光，2010 年 7 月 12

日；HMJAU26060，长春市吉林农业大学校园，范宇光，2012 年 6 月 9 日；HMJAU26577，长春市吉林农业大学校园，郭秋霞，2012 年 8 月 3 日；HMJAU26629，白石山林业局漂河林场，图力古尔、郭秋霞，2012 年 7 月 26 日。**内蒙古** HMJAU0830，通辽市大青沟自然保护区，图力古尔，1997 年 7 月 15 日。俄罗斯：HMJAU3207，Khaka，图力古尔，2003 年 8 月 9 日。

讨论：此种的主要特征是菌盖表面被平伏的烟灰色鳞片，菌柄中空，孢子炮弹型，子实层囊状体宽纺锤形，顶部锐，无柄生囊状体。以上特征表明此种隶属于 sect. *Inocybe*，宏观上菌盖表面及菌柄表面特征与 *I. lanuginosa* 相近，但后者担子体颜色更深，孢子形态明显不同。近期的分子系统学研究表明 *I. curvipes* 与 *I. lacera* 关系密切（Kropp and Matheny 2004），它们的子实层囊状体顶端特征的确十分接近。此种被记载于欧洲、北美洲、南美洲、南非、大洋洲、日本等地，其中澳大利亚的记载中认为此种很可能是由引入树种一同迁入，并推测其他南半球的分布也很可能属于这种情况（Bougher and Matheny 2011）。

高丝盖伞　图 76

Inocybe elata T. Bau, in Liu *et al.*, Sydowia 70: 236（2018）

菌盖直径 7.0–18mm，幼时半球形，成熟后锥形至斗笠形，中央具钝凸起，周围表面具翘起的细小鳞片，菌盖边缘纤维丝状，有时开裂，幼时栗褐色，成熟后凸起处褐色，向边缘颜色渐浅。菌褶宽 1.3–1.5mm，弯生，不等长，中等密，幼时浅褐色，长大后土黄色。菌柄长 80–110mm，粗 1.5–2.0mm，圆柱形，基部膨大，整个菌柄表面被白色粉末状颗粒，中实心，幼时栗褐色，老后菌柄 2/3 以上赭褐色，以下栗褐色。菌盖菌肉肉质，米白色，菌柄菌肉纤维质，基部菌肉肉质，米白色。

担孢子（7.3）8.0–10.0（11.2）×7.3–9.0（9.7）μm，Q=1.0–1.3，近球形至椭圆形，具明显长柱状突起，内部含近球形油滴，褐色。担子 34–43×12–15μm，宽棒状，具 4 个担子小梗，偶尔具 2 个担子小梗，内部具淡黄色内含物。缘生囊状体 46–58×10–16μm，纺锤形或细长纺锤形，被结晶体，基部缢缩形成柄，偶尔颈部被颗粒状内含物。缘生薄囊体 12–26×7–14μm，薄壁，棒状或亚球形，基部多分隔。侧生囊状体 41–58×9–14μm，纺锤形，厚壁，被结晶体。柄生囊状体 51–73×11–17μm，存在于菌柄顶部，细长纺锤形或长颈烧瓶形，有时一侧膨大鼓起，偶尔颈部具颗粒状内含物。柄生薄囊体 19–34×7–12μm，薄壁，棒状。盖皮菌丝平伏型，由薄壁的粗糙的膨大菌丝构成，直径 8–18μm。锁状联合存在于所有组织。

生境：秋季散生于阔叶林内沙土。

中国分布：云南。

世界分布：亚洲。

标本：**云南** HMJAU37797（holotype）、HMJAU37798，南华县云台山，图力古尔、盖宇鹏、颜俊清，2016 年 8 月 11 日。

讨论：本种的主要特征是菌盖表面凸起处周围表面具翘起的细小鳞片，菌盖边缘纤维丝状，有时开裂，具有细长菌柄，被白色粉末状颗粒，菌柄 2/3 以下颜色深，基部膨大。担孢子具明显长柱状凸起，褐色，内部含近球形油滴，柄生囊状体仅生于菌柄顶部，细长纺锤形至长颈烧瓶形，偶尔颈部被颗粒状内含物。以上特征表明此种隶属于丝盖伞亚属 subg. *Inocybe*。其中本亚属内的 *I. calospora* Quél. 具有接近的显微结构特征，但 *I. calospora* 担孢子红褐色，具相对规则排列的较小疣突，而且菌柄相对较短，菌盖表面具翘起的鳞片。菌柄较长是此种最好的识别特征。此外，在宏观上接近描述于日本的 *I. numerosigibba* Takah. Kobay.、*I. kobayasii* Hongo、*I. subcarpta* Kühner & Boursier、*I. fibrosa*（Sowerby）Gillet、*I. fibrosoides* Kühner 和 *I. pseudohiulca* Kühner，但是 *I. numerosigibba* 和 *I. fibrosoides* 菌盖表面光滑，其余几个形态特征明显不同。

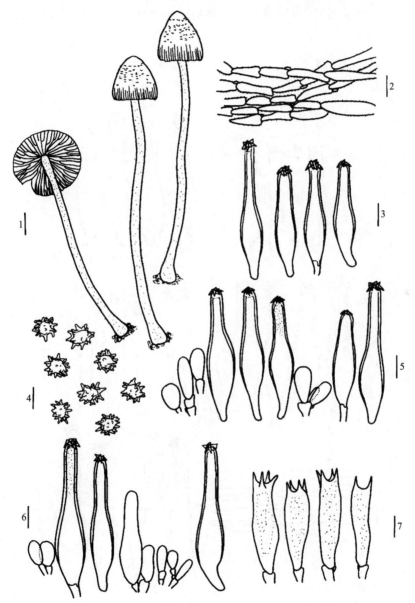

图 76 高丝盖伞 *Inocybe elata* T. Bau, in Liu *et al.*（HMJAU37797）

1. 担子体（basidiocarps）；2. 菌盖表皮（pileipellis）；3. 侧生囊状体（pleurocystidia）；4. 担孢子（basidiospores）；5. 缘生囊状体和缘生薄囊体（cheilocystidia and paracystidia）；6. 柄生囊状体和柄生薄囊体（caulocystidia and cauloparacystidia）；7. 担子（basidia）。标尺：1=10mm；2~7=10μm

鳞毛丝盖伞 图 77

Inocybe flocculosa Sacc., Syll. Fung.（Abellini）5: 768（1887）

Agaricus flocculosus Berk., in Smith, Engl. Fl., Fungi（Edn 2）（London）5（2）: 97（1836）

　　菌盖直径 14–47mm，幼时钟形至斗笠形，成熟后半球形至平展，老后深开裂，边缘上翻，中央钝突起，周围表面被平伏丛毛，偶尔稍翘起，土黄色至深赭褐色，向边缘色渐淡。菌褶宽 2–5mm，直生，中等密，不等长，幼时灰白色，后变深土黄色。菌柄长 21–64mm，粗 2–6mm，等粗，基部球形膨大，中实，表面被白色粉末状颗粒，米白色至淡土黄色。菌盖菌肉肉质，灰白色，菌柄菌肉纤维质，米白色，基部膨大处肉质，白色。

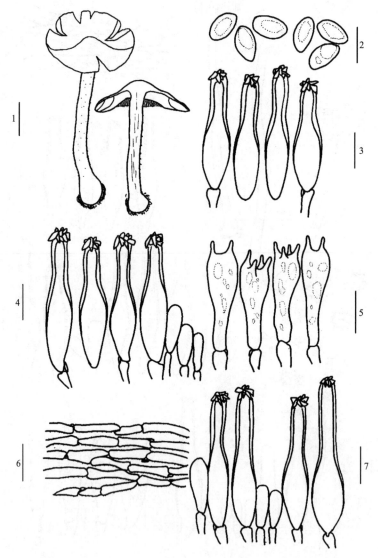

图 77　鳞毛丝盖伞 *Inocybe flocculosa* Sacc.（HMJAU37800）

1. 担子体（basidiocarps）；2. 担孢子（basidiospores）；3. 侧生囊状体（pleurocystidia）；4. 缘生囊状体和缘生薄囊体（cheilocystidia and paracystidia）；5. 担子（basidia）；6. 菌盖表皮（pileipellis）；7. 柄生囊状体和柄生薄囊体（caulocystidia and cauloparacystidia）。标尺：1=10mm；2–7=10μm

担孢子 (6.8) 7.0–8.3×(4.1) 4.3–5.3 (5.8) μm，Q=1.4–1.6，椭圆形至近杏仁形，黄褐色。担子 21–34×9–13μm，棒状，内部具油滴或气泡状物质，具 4 个或 2 个担子小梗。缘生囊状体 63–81×12–17μm，厚壁，纺锤形至长纺锤形，顶部被大量结晶体，基部形成柄，有时钝，内部近透明。缘生薄囊体 12–27×8–11μm，薄壁，棒状，极少。侧生囊状体 51–83×12–16μm，厚壁，纺锤形至细长纺锤形，顶部被结晶，基部多数平截至钝。柄生囊状体 61–83×11–16μm，存在于整个菌柄，厚壁，纺锤形至细长纺锤形或至长颈瓶状。柄生薄囊体 14–32×9–14μm，透明，棒状至细长棒状。菌盖表皮平伏型，直径 4–15μm，由表面非平滑的圆柱形菌丝构成，土黄色。锁状联合存在于所有组织。

生境：夏季、秋季群生于混交林、樟子松林内地上。

中国分布：吉林、内蒙古、青海。

世界分布：亚洲、欧洲。

标本：**吉林** HMJAU37800，长春市净月潭公园，乌日汗，2016 年 9 月 14 日；HMJAU37801，吉林农业大学校园，乌日汗，2016 年 7 月 14 日；HMJAU37818，二道白河老山门，乌日汗，2017 年 7 月 27 日。**内蒙古** HMJAU26273，白音敖包国家级自然保护区，木兰，2013 年 8 月 26 日；HMJAU36872，克什克腾旗黄岗梁林场，图力古尔，2013 年 8 月 1 日。**青海** HMJAU36826，西宁市互助县巴扎旗乡，图力古尔，2014 年 7 月 17 日。

讨论：本种的主要特征是菌盖表面钝突起处周围具平伏丛毛，边缘深开裂至上翻，向边缘颜色变淡，菌褶较宽，菌柄基部球形膨大。担孢子光滑，囊状体多数长纺锤形，有时基部未形成柄，柄生囊状体细长。与 *I. sindonia* (Fr.) P.Karst.接近，但后者菌柄幼时实心，成熟后空心，基部球形膨大不明显，担孢子具明显的小尖，而且柄生囊状体生于整个菌柄并多数细长纺锤形。因此存在明显的区别。

甘肃丝盖伞 图 78，图版 XI 85-86

Inocybe gansuensis T. Bau & Y.G. Fan, Mycosystema 39 (9)：1701 (2020)

担子体粗壮。菌盖直径 28–40mm，幼时半球形至钟形，后呈凸镜形，盖中央钝平，无突起，幼时菌盖表面具不明显的白色丝膜，后逐渐消失，表面具平伏的鳞片，细密、辐射状排列，菌盖边缘伸展、下垂，幼时可见丝膜状菌幕残留，易消失。菌褶密，直生，幼时乳白色至灰白色，成熟后褐色，褶缘明显色淡，4–6mm 宽。菌柄长 30–60mm，粗 9–11mm，等粗，基部呈近球形膨大，中实，肉褐色至淡土褐色，顶部和基部色淡，表面具白色霜状颗粒，延伸至菌柄下部，基部具白色绒毛状菌丝。菌肉具土腥味，菌盖菌肉白色至乳白色，肉质，4–6mm 厚；菌柄菌肉纤维质至近肉质，肉褐色，近表皮处色深，顶部和基部白色，具纵条纹。

担孢子 (11.5) 12.0–14.0 (15.0)×6.5–7.5 (8.0) μm，Q=1.7–2.0 (图版 XXIII 45)，椭圆形至近杏仁形，顶部钝或稍锐，淡黄褐色，光滑。担子 22–34×9–12μm，棒状，透明，具 4 个担子小梗。侧生囊状体 68–80×21–28μm，壁厚 1.5–2.5 (3) μm，淡黄色至近无色，内部透明，纺锤形、腹部膨大至长颈烧瓶形，顶部被结晶体，基部多缢缩形成短柄，有时不明显。缘生囊状体 64–90×18–22μm，形态与侧生囊状体相似，内部透明；缘生薄囊体 16–26×8–18μm，宽棒状至梨形，丰富，透明，薄壁。柄生囊状体 70–97×17–22μm，存在于菌柄顶部，成簇，壁无色至淡黄色，壁较子实层囊状体薄。柄生薄囊体 26–39×14–21µm，棒状至宽棒状，近透明，薄壁。菌髓菌丝规则排列，淡黄色至近透明，由薄壁的膨大菌丝构成，直径可达 30µm。菌盖表皮平伏型，金褐色，交织排列，由光滑至粗糙的圆柱形菌丝构成，薄壁或稍加厚，直径 3–10µm。锁状联合存在于所有组织。

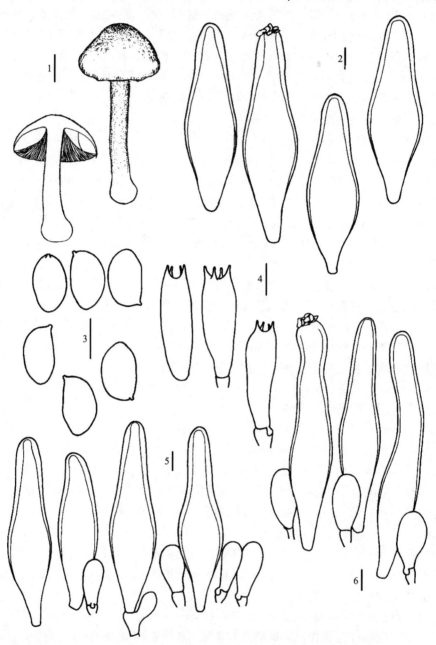

图 78　甘肃丝盖伞 *Inocybe gansuensis* T. Bau & Y.G. Fan（HMJAU26549）

1. 担子体（basidiocarps）；2. 侧生囊状体（pleurocystidia）；3. 担孢子（basidiospores）；4. 担子（basidia）；5. 缘生囊状体和缘生薄囊体（cheilocystidia and paracystidia）；6. 柄生囊状体和柄生薄囊体（caulocystidia and cauloparacystidia）。

标尺：1=10mm；2–6=10µm

生境：夏季散生于云杉属(*Picea*)林内地上。

中国分布：甘肃。

世界分布：亚洲。

研究标本：**甘肃** HMJAU26549(holotype)，张掖市肃南县康乐乡青沟，范宇光，2012年8月25日。

讨论：此种与欧洲的 *I. splendens* Heim 接近，但后者的菌盖中央具明显的钝状凸起且孢子明显较小(9.5–11.2×5.5–6.2μm)；描述于北美洲的 *I. monticola* Kropp, Matheny & Nanagyulyan 和 *I. praecox* Matheny & Nanagyulyan 同样具有粗壮的担子体和相似的宏观特征，但此两种除孢子明显较小外，均发生于春季。基于 LSU 序列的分子系统学分析表明，该种与卷毛丝盖伞 *Inocybe flocculosa* Sacc.关系最为接近，但后者子实体相对欠粗壮、子实层囊状体短且孢子尺寸明显小。考虑到本研究中仅获得一份标本，暂将本研究中的材料定为甘肃丝盖伞。

土味丝盖伞原变种　　图 79，图版 IX 71-72

Inocybe geophylla var. geophylla (Fr.) P. Kumm., Führ. Pilzk. (Zerbst): 78 (1871)

Agaricus geophyllus Fr., Syst. Mycol. (Lundae) 1: 258 (1821)

菌盖直径 11–15mm，幼时锥形，后逐渐平展，盖中央明显凸起，光滑且具丝状质感，成熟后细缝裂至边缘开裂，白色或稍带淡黄色，盖缘具蛛丝状菌幕残留，易消失。菌褶幼时白色，后灰色至淡褐色，稍疏，直生，褶缘色淡，宽达 2mm。菌柄长 30–55mm，粗 2–2.5mm，白色，等粗，基部稍粗，顶部具白色霜状鳞片，下部纤丝状，中实，常虫蛀。菌肉浓土腥味，菌盖菌肉肉质，白色或带淡黄色，菌柄菌肉纤维质，白色。

担孢子(8.0)8.5–9.5(10.0)×(4.5)5.0–6.0μm(图版 XXIV 51)，少数孢子很大，可达 12.5×6.5μm，椭圆形，光滑，淡褐色。担子 18–25×8–10μm，棒状，向基部渐细，具 4 个担子小梗，内部近透明或具气泡状内含物。侧生囊状体 40–55×14–19μm，梭形，丰富，厚壁，内部近透明，顶部被结晶体，壁厚达 3μm。缘生囊状体 29–44×12–17μm，与侧生囊状体形态接近，丰富。缘生薄囊体 13–28×7–15μm，薄壁，透明，形态多样，多为头状或宽椭圆形，棒状者少。柄生囊状体 36–73×13–23μm，仅生于菌柄中上部，壁厚或稍加厚，厚者可达 4μm，顶部有少许结晶体，基部多平截或渐细为尾状，内部近透明。柄生薄囊体 16–30×10–13μm，多为头状，薄壁，透明。菌盖表皮平伏型，规则排列，由厚壁的圆柱形菌丝构成，直径 2–8μm，内部透明；盖皮下层菌丝直径 7.5–24μm，亚规则排列，菌丝细胞于隔膜处缢缩，内壁欠光滑。锁状联合存在于所有组织中。

生境：夏季、秋季单生或散生于阔叶林或针叶林内地上。

中国分布：黑龙江、吉林、辽宁、内蒙古、广东、四川、贵州、云南、陕西、甘肃、宁夏、台湾。

世界分布：亚洲、欧洲、北美洲。

研究标本：**内蒙古** HMJAU36811，得耳布尔林业局微波站附近，图力古尔，2013年8月8日；HMJAU36863，得耳布尔林业局微波站附近，图力古尔，2014年8月26日；HMJAU36816，得耳布尔林业局平顶山，图力古尔，2013年7月8日；HMJAU36818，得耳布尔林业局平顶山，图力古尔，2013 年 8 月 9 日；HMJAU36856，呼伦贝尔根河市满归北岸林场，图力古尔，2014 年 8 月 30 日；HMJAU36820，呼伦贝尔莫尔道嘎白鹿岛，图力古尔，2013 年 8 月 11 日；HMJAU36817，呼伦贝尔莫尔道嘎森林公园，图力古尔，2013 年 8 月 11 日；HMJAU36841，呼伦贝尔根河市得耳布尔上游岭，图力古尔，2014 年 8 月 25 日；HMJAU36847，呼伦贝尔满归伊克萨玛国家森林公园，图力古尔，2013 年 8 月 13 日。**辽宁** HMJAU26037，桓仁县老秃顶子自然保护区，范宇光，2011 年 9 月 6 日。**吉林** HMJAU25853，延边朝鲜族自治州安图县二道白河镇，范宇光，2010 年 9 月 8 日；HMJAU25865、HMJAU25866、HMJAU25867、HMJAU25868、HMJAU25869、HMJAU25870、HMJAU25871、HMJAU25872、HMJAU25873、HMJAU 25874、HMJAU25875、HMJAU25876，延边朝鲜族自治州安图县长白山自然保护区，范宇光，2010 年 9 月 11 日；HMJAU26699，长春市吉林农业大学野生植物园内，张鹏，2010 年 9 月 10 日。**黑龙江** HMJAU36855，佳木斯市汤原县北靠山，图力古尔，2014 年 9

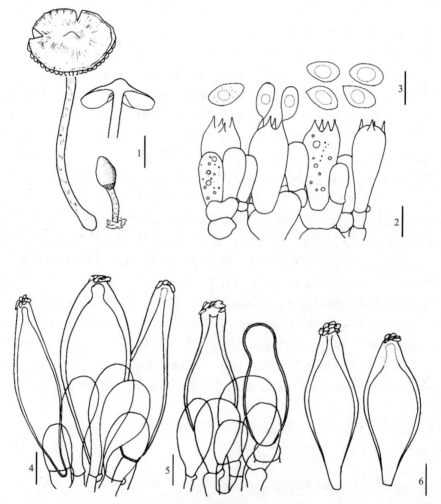

图 79　土味丝盖伞原变种 *Inocybe geophylla* var. *geopyhlla* （Fr.）P. Kumm.（HMJAU25853）

1. 担子体(basidiocarps)；2. 担子(basidia)；3. 担孢子(basidiospores)；4. 柄生囊状体和柄生薄囊体(caulocystidia and cauloparacystidia)；5. 缘生囊状体和缘生薄囊体(cheilocystidia and paracystidia)；6. 侧生囊状体(pleurocystidia)。

标尺：1=10mm；2、4-6=20μm；3=10μm

月 21 日。**陕西** HMAS61734，汉中市，卯晓岚，1991 年 4 月 23 日。**甘肃** HMJAU26550，张掖市民乐县扁都口，张鹏、范宇光，2012 年 8 月 24 日。**宁夏** HMJAU26183、HMJAU26184、HMJAU26185、HMJAU26186、HMJAU26187，隆德县六盘山自然保护区，图力古尔、范宇光，2012 年 8 月 20 日。

讨论：土味丝盖伞较为常见，其纯白色的外表使得此种容易与丝盖伞属内其他种类区分。Kuyper(1986) 对此种的描述较为宽泛，认为此种在阔叶林和针叶林中均可以采集到。但作者在研究采集自中国东北和西南的材料时发现，针叶林中的标本在宏观形态和微观形态中与阔叶林中的标本均存在一定的差异，微观特征的差异主要表现在侧生囊状体、担子和孢子的大小，目前观察到阔叶林内的标本与 Kobayashi(2002) 的记载对应较好，而针叶林内的标本与 Stangl(1989) 的记载更为接近。国内此种最早由谢支锡等(1986)记载于吉林长白山区。

土味丝盖伞蓝紫变型　　图 80，图版 XV 119-120

Inocybe geophylla f. **violacea** (Pat.) Sacc., Syll. Fung. (Abellini) 5: 785 (1887)

Agaricus geophilus var. *violaceus* Pat., Tab. Anal. Fung. 6: 21 (1886)

担子体较小。菌盖直径 10–15mm，幼时锥形，后逐渐平展，中部有小突起，深紫丁香色，中部突起处黄色，光滑；菌柄长 22–32mm，粗 1.5–2mm，等粗或向下渐粗，基部膨大，蓝紫色，基部膨大处淡黄色，顶部具有白霜状鳞片，中实；菌褶中等密，灰白色至黄褐色，直生，褶缘不平滑；菌肉淡土味，菌盖菌肉肉质，白色，厚 1–2mm，菌柄菌肉纤维质，光亮，中上部白色或灰白色，下部淡黄色。

担孢子 (8.0) 8.5–10.0 (10.5)×(4.5) 5.0–6.0 (6.5)μm，Q=1.5–1.9 (图版 XXIV 51)，近杏仁形，顶端稍钝，黄褐色，光滑。担子 22–28×8–9μm，棒状，具 4 个担子小梗。侧生囊状体 40–66× 10–19μm；棒状、纺锤形至囊状，有时近圆柱形，厚壁，壁厚达 2–3μm，顶部钝，具结晶体，基部具小柄或平截。缘生囊状体 42–68×12–17μm，与侧生囊状体形态相似，内部透明，偶尔具黄色内含物。缘生薄囊体 16–26×7–10.5μm，棒状，薄壁，透明。柄生囊状体 50–68×10–22μm，存在于菌柄顶部，延伸至菌柄 1/8 处，与侧生囊状体形态相似，但更多样，壁淡黄色，较侧生囊状体色淡，有时形成很长的柄。柄生薄囊体 18–24× 5–13μm，存在于柄生囊状体之间，薄壁，棒状。菌盖表皮平伏型，由近规则排列的厚壁菌丝构成，透明，5–13μm。锁状联合存在于所有组织。

生境：秋季散生于阔叶林中地上。

中国分布：内蒙古。

世界分布：亚洲、欧洲。

研究标本：**内蒙古** HMJAU23273，通辽市大青沟自然保护区，图力古尔、范宇光、Takahito Kobayashi，2011 年 9 月 19 日。

讨论：Kuyper(1986) 将 *I. geophylla* var. *violacea* 合并于 *I. geophylla* var. *lilacina* 名下，但是根据中国的材料我们认为 *I. geophylla* var. *violacea* 具有较小的担子体、菌盖突起部明显、担子体深紫丁香色至蓝紫色，这些特征足以区别于 *I. geophylla* var. *lilacina*。此外，描述于日本的 *I. lilacina* f. *violacea* 具有相似的特征，但其原始描述十分简单，整个担子体为紫色 (Kobayasi 1952)，这个种与 *I. geophylla* var. *violacea* 很可能为同种。

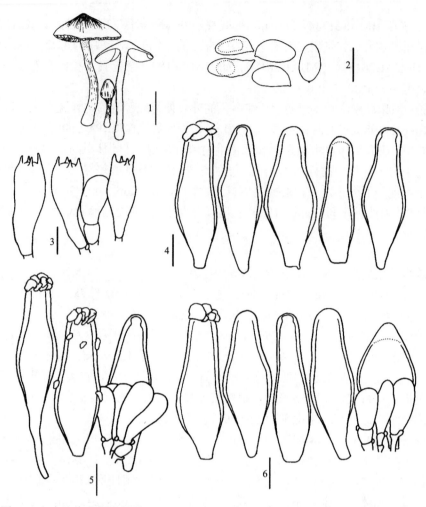

图 80　土味丝盖伞蓝紫变型 *Inocybe geophylla* f. *violacea*（Pat.）Sacc.（HMJAU23273）

1. 担子体（basidiocarps）；2. 担孢子（basidiospores）；3. 担子（basidia）；4. 侧生囊状体（pleurocystidia）；5. 柄生囊状体和柄生薄囊体（caulocystidia and cauloparacystidia）；6. 缘生囊状体和缘生薄囊体（cheilocystidia and paracystidia）。

标尺：1=10mm；2=10μm；3–6=20μm

土味丝盖伞紫丁香色变种　图 81，图版 XV 117-118

Inocybe geophylla var. **lilacina**（Peck）Gillet, Hyménomycètes（Alençon）: 520（1876）

Agaricus geophyllus var. *lilacinus* Peck, Ann. Rep. N.Y. St. Mus. Nat. Hist. 26: 90（1874）[1873]

　　菌盖直径 18–27mm，菌盖幼时锥形或钟形，成熟后近平展，中部有较锐突起，光滑而呈纤丝感，淡紫罗兰色，幼时色深，突起处淡土黄色或米黄色。开伞过程中可见蛛丝状丝膜，开伞后残留于菌柄上部和菌盖边缘，因孢子散落其上而呈锈褐色，后逐渐消失。幼时盖缘稍长于褶，成熟后不明显，开伞后盖边缘可见少许条纹，有时开裂。菌褶密，不等长，弯生且稍延生，幼时紫罗兰色，后呈褐灰色至锈褐色，褶缘非平滑，色淡。菌柄长 45–65mm，粗 1.9–4.6mm，中部稍细，向下渐粗；基部钝或稍膨大，呈淡土黄色或米黄色；中实，表面近白色或呈淡紫色调；上部白霜状，菌幕残留处以下呈纤丝状。菌肉带土腥味，菌盖菌肉为肉质，近盖表皮处呈淡紫色调，其余白色；菌柄菌肉中心疏松，近表皮处非疏松且呈淡黄色调，柄基部膨大处菌肉非疏松且呈淡土黄色。

担孢子(8.5)9.0–10.0×5.0–6.0μm，Q=1.5–1.9(图版 XXIV 52)，椭圆形至肾形，顶部钝，淡褐色，光镜下可见内部含有浑浊颗粒，有时可见一近圆形或椭圆形油滴。担子22–30×8–10μm，棒状，少数较粗壮，多数向下渐细，于 KOH 液中稍浑浊或内部含有较多大小不一的气泡状，具 4 个担子小梗。侧生囊状体 46–62.5×12–19μm，长颈花瓶状至纺锤形，有时呈圆形或头状，顶部被较大的块状结晶体(呈圆形或头状者无结晶体)，基部渐细而呈小柄状，壁厚达 3.5μm，有时在腹部和柄的结合处壁不规则加厚。缘生囊状体 38–82×11–22μm，形态多样，长颈瓶形至长棒状，多数为厚壁，达 3.5μm，少数壁稍微加厚，基部多有小柄，小柄有时延伸较长。缘生薄囊体 18–27×8.5–16μm，薄壁，棒状、梨形，有时呈椭圆形或钝椭圆形。柄生囊状体 47–83×14–19μm，仅生于菌柄上部，顶部被块状结晶体，形态多样，多数长颈且头部较窄，有时腹部不明显或单侧突然膨大，多数壁稍加厚，0.8–2μm。柄生薄囊体薄壁，形态多样，头状、梨形或椭圆形，16–33×10–18μm。菌盖表皮亚规则排列，由厚壁菌丝构成，直径 2–7μm。锁状联合存在于所有组织。

生境：秋季散生于云杉、冷杉林，针阔混交林或阔叶林中地上。

中国分布：内蒙古、吉林、黑龙江、河北、广东、四川。

世界分布：亚洲、欧洲。

研究标本：**内蒙古** HMJAU36830，赤峰市阿鲁科尔沁旗罕山林场，图力古尔，2014年 8 月 24 日；HMJAU36871，克什克腾旗沙地云杉林，图力古尔，2013 年 8 月 2 日；HMJAU36849，呼伦贝尔根河市满归下线 19km，图力古尔，2014 年 9 月 7 日；HMJAU36838，呼伦贝尔雅克石市图里河林场，图力古尔，2014 年 9 月 1 日；HMJAU26056，通辽市扎鲁特旗罕山自然保护区，图力古尔、Takahito Kobayashi、范宇光，2011 年 9 月 21 日。**吉林** HMJAU25863，延边朝鲜族自治州安图县二道白河镇长白山自然保护区，范宇光，2010 年 9 月 10 日；HMJAU25885，延边朝鲜族自治州安图县二道白河镇长白山自然保护区，范宇光，2010 年 9 月 11 日；HMJAU25913，延边朝鲜族自治州安图县二道白河镇长白山自然保护区，范宇光，2010 年 9 月 23 日；HMJAU25855，延边朝鲜族自治州安图县二道白河镇长白山自然保护区，范宇光，2010 年 9 月 8 日；HMJAU266620，蛟河市白石山林业局漂河林场，图力古尔、郭秋霞，2012 年 8 月 6 日。**黑龙江** HMJAU36832、HMJAU36840，佳木斯市汤原县北靠山，图力古尔，2014 年 9 月 21 日；HMJAU36810，五大连池堰塞湖边，图力古尔，2014 年 9 月 26 日。**西藏** HMAS260702，林芝，海拔 3630m，魏铁铮，2009 年 8 月 5 日。

讨论：此种因其菌盖呈淡紫罗兰色而成为丝盖伞属内较容易辨认的种类之一，这类淡紫色的丝盖伞常作为 *I. geophylla* (Fr.) P. Kumm.的变种 var. *lilacina* 或 var. *voilace* 报道，北半球广泛分布。Kauffman(1918)将 var. *lilacina* 独立为 *I. lilacina* (Peck) Kauffman，而有些学者却主张用 *I. geophylla* var. *lilacina* Gillet 这个名称，并将以往报道的名称均作为其分类异名处理。Matheny 通过研究欧洲和北美洲的材料发现，在这个复合群内至少存在 6 个进化分支，认为在美国加利福尼亚州广泛分布的一个种群形态特征和分子数据较为独特，并将其命名为 *I. ionocephala*。国内最早由戴芳澜(1979)报道了这个种在四川的分布，后来李茹光(1991)、卯晓岚(2000)记载了其在吉林、黑龙江、河北和广东分布。

本研究中所观察标本宏观特征和显微结构与日本及欧洲（法国）的部分标本基本一致（Kobayashi 2002）。

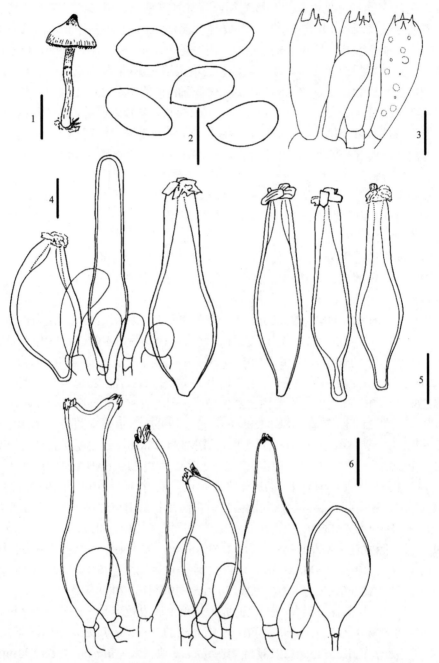

图 81　土味丝盖伞紫丁香色变种 *Inocybe geophylla* var. *lilacina*（Peck）Gillet（HMJAU25863）
1. 担子体（basidiocarps）；2. 担孢子（basidiospores）；3. 担子（basidia）；4. 缘生囊状体和缘生薄囊体（cheilocystidia and paracystidia）；5. 侧生囊状体（pleurocystidia）；6. 柄生囊状体和柄生薄囊体（caulocystidia and cauloparacystidia）。
标尺：1=20mm；2、3=10μm；4–6=20μm

海南丝盖伞 图 82，图版 XI 82

Inocybe hainanensis T. Bau & Y.G. Fan, Fan & Bau, Mycosystema 33（3）：956（2014）

担子体小。菌盖直径 18–22mm，幼时锥形至斗笠形或近半球形，成熟后凸镜形至近平展，盖中央具小突起或不明显，菌盖边缘伸展，表面干，纤维丝状，粗糙，突起处光滑，边缘开裂，成熟后近突起处表皮易破裂而形成不明显的块状鳞片，有时鳞片翘起至反卷，菌盖边缘具丝膜状菌幕残留，易消失，灰白色，盖面草黄色至带褐色，中部色深，向边缘渐淡。菌褶直生，中等密，1.5–2mm 宽，薄，褐黄色至褐色，褶缘色淡。菌柄长 20–25mm，粗 2–3mm，等粗，中实，基部稍膨大或不明显，顶部具灰白色粉末状颗粒，下部为纤维丝状，淡紫丁香色，基部带草黄色。菌肉味道不明显，菌盖菌肉乳白色至带淡黄色，肉质，2mm 厚，菌柄菌肉近白色，纤维质，基部带淡黄色。

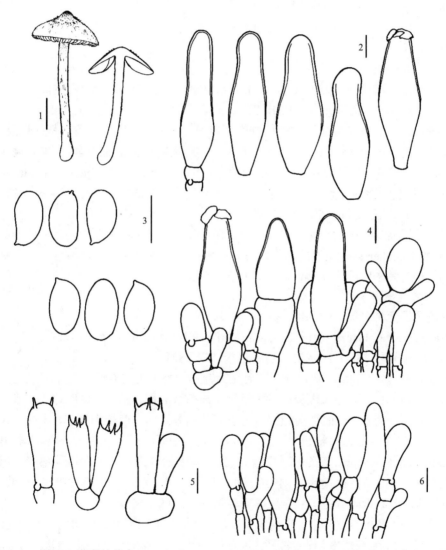

图 82　海南丝盖伞 *Inocybe hainanensis* T. Bau & Y.G. Fan（HMJAU26067）

1. 担子体(basidiocarps)；2. 侧生囊状体(pleurocystidia)；3. 担孢子(basidiospores)；4. 缘生囊状体与缘生薄囊体(cheilocystidia and paracystidia)；5. 担子(basidia)；6. 柄生薄囊体(caulocystidia)。标尺：1=10mm；2–6=10μm

担孢子 8.0–10.0(10.5)×5.0–6.0μm，Q=1.5–2.0(图版 XXV 60)，椭圆形至近杏仁形，顶部钝，具明显的小尖，黄褐色，光滑。担子 20–27×7–9μm，棒状至细棒状，透明，具 4 个担子小梗，偶尔具 2 个担子小梗。侧生囊状体 35–59×12–26μm，长纺锤形、纺锤形至宽纺锤形，厚壁或不明显，壁厚小于 1(1.5)μm，淡黄色至黄色，内部透明或具内含物，顶部钝，有时呈头状，被大块的结晶体，基部平截或钝圆，无锁状联合。缘生囊状体 43–58×13–17μm，与侧生囊状体形态相似，基部多连接膨大细胞。缘生薄囊体 14–23×7–11μm，棒状至宽棒状或卵圆形，丰富，薄壁，透明，分隔。菌髓菌丝无色至淡黄色，近规则排列，由薄壁的膨大菌丝构成，直径达 25μm。无柄生囊状体。菌柄顶部具丰富的薄壁囊状体，20–41×9–12μm，半透明，分隔，末端细胞棒状，有时与囊状体形态相似。菌盖表皮平伏型，交织排列，淡褐色，由薄壁的圆柱形菌丝构成，直径 5–10μm。锁状联合存在于所有组织，丰富。

生境：生于热带高海拔山地，壳斗科林下。

中国分布：海南。

世界分布：亚洲。

研究标本：**海南** HMJAU26067、HMJAU26073，乐东县尖峰岭自然保护区，海拔 1200m，图力古尔、范宇光，2012 年 7 月 6 日。

讨论：此种的主要特征为菌盖草黄色至带褐色，菌柄淡紫丁香色，基部带淡黄色，除顶部外均为纤维丝状；孢子椭圆形、光滑，子实层囊状体壁稍加厚，缘生薄囊体极丰富，无柄生囊状体。在菌柄具紫丁香色的种类中，描述于欧洲的 *I. geophylla* var. *lilacina* Gillet 菌柄基部同样具有黄色，但其子实层囊状体为明显的厚壁，且具有柄生囊状体；*I. griseolilacina* J.E. Lange 的担子体宏观特征及子实层囊状体形态与本种有相似之处，但其孢子为明显的近杏仁形至杏仁形，顶部锐。近期描述于澳大利亚的 *I. violaceocaulis* Matheny & Bougher 具有相似的孢子形态和稍厚壁的子实层囊状体，但这是一个明显相对粗壮的种，其子实层囊状体常具柄，且无柄生薄囊体。

暗毛丝盖伞原变种　图 83，图版 XVI 125-126

Inocybe lacera var. **lacera** (Fr.) P. Kumm., Führ. Pilzk. (Zerbst): 79 (1871)

Agaricus lacerus Fr., Syst. Mycol. (Lundae) 1: 257, 1821

菌盖直径 10–15mm，幼时锥形，后变为钟形，盖中央具有明显或不明显的凸起，菌盖褐色至暗褐色，向边缘渐淡，表面粗糙至被细密的褐色鳞片，幼时边缘内卷，后伸展，菌盖表面无菌幕，幼时菌盖边缘可见丝膜状菌幕残留。菌褶中等密，直生，幼时灰白色，成熟后逐渐变为黄褐色，宽达 3mm，褶缘色淡。菌柄等粗或向基部渐粗，长 30–35mm，粗 1–1.5mm，基部膨大处宽达 2mm，表面纤维丝状，菌柄顶部和上部乳白色至灰白色，向下渐为褐灰色，中实。菌盖菌肉肉质，白色，近表皮处带褐色，厚达 1.5mm，菌柄菌肉近暗褐色，纤维质，有较淡的土腥味或酸味。

担孢子 (10.0)10.5–13.0(13.5)×4.5–5.5μm，Q=2.1–2.7(图版 XX 18)，细长、光滑，边缘偶尔呈弱角状，顶部钝圆或稍平，黄褐色。担子 23–32×9–11μm，棒状，内部浑浊，具 4 个担子小梗。侧生囊状体 48–69×15–17μm，纺锤形，厚壁，基部平截或有柄，顶部锐，几乎无结晶体，内部清澈。缘生囊状体 48–66×12–19μm，与侧生囊状体形态相似，但不规则，丰富。缘生薄囊体 15–25×9–15μm，梭形、梨形至棒状，薄壁，透明，丰富。柄生囊状体未见。菌髓组织色淡至透明，菌丝近规则排列，由圆柱形的薄壁细胞构成，直径 5–10μm。菌盖表皮菌丝不规则排列，黄褐色，由膨大的圆柱形菌丝构成，菌丝连接处钝圆，表面粗糙，厚壁，直径 5–15μm。锁状联合存在于所有组织。

生境：夏季至秋季单生或散生于阔叶林或针叶林及林缘路边。

中国分布：吉林、四川、西藏、青海。

世界分布：亚洲、欧洲、北美洲。

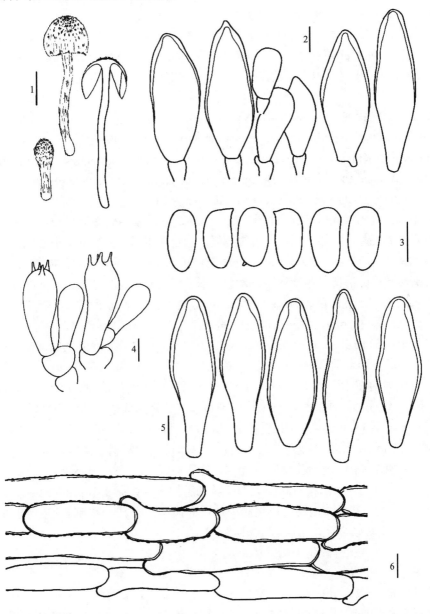

图 83　暗毛丝盖伞原变种 *Inocybe lacera* var. *lacera* (Fr.) P. Kumm.（HMJAU25970）

1. 担子体(basidiocarps)；2. 缘生囊状体和缘生薄囊体(cheilocystidia and paracystidia)；3. 担孢子(basidiospores)；4. 担子(basidia)；5. 侧生囊状体(pleurocystidia)；6. 菌盖表皮(pileipellis)。标尺：1=10mm；2–6=10μm

研究标本：**吉林** HMJAU25970，延边朝鲜族自治州安图县二道白河镇，范宇光，2011 年 8 月 15 日；HMJAU25990，延边朝鲜族自治州安图县二道白河镇，范宇光，2011年 8 月 23 日；HMJAU25723，延边朝鲜族自治州安图县二道白河镇，范宇光，2010 年 7 月 12 日；HMJAU25737、HMJAU25738、HMJAU25739、HMJAU25740，延边朝鲜族自治州安图县二道白河镇，图力古尔，2010 年 7 月 14 日；HMJAU6330，延边朝鲜族自治州安图县二道白河镇西主线，图力古尔，2007 年 7 月 10 日。**西藏** HMAS53448，米林县，卯晓岚，1983 年 8 月 26 日；HMAS198172，采集信息未知。**青海** HMAS222317，刚察县，采集人未知，1996 年 8 月 13 日。

讨论：此种的主要特征是孢子细长，Q 值常大于 2.0，甚至可接近 3.0。此种的变异较大，不同作者对此种的理解也不尽相同。本研究中的材料与欧洲的材料对应较好（Kuyper 1986）。研究标本中有的孢子较小，但其他特征对应较好。

暗毛丝盖伞沼生变种　图 84，图版 XVI 122

Inocybe lacera var. **helobia** Kuyper, Persoonia Suppl. 3: 103（1986）

Inocybe minima Killerm., Pilze aus Bayern, Kritische Studien besonders zu M. Britzelmayr; Standortsangaben u.（kurze）Bestimmungstabellen: I. Teil: Thelephoraceen, Hydnaceen, Polyporaceen, Clavariaceen und Tremellaceen 16: 105（1925）

菌盖直径 11–24mm，幼时钟形，后变为斗笠形，成熟后逐渐平展，盖中央具有明显至不明显的突起，中部暗褐色，向边缘渐淡，表面粗糙，被细密的褐色鳞片，幼时边缘内卷，后伸展。菌褶中等密，直生，幼时灰白色，成熟后逐渐变为黄褐色，宽达 5mm，褶缘与褶面同色。菌柄等粗或向基部渐粗，长 25–40mm，粗 2–3mm，基部膨大处宽达 5mm，表面纤维丝状，菌柄顶部灰白色，上部淡褐色，下部渐色深，中实。菌盖菌肉肉质，白色，厚达 2mm，菌柄菌肉近暗褐色，纤维质，无明显气味。

担孢子（9.5）10.5–15.5（17.0）×（4.5）5.0–7.0（7.5）μm，Q=1.8–2.5（图版 XXI 25），细长、光滑至不明显角形，顶部钝圆或稍平，黄褐色。担子 26–36×10–13μm，棒状，内部浑浊，具 4 个担子小梗，少数具有 2 个担子小梗。侧生囊状体 45–65×14–19μm，壁厚 2–3（4）μm，纺锤形，顶部锐，被大量结晶体，基部常形成较长柄，内部浑浊。缘生囊状体 36–58×12–18μm，与侧生囊状体形态相似，但不规则，丰富。缘生薄囊体 12–27×12–17μm，亚球形至椭圆形或不规则，薄壁，透明，少。柄生囊状体 43–61×8–13μm，仅存在于菌柄极顶部，与缘生囊状体相似，但形态怪异。无柄生薄囊体。菌髓组织淡黄色，菌丝规则排列，由圆柱形至膨大的菌丝细胞构成，直径 4–17μm。菌盖表皮菌丝不规则排列，黄色、褐色，由圆柱形至膨大的硬壳菌丝构成，表面粗糙，内壁非平滑，直径 5–25μm。锁状联合存在于所有组织。

生境：夏季至秋季散生于阔叶树下。

中国分布：北京、内蒙古、黑龙江、江苏、宁夏。

世界分布：亚洲、欧洲。

研究标本：**北京** HMAS38175，大兴县东方红公社，庞启兴，1978 年 5 月 22 日。**内蒙古** HMJAU36824，呼伦贝尔得耳布尔平顶山，图力古尔，2013 年 7 月 8 日；HMJAU26052，通辽市扎鲁特旗罕山自然保护区，图力古尔、范宇光、Takahito Kobayashi，

2011 年 9 月 21 日。黑龙江：HMJAU4334，齐齐哈尔明月岛，图力古尔，2008 年 7 月 28 日。**江苏** HMAS37467，苏州响水县周公集社，徐连旺、卯晓岚，1977 年 5 月 3 日。**宁夏** HMAS69716，银川市，卯晓岚、王宽仓，1995 年 9 月 13 日。

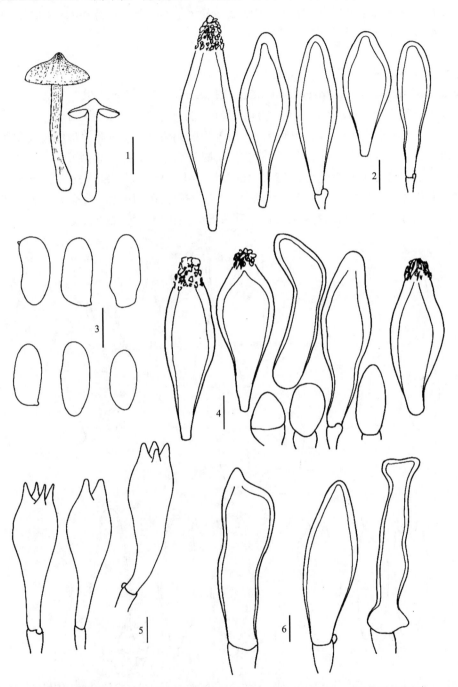

图 84 暗毛丝盖伞沼生变种 *Inocybe lacera* var. *helobia* Kuyper（HMJAU26052）

1. 担子体(basidiocarps)；2. 侧生囊状体(pleurocystidia)；3. 担孢子(basidiospores)；4. 缘生囊状体和缘生薄囊体(cheilocystidia and paracystidia)；5. 担子(basidia)；6. 柄生囊状体(caulocystidia)。标尺：1=10mm；2–6=10μm

讨论：此变种的主要特征是担子体呈暗褐色至棕褐色，菌盖表面被粗糙鳞片，孢子长椭圆形至略带角状。与原变种相比，此变种的子实层囊状体壁厚，基部多形成较长的柄，顶部被较多结晶体。Kuyper(1986)报道此种无柄生囊状体，但在菌柄的顶部具少量未分化的、似囊状体的结构，厚壁，顶部被结晶体；本研究中在菌柄的极顶部发现有少量柄生囊状体存在，但形态极不规则。

暗毛丝盖伞异孢变种　图 85，图版 X 74

Inocybe lacera var. **heterosperma** Grund & D.E. Stuntz, Mycologia 69(2)：403（1977）

菌盖直径 8–10mm，幼时扁半球形，后变为圆半球形，盖表面被细密毡毛状鳞片，近平伏，淡褐色至土黄色，盖中部色深，菌盖表面无菌幕，幼时菌盖边缘可见丝膜状菌幕残留，盖边缘钝圆形。菌褶稀疏，直生，幼时灰白色，成熟后逐渐变为黄褐色，宽达 3mm，褶缘色淡。菌柄等粗，长 15–18mm，粗 1–1.5mm，基部膨大处宽达 2mm，表面绒状，土黄色至淡褐色，菌柄顶部带肉色，中实。菌盖菌肉肉质，褐色，近表皮处带褐色，厚达 1mm，菌柄顶部菌肉乳白色，其余部分淡褐色，纤维质，淡土腥味。

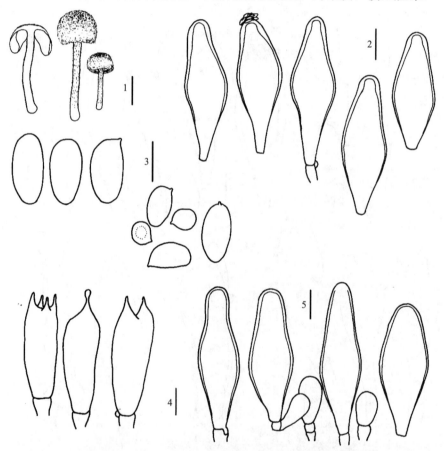

图 85　暗毛丝盖伞异孢变种 *Inocybe lacera* var. *heterosperma* Grund & D.E. Stuntz（HMJAU25882）
1. 担子体(basidiocarps)；2. 侧生囊状体(pleurocystidia)；3. 担孢子(basidiospores)；4. 担子(basidia)；5. 缘生囊状体和缘生薄囊体(cheilocystidia and paracystidia)。标尺：1=10mm；2–5=10μm

担孢子(5.0)5.5–13.5(14.5)×(4.0)4.5–6.5μm，Q=1.2–2.3(图版 XXI 26)，形态差异

较大：类型(1)较多见，与 *I. lacera* var. *lacera* 孢子相似，细长、光滑、顶部钝圆或稍平、黄褐色，12–14.5×5.5–6.5μm；类型(2)为球形、亚球形至宽椭圆形，5–7×5–6μm，较少，类型(3)介于以上两种类型之间，较多。担子 26–33×9–11μm，棒状，内部浑浊，具有金黄色色素，具 1 个、2 个或 4 个担子小梗。侧生囊状体 46–57×15–18μm，厚壁，纺锤形，多数基部有柄，顶部钝圆，被结晶体，内部清澈。缘生囊状体 41–53×15–17μm，与侧生囊状体形态相似，丰富。缘生薄囊体 12–37×10–17μm，梨形至棒状，薄壁，透明，丰富。柄生囊状体未见。菌髓组织淡黄色至透明，菌丝近规则排列，由膨大的薄壁细胞构成，12–22μm。菌盖表皮菌丝不规则排列，黄褐色，由膨大的圆柱形菌丝构成，菌丝连接处钝圆，表面光滑至粗糙，厚壁，直径 8–24μm。锁状联合存在于所有组织。

生境：夏季生于林缘路边、阔叶树附近。

中国分布：吉林、四川、云南。

世界分布：亚洲、美洲。

研究标本：**吉林** HMJAU25882，延边朝鲜族自治州安图县二道白河，范宇光，2010 年 9 月 10 日。

讨论：此种最初描述于北美洲，最显著的特征是孢子大小与形态差异较大，细长形、球形与中间类型孢子共存(Grund and Stuntz 1977)。虽然基于长椭圆形的孢子和菌盖、菌柄表面特征将此分类群归于 *I. lacera* 种下。需要指出的是，此变种的子实层囊状体顶部呈钝圆形，无明显突起，与 *I. lacera* 的几个变种存在明显区别；而近期的分子系统学研究揭示了囊状体顶端的突起在 *curvipes-lacera* 这个分支上具有重要的分类意义。因此，此种的系统位置仍需进一步探讨。与原始描述相比，本研究的材料担子体稍小。此种曾报道于我国四川省和云南省，但作者未能追踪到其凭证标本。

暗毛丝盖伞灰鳞变种   图 86，图版 X 74

Inocybe lacera var. **rhacodes** (J. Favre) Kuyper, Persoonia, Suppl. 3: 102 (1986)

Inocybe rhacodes J. Favre, Ergebn. Wiss. Unters. Schweiz. Natn Parks 5(33): 201 (1955)

菌盖直径 9–12mm，幼时锥形，后变为钟形，盖中央具有明显或不明显的锐突起，菌盖淡褐色至暗褐色，表面被粗糙至细密的鳞片，中部鳞片稍翘起，表面具有灰白色的鳞片状菌幕，幼时边缘内卷，后伸展。菌褶密，直生，幼时灰白色，成熟后逐渐变为黄褐色，宽达 3mm。菌柄圆柱形，向下渐粗，基部明显膨大，长 30–45mm，粗 1.5–2mm，基部膨大处宽达 4mm，表面粗糙纤维状，具有灰白色绒毛状菌幕残留，中实。菌肉具土腥味，菌盖菌肉肉质，白色，菌柄上部菌肉白色，下部渐带褐色，纤维质。

担孢子 (9.0)9.5–13.0(13.5)×5.0–6.0(6.5)μm，Q=1.8–2.2，细长、光滑，边缘偶尔呈弱角状，顶部钝圆或稍平，黄褐色。担子 22–29×9–10μm，棒状，内部透明或浑浊，具 4 个担子小梗。侧生囊状体 51–71×15–22μm，厚壁，达 2–3μm，亮黄色，纺锤形至长梭形，基部平截或有柄，顶部锐或具小突起，被结晶体，内部清澈。缘生囊状体 40–62×15–19μm，与侧生囊状体形态相似，丰富。缘生薄囊体 18–29×10–15μm，梭形、梨形至棒状，薄壁，透明，丰富。柄生薄囊体未见。菌髓组织油黄色，菌丝规则排列，由圆柱形的薄壁至厚壁细胞构成，表面粗糙，直径 6–12μm。菌盖表皮菌丝近规则排列，金褐色至暗褐色，由膨大的圆柱形菌丝构成，菌丝连接处平截，表面粗糙，厚壁，直径

5–17μm。锁状联合存在于所有组织。

生境：夏季单生于高山苔原植物附近。

中国分布：西藏。

世界分布：亚洲、欧洲。

研究标本：**西藏** HMJAU25809，林芝色季拉山，海拔 4200m，范宇光，2010 年 8 月 9 日。

讨论：此种的主要特征是菌盖和菌柄表面被灰白色的鳞片状菌幕，生于高山地带（Kuyper 1986）。本研究的标本采集于西南高山地区，虽然欧洲的材料研究显示菌肉无特殊气味且缘生薄囊体常成串，这两点与本研究中的标本有所区别，但总体形态与欧洲的材料对应较好。

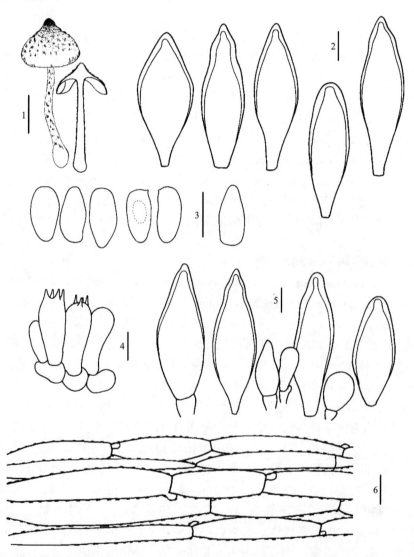

图 86　暗毛丝盖伞灰鳞变种 *Inocybe lacera* var. *rhacodes*（J. Favre）Kuyper（HMJAU25809）

1. 担子体（basidiocarps）；2. 侧生囊状体（pleurocystidia）；3. 担孢子（basidiospores）；4. 担子（basidia）；5. 缘生囊状体和缘生薄囊体（cheilocystidia and paracystidia）；6. 菌盖表皮（pileipellis）。标尺：1=10mm；2–6=10μm

薄囊丝盖伞　图 87

Inocybe leptocystis G.F. Atk., Am. J. Bot. 5: 212（1918）

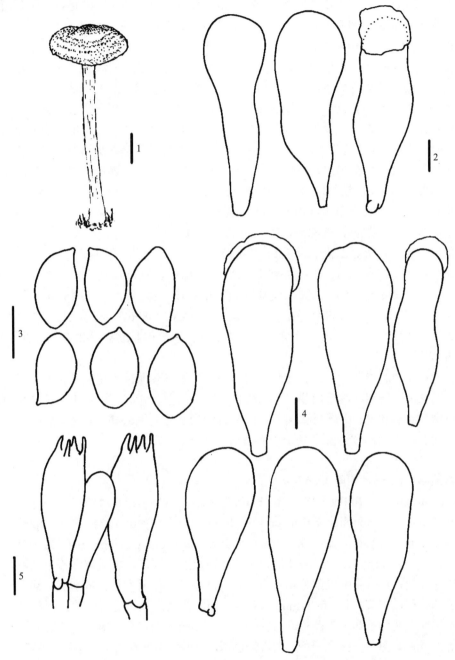

图 87　薄囊丝盖伞 *Inocybe leptocystis* G.F. Atk.（HMJAU36996）

1. 担子体（basidiocarp）；2. 侧生囊状体（pleurocystidia）；3. 担孢子（basidiospores）；4. 缘生囊状体（cheilocystidia）；5. 担子（basidia）。标尺：1=10mm；2-5=10μm

　　担子体中等至稍大。菌盖直径 12–36mm，幼时半球形，后变为凸镜形至近平展，盖中央具不明显的钝形突起，盖表面米黄色至褐色，有时呈污橙黄色，表面被平伏的细密鳞片。菌褶密，直生，幼时白色至灰白色，后逐渐变为黄褐色至褐色，宽达 4mm，褶缘色淡。菌柄长 36–68mm，粗 2.5–5mm，白色至米黄色，中生或稍偏生，圆柱形，等粗，基部稍膨大，基部膨大处宽达 5–7mm，表面光滑至稍带纤维感，中实。菌肉味道不明显，菌盖菌肉肉质，白色，菌柄上部菌肉白色至淡黄色，纤维质。

担孢子 (7.5) 8.0–10.0 (11.5) × 5.2–6.0 (6.5) μm，Q=1.6–1.8，近杏仁形，光滑，顶部稍锐或不明显，黄褐色。担子 22–28×8–10μm，棒状，内部透明或浑浊，淡黄色，具 4 个担子小梗。侧生囊状体丰富，43–62×14–22μm，薄壁，内部半透明，粗棒状或倒立瓶状，顶部常呈不明显头状，无结晶，有时具渗出物。缘生囊状体 40–62×15–19μm，与侧生囊状体形态相似，丰富。缘生薄囊体长棒状至棒状，薄壁，透明，丰富。柄生囊状体未见。菌髓组织淡黄色，菌丝规则排列，由圆柱形的薄壁至厚壁细胞构成。菌盖表皮菌丝近规则排列，淡黄色至褐色，由膨大的圆柱形菌丝构成，菌丝连接处平截，表面光滑至粗糙，直径 3–10μm。锁状联合存在于所有组织。

生境：夏季至秋季生于沙地云杉林内地上。

中国分布：内蒙古、青海。

世界分布：亚洲、欧洲、北美洲。

研究标本：**内蒙古** HMJAU36996、HMJAU36997，克什克腾旗，图力古尔，2013 年 8 月 2 日；HMJAU36806，克什克腾旗黄钢梁林场，图力古尔，2013 年 7 月 31 日；HMJAU36803、HMJAU36804、HMJAU36805、HMJAU36806，克什克腾旗黄钢梁林场，图力古尔，2013 年 8 月 1 日。**青海** HMJAU36829，西宁市互助县巴扎旗乡，图力古尔，2014 年 7 月 17 日。

讨论：此种的主要特征是担子体中等至较大，菌盖表面被细密鳞片，子实层囊状体薄壁、无结晶，顶部常具渗出物。中国的材料采自内蒙古和青海，均生于云杉林下，与欧洲材料的记载相比，中国材料菌盖表面具有较为明显的细密鳞片，这可能由环境因素导致，而其他方面与欧洲和北美洲材料吻合度较高。

棉毛丝盖伞　图 88，图版 IX 67-68

Inocybe lanuginosa (Bull.) P. Kumm., Führ. Pilzk. (Zwickau): 80 (1871)

Inocybe ovatocystis Boursier & Kühner, Bull. trimest. Soc. Mycol. Fr. 44: 181 (1928)

Inocybe lanuginosa var. *ovatocystis* (Boursier & Kühner) Stangl, Hoppea 46: 288 (1989)

菌盖直径 8–15mm，幼时半球形，成熟后菌盖呈斗笠形，表面被深褐色刺毛鳞，中部无明显突起，靠近盖中央部分鳞片直立，向盖边缘鳞片渐为平伏放射状，颜色较幼时淡。菌柄等粗，中实，长 20–32mm，粗 3–4mm，被烟褐色纤毛状鳞片，顶部具少许白色粉状颗粒，基部不膨大。菌褶幼时灰白色，后逐渐为淡褐色，直生，褶缘非平滑，色淡，宽达 3mm。菌盖菌肉乳白色，稍带褐色调，菌柄菌肉纤维质，淡褐色，无特殊气味。

担孢子 8.0–9.0 (9.5) × (4.5) 5.5–6.5μm，Q=1.4–1.5（图版 XX 19），多角形，具 7–10 个小突起，淡褐色。担子 21–30×8–11μm，棒状，基部渐细，有的内部浑浊或带大小不等气泡状物，具 4 个担子小梗，小梗长达 5μm。侧生囊状体梭形或倒卵形，壁薄或稍加厚，顶部有结晶，基部有小柄，内部近透明，34–49×15–24μm。缘生囊状体多数与侧生囊状体形态相似，或仅顶部壁加厚，21–44×11–20μm。缘生薄囊体 14–18×8–12μm，近圆形、椭圆形或棒状，薄壁，透明。柄生囊状体 18–41×11–19μm，仅生于菌柄上部，形态多样，棒状、梭形，薄壁或仅稍加厚，顶部结晶体少。柄生薄囊体 12–21×9–11.5μm，棒状，薄壁，内部多透明，少有浑浊。菌髓组织淡黄色至黄褐色，规则排列，由薄壁的膨大细胞构成，直径 8–15μm。菌盖表皮栅栏型，深褐色，由膨大的被壳菌丝构成，直径 12–18μm。锁状联合存在于所有组织。

生境：夏季、秋季单生或散生于针叶树腐木上(腐朽程度较深)。

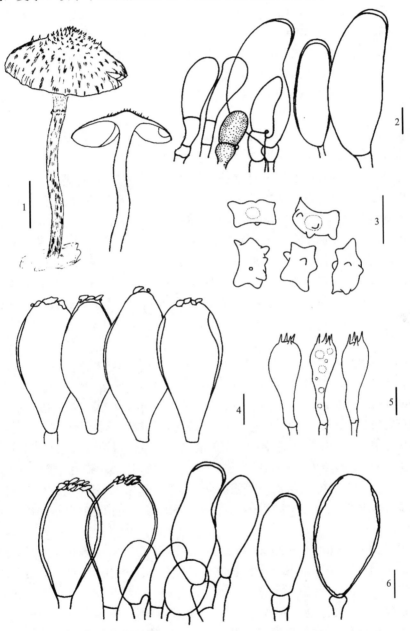

图 88　棉毛丝盖伞 *Inocybe lanuginosa* (Bull.) P. Kumm. (HMJAU25744)

1. 担子体(basidiocarps)；2. 柄生囊状体和柄生薄囊体(caulocystidia and cauloparacystidia)；　3. 担孢子(basidiospores)；
4. 侧生囊状体(pleurocystidia)；5. 担子(basidia)；6. 缘生囊状体(cheilocystidia)。标尺：1=10mm；2、4–6=20μm；3=10μm

中国分布：内蒙古、吉林、湖南、广东、四川、云南。

世界分布：亚洲、欧洲、美洲。

研究标本：**内蒙古** HMJAU36807，呼伦贝尔莫尔道嘎森林公园，图力古尔，2013年8月11日；HMJAU36839，呼伦贝尔根河市得耳布尔上游岭，图力古尔，2014年7月11日；HMJAU36836，呼伦贝尔根河市满归河西林场40km，图力古尔，2014年8月28日；HMJAU36831，呼伦贝尔根河市满归南山，图力古尔，2014年7月11日；HMJAU36802，呼伦贝尔根河市满归下线19km，图力古尔，2014年8月7日；HMJAU36842、HMJAU36850，呼伦贝尔雅克石市图里河库都汉林场，图力古尔，2014年9月2日。**吉林** HMJAU26693，延边朝鲜族自治州安图县二道白河镇，图力古尔，2009年8月10日；HMJAU25744，范宇光，2010年9月22日；HMJAU26661，郭秋霞，2012年8月18日；HMJAU36834，龙井市天佛指山自然保护区，图力古尔，2014年7月4日。

讨论：本种是丝盖伞属内为数不多的木生种类之一，其宏观特征与 *I. casimiri* 十分接近，但显微特征可以很好地将两者区分：后者无侧生囊状体且缘生囊状体为薄壁，此外，后者的孢子小突起数量明显多于前者。本研究中观察到的显微特征与 Heim（1931）、Matheny 和 Kropp（2001）的记载对应较好，而与 Stangl（1989）、Kobayashi（2002）对于此种的描述有一定差异，主要表现在侧生囊状体的形态。Matheny 和 Kropp（2001）认为 Stangl（1989）中关于此种的描述归并为 *I. stellatospora*（Peck）Massee，作者支持 Matheny 对于此种的理解。戴芳澜（1979）报道了该种在四川有分布，后来逐渐在广东、云南、西藏、吉林、湖南等地也有报道，毕志树等（1994）、应建浙和臧穆（1994）的报道中还提供了详细的描述和标本引证，但其描述与本研究的结果有所差异，因此有必要核对凭证标本，以确定其准确性。

蛋黄丝盖伞 图 89

Inocybe lutea Kobayasi & Hongo, Naugo 2: 103（1952）

Astrosporina lutea（Kobayasi & Hongo）E. Horak, Persoonia 10（2）：197（1979）

菌盖直径 18–32mm，幼时锥形至钟形，成熟后平展，具钝至锐突起，边缘下弯至平展，中部光滑，向边缘渐为纤维丝状至细缝裂；幼时菌盖边缘可见丝膜状菌幕残留；黄色至亮黄色，中部橘黄色。菌褶直生，密，幼时带黄色，成熟后褐色，褶缘色淡，2–3mm宽。菌柄长 22–45mm，粗 3–4mm，等粗或向下渐粗，基部明显膨大，中实，纤维丝状，被残幕状鳞片，顶部具白色粉末状颗粒。菌盖菌肉肉质，黄白色；菌柄菌肉纤维质，淡黄色。

担孢子（6.5）7.0–8.0×5.0–6.0μm，Q=1.3–1.6（图版 XX 23），多角形，具弱疣突，黄褐色。担子 20–27×8–10μm，棒状至细棒状，具 4 个细弱的担子小梗，淡黄色。侧生囊状体 40–55×14–20μm，纺锤形至宽纺锤形，顶部钝，被结晶体，基部缢缩或形成柄，有时钝，厚壁，壁淡黄色至亮黄色，1–2μm，内部半透明，淡黄色或与壁同色。缘生囊状体 42–48×13–18μm，与侧生囊状体形态相似。菌髓菌丝规则排列，淡黄色，由圆柱形至稍膨大的薄壁菌丝构成，4–10μm 宽。柄生囊状体存在于菌柄顶部，形态与侧生囊状体相似。菌盖表皮平伏型，由规则至近规则的淡黄色薄壁菌丝构成，4–10μm。锁状联合存在于所有组织。

生境：夏季单生于阔叶林内地上。

中国分布：福建、广东、云南。

世界分布：亚洲。

研究标本：**福建** HMAS198802，采集人、采集地未知，1974 年 7 月 3 日。**广东** GMGD4135、GMGD6361，肇庆市鼎湖山，1980 年 5 月 14 日，毕志树等。**云南** HKAS58169，普洱市莱阳河国家森林公园，邵士成，2009 年 8 月 27 日。

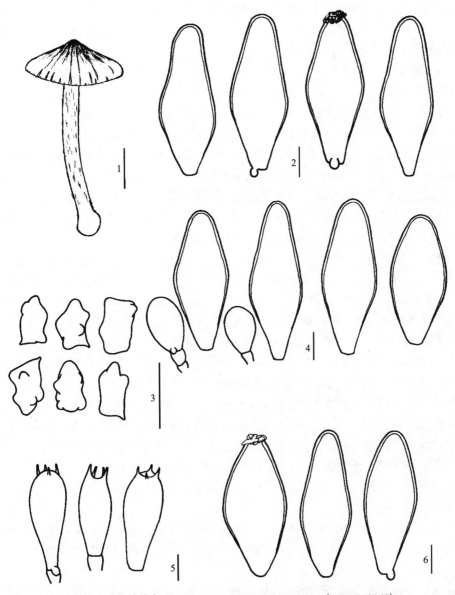

图 89　蛋黄丝盖伞 *Inocybe lutea* Kobayasi & Hongo（HKAS58169）

1. 担子体（basidiocarps）；2. 侧生囊状体（pleurocystidia）；3. 担孢子（basidiospores）；4. 缘生囊状体和缘生薄囊体（cheilocystidia and paracystidia）；5. 担子（basidia）；6. 柄生囊状体（caulocystidia）。标尺：1=10mm；2–6=10μm

讨论：此种的主要特征是担子体呈黄色至亮黄色，菌柄基部明显膨大；孢子多角形，较小，子实层囊状体宽纺锤形，柄生囊状体存在于菌柄顶部。在东亚同样具有亮黄色至橘黄色的种类包括 *I. caroticolor*、*I. cf. maculata* 等，前者菌盖表面被平伏鳞片且菌柄表面被粉状颗粒，后者菌柄表面近光滑至具光泽，无侧生囊状体。在欧洲具有同样色调的有 *I. bresadolae* 和 *I. muricellata*，但此两种菌柄表面均被有粉状颗粒。描述于北美洲的 *I. cinnamomea* 同样具有橘黄色菌盖，但这是一个光滑孢子的种。

在中国，此种曾记载于吉林、福建、广东、云南等地。其中，福建、广东和云南的记载没有指定凭证标本，吉林的凭证标本与其原始描述差别较大，予以排除。作者所观察到的中国材料目前来自云南和广东，北方尚未发现。

拟黄囊丝盖伞　图90

Inocybe muricellatoides T.Bau & Y.G. Fan, Mycosystema. 39(9): 1700(2020)

菌盖直径 10–22mm，幼时近锥形至半球形，后呈斗笠形至近平展，盖中央具小突起，有时不明显，幼时盖表面被灰白色丝膜，后逐渐消失，成熟后表面具翘起的毡毛鳞片，辐射状排列，有时呈平伏状或不明显，老后鳞片易消失，菌盖边缘伸展，幼时可见丝膜状菌幕残留。菌褶幼时灰白色至米色，成熟后带褐色，中等密，直生，褶缘色淡，1–3mm 宽。菌柄长 55–80mm，粗 2–3mm，等粗，中实，表面被平伏的纤维丝状鳞片、灰白色，顶部白色霜状颗粒，基部具白色绒毛状菌丝，米黄色至乳黄色，顶部明显红色至红褐色。菌肉具蘑菇味，菌盖菌肉乳白色或带淡红色，肉质，2–4mm 厚；菌柄菌肉纤维质，顶部红褐色，向下为米黄色至米色，具纵条纹。

担孢子(9.0)9.5–10.5×6.0–7.0(8.0)μm，Q=1.4–1.8，椭圆形至近杏仁形，顶部钝至稍锐，光滑，淡棕褐色。担子棒状，透明，具 4 个小梗，小梗粗壮。侧生囊状体52–75×12–22μm，纺锤形至细长纺锤形，壁厚2–3(4)μm，亮黄色，内部透明，有时颈部较长，顶部被结晶体，基部多缢缩形成柄，有时不明显。缘生囊状体 52–73×11–21μm，形态与侧生囊状体相似，有时呈长颈烧瓶形，内部透明或具黄褐色色素；缘生薄囊体15–30×8–10μm，丰富，透明，薄壁，棒状至宽棒状或梨形。柄生囊状体 78–110×14–29μm，存在于菌柄顶部，成簇，长颈烧瓶形至腹鼓形，壁无色至淡黄色，厚 2–3μm。柄生薄囊体形态多样，棒状、宽棒状至不规则，近透明，薄壁。菌髓菌丝规则排列，透明，由薄壁的膨大菌丝构成，直径 15–27μm。菌盖表皮平伏型，黄褐色，交织排列，由光滑至粗糙的圆柱形菌丝构成，薄壁，直径5–12μm。锁状联合存在于所有组织。

生境：夏季单生或散生于云杉属(*Picea*)林内地上或苔藓丛中。

中国分布：甘肃。

世界分布：亚洲。

研究标本：**甘肃** HMJAU26201，兰州市榆中县兴隆山自然保护区，图力古尔、范宇光，2012 年 8 月 22 日；HMJAU26547，张掖市肃南县康乐乡青沟，范宇光，2012 年 8 月 25 日。

讨论：此种的主要特征为菌盖表面被翘起的毡毛状鳞片，菌柄顶部具白粉状颗粒，菌盖边缘具丝膜状残留，担孢子光滑，子实层囊状体厚壁、被结晶体。在光滑孢子的种类中，描述于欧洲的 *I. hirtella* var. *bispora* Kuyper 和 *I. muricellata* Bres.因具有相似的菌盖鳞片和带红色的菌柄顶部而与该种接近，*I. amblyspora* 菌柄顶部同样具红色，但此三个种菌柄表面全部被白色霜状颗粒，柄生囊状体延伸至菌柄基部。

　　分子系统学分析表明此种与毛纹丝盖伞关系较近，此两种又与黄囊丝盖伞构成姐妹群关系，此种与毛纹丝盖伞和黄囊丝盖伞的相似之处在于菌盖表面具翘起的鳞片、孢子形态、子实层囊状体的形态，因此暂将本研究材料定为拟黄囊丝盖伞。

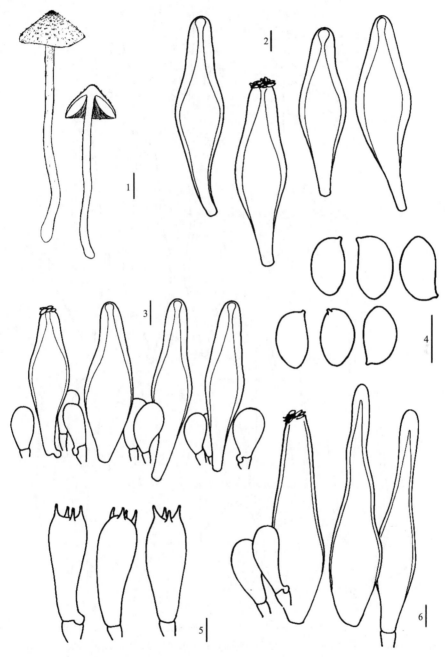

图 90　拟黄囊丝盖伞 *Inocybe muricellatoides* T. Bau & Y.G. Fan（HMJAU26201）

1. 担子体（basidiocarps）；2. 侧生囊状体（pleurocystidia）；3. 缘生囊状体和缘生薄囊体（cheilocystidia and paracystidia）；4. 担
孢子（basidiospores）；5. 担子（basidia）；6. 柄生囊状体和柄生薄囊体（caulocystidia and cauloparacystidia）。

标尺：1=10mm；2-6=10μm

Inocybe neoflocculosa Kobayasi, *Nagaoa* 2: 85, 1952.

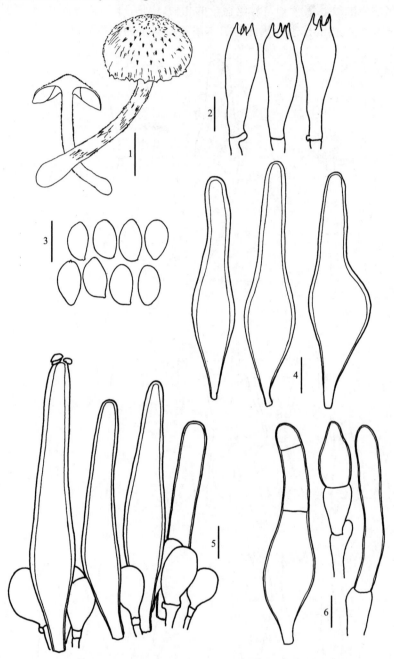

图 91　新卷毛丝盖伞 *Inocybe neoflocculosa* Kobayasi（HMJAU24858）

1. 担子体（basidiocarps）；2. 担子（basidia）；3. 孢子（basidiospores）；4. 侧生囊状体（pleurocystidia）；5. 缘生囊状体和缘
生薄囊体（cheilocytidia and cheiloparacystidia）；6. 菌柄顶部菌丝（hyphae at stpe apex）。标尺：1 = 10 mm；2–6=10μm

菌盖直径 13–17 mm，初期钟形，后半球形至逐渐平展，中部具较钝突起，褐色，表面被黑褐色平伏鳞片，中部鳞片明显，向边缘渐为纤维毛状表皮，菌盖边缘非平滑，具有不规则的菌幕残片，幼时可见丝膜状菌幕残留；菌褶初期污白色，后呈灰色至褐色，不等长，直生或稍弯生，褶缘非平滑，菌褶宽达 4mm。菌柄长 22–30mm，宽 3–4mm，等粗，中实，基部膨大，膨大处达 5mm，表面被褐色的菌幕残留，呈粗糙的纤维鳞状。菌盖菌肉污白色，肉质，近表皮处带褐色，盖中央菌肉厚达 2.2mm，其余部分较薄，盖半径中央处厚约 1mm；菌柄菌肉纤维质，污白色，带淡肉色竖条纹。

担孢子光滑，(8.8) 8.9–9.7 (9.8) × (5.0) 5.3–5.8 (5.9) μm，Q=(1.49) 1.55–1.74 (1.78)（图版 XXIV 56），椭圆形至苦杏仁形，顶端稍尖，黄褐色；担子棒状，26–33×8–11μm，内部非透明，具有大小不等的气泡颗粒，具 4 个担子小梗；缘生囊状体 65–97 × 10–17μm，厚壁，达 3μm，淡黄色，细长型基部膨大，带短柄或基部平截，具有很长的颈部，顶部被结晶体，内部透明。缘生薄囊体亚球形至倒卵形，15–31×12–18μm，薄壁，透明，丰富。侧生囊状体与缘生囊状体相似，70–120×11–29μm，有时基部形成较长的柄，有时腹部一侧异常膨大。柄生囊状体未见，菌柄顶部具有与囊状体类似的分隔菌丝。菌盖表皮菌丝平伏排列，褐色，90–120μm 厚，由膨大菌丝或细胞状菌丝构成，直径 7.5–22μm，表面粗糙。锁状联合存在于所有组织中。

生境：生于针叶林路边、石灰质土壤中。

中国分布：吉林。

世界分布：亚洲。

研究标本：**吉林** HMJAU24858，范宇光，延边朝鲜族自治州安图县长白山自然保护区，2011 年 8 月 20 日。

讨论：该种主要特征为孢子光滑，椭圆形，子实层囊状体厚壁、细长形，长度往往超过 80μm，无柄生囊状体。根据以上特征此种应隶属于 sect. *Tardae* Bon. 与此种较为接近的种为 *Inocybe flocculosa*，但后者孢子较大，而本种的子实层囊状体形态较纤细。

光帽丝盖伞　图 92，图版 XV 115-116

Inocybe nitidiuscula (Britzelm.) Lapl., Mém. Soc. Linn. Normandie: 523（1894）

Agaricus nitidiuscula Britzelm., Ber. Naturhist. Augsburg 8: 7（1891）

Inocybe friesii R. Heim, Encyclop. Mycol., 1 Le Genre *Inocybe*（Paris）: 319（1931）

菌盖直径 19–30mm，幼时锥形，后呈钟形至渐平展，老后菌盖边缘上翻，盖中央具较小的突起，光滑、纤维丝状，中央深褐色，向边缘渐淡，具有小缝裂，老后边缘开裂，幼时菌盖边缘具灰白色菌幕残留。菌褶直生，老后近延生，中等密，不等长，宽达 3.5mm，幼时污白色，成熟后带褐色，褶缘与褶面同色。菌柄长 30–60mm，宽 2.0–3.5mm，上部粉褐色，下部灰白色，等粗，基部膨大，顶部具白色颗粒状鳞片，下部为纤维丝鳞片状，基部为白色棉毛状菌丝，中空。基部稍粗，顶部具白色霜状鳞片，下部纤丝状，中实，常虫蛀。菌盖菌肉白色或半透明，淡土腥味，菌柄菌肉纤维质，近白色。

担孢子 (8.5) 9.0–10.9 (12.0) ×5.0–6.0μm，Q=1.5–2.0（图版 XXIV 53），椭圆形至近胡桃形，光滑，淡褐色，少数孢子很大，可达 12.7–17.1×5.8–7.3μm。担子棒状，基部稍窄或向下渐细，具 4 个担子小梗，内部近透明或具气泡状物，20–28×9–14μm。侧生囊状体腹鼓形，具较长颈部，基部渐细，丰富，46–78×12–15μm，厚壁，达 1–2μm，内部透明，顶部被结晶体。缘生囊状体与侧生囊状体形态接近，丰富，29–44×12–17μm。缘生薄囊体 21–39×9.7–17μm，倒卵形至宽椭圆形，薄壁，透明。柄生囊状体 46–80×12–15μm，仅生于菌柄上部，厚壁，顶部被结晶体，与侧生囊状体形态相似，内部透明。菌柄上部未分化的末端菌丝丰富，棒状至细长棒状，有的形态类似侧生囊状体，22–107×9–14μm。菌髓菌丝规则排列，带黄色，由膨大的薄壁菌丝构成，直径 10–25μm。菌盖表皮平伏型，深褐色，由粗糙的膨大菌丝构成，规则排列，褐色，直径 12–24μm。锁状联合存在于所有组织。

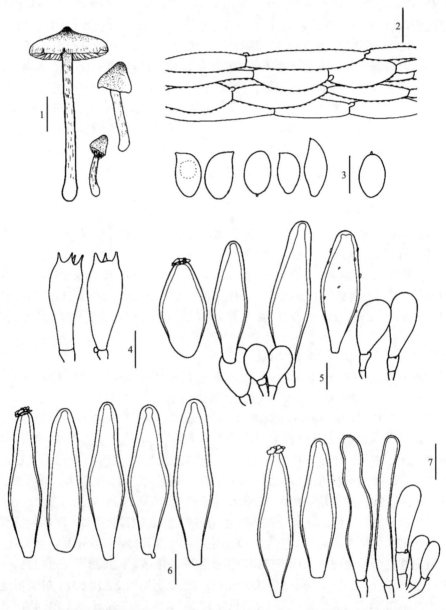

图 92 光帽丝盖伞 *Inocybe nitidiuscula* (Britzelm.) Lapl.（HMJAU25712）

1. 担子体（basidiocarps）；2. 菌盖表皮（pileipellis）；3. 担孢子（basidiospores）；4. 担子（basidia）；5. 缘生囊状体和缘生薄囊体（cheilocystidia and paracystidia）；6. 侧生囊状体（pleurocystidia）；7. 柄生囊状体和末端菌丝（caulocystidia and hypha of stipe apex）。标尺：1=10mm；2–7=10μm

生境：夏季、秋季单生或散生于阔叶林内地上。

中国分布：吉林、四川、云南、新疆。

世界分布：亚洲、欧洲。

研究标本：**吉林** HMJAU25712，延边朝鲜族自治州安图县二道白河镇，范宇光，2010 年 7 月 10 日；HMJAU26675，延边朝鲜族自治州安图县二道白河镇，郭秋霞，2012 年 8 月 19 日。

讨论：此种的主要特征是菌柄上部带粉色，下部白色，菌盖深褐色，边缘淡，孢子椭圆形至近胡桃形，柄生囊状体存在于菌柄顶部。以上特征表明该种隶属于 sect. *Tardae*。宏观特征与该种较为接近的包括 *I. splendens*、*I. leiocephala*，但此两种整个菌柄表面均被白色粉末颗粒；此外，*I. assimilata* 也具有深褐色的菌盖和带褐色的菌柄，但其孢子带疣突。该种在国内记载于云南和四川、新疆，但四川、新疆的记载无凭证标本，记载于云南的标本采自中甸（吉沙，海拔 3250m，云杉林下，臧穆 10419，HKAS14842），作者目前尚未能观察到此号标本。

长孢土味丝盖伞　图 93，图版 XVI 123-124

Inocybe oblonga T. Bau & Y.G. Fan, in Fan, Wu & Bau, Journal of Fungal Research,16（2）: 71（2018）

菌盖直径 10–17mm，幼时锥形，后变钟形至平展，盖中央具突起，突起处具平伏的白色至灰白色鳞片，向边缘渐为纤维丝状，具不明显的细缝裂，边缘有时开裂，菌盖边缘内卷，可见丝膜状菌幕残留；白色至象牙白色，成熟后带淡黄色。菌褶直生，密，达 3mm 宽，灰白色至灰色，带赭黄色斑点，褶缘平滑。菌柄长 15–25mm，粗 2–3mm，等粗，基部膨大，中实，表面弱纤维丝状，象牙白色至灰白色。菌肉具土腥味，菌盖菌肉肉质，1–2mm 厚；菌柄菌肉纤维质，具光泽（除菌柄基部膨大处）。

担孢子 9.0–12.0×4.5–6.0μm，Q=1.7–2.4，椭圆形至长椭圆形或豆形，光滑，黄褐色，担子 25–33×8.0–10.0μm，棒状，具 4 个或 2 个担子小梗，淡黄色。侧生囊状体 47–56×12.5–16.5μm，纺锤形，厚壁，壁厚 2–2.5μm，淡黄色，顶部被结晶体，基部缢缩形成柄，内部具黄色素。缘生囊状体与侧生囊状体形态相似，厚壁。缘生薄囊体存在于缘生囊状体之间，16–27×7.5–9.5μm，棒状，薄壁，淡黄色。菌髓菌丝近规则排列，由直径 3–6μm 的膨大菌丝构成，薄壁至稍加厚，淡黄色。柄生囊状体存在于菌柄顶部，与侧生囊状体形态相似，厚壁。柄生薄囊体存在于柄生囊状体之间，与缘生囊状体形态相似。菌柄表皮菌丝近规则排列，由直径 2–10μm 的圆柱形菌丝构成，内部具淡褐色色素。菌盖表皮平伏型，由近规则排列的圆柱形菌丝构成，直径 2–5μm，胶质化，色淡。锁状联合存在于所有组织。

生境：秋季散生于白桦林沙质土壤中。

中国分布：内蒙古。

世界分布：亚洲。

研究标本：**内蒙古** HMJAU23758，通辽市扎鲁特旗罕山自然保护区，范宇光、图力古尔、Takahito Kobayashi，2011 年 9 月 19 日。

讨论：此种与 *I. geophylla* var. *geophylla* 接近，但它的担子体更小，菌盖中部被平伏的鳞片，孢子较长。*I. geophylla* f. *squamuosa* Kobayasi 与此种在宏观特征上较为接近，但前者的孢子较小[(Kobayasi(1952)：7–7.8×4–4.5µm，Kobayashi(2002)：7.5–9.5×4.5–5.8µm)]。

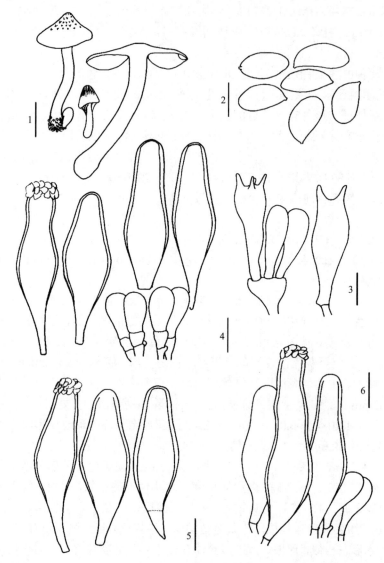

图 93 长孢土味丝盖伞 *Inocybe oblonga* T. Bau & Y.G. Fan, in Fan, Wu & Bau (HMJAU23758)

1. 担子体(basidiocarps)；2. 担孢子(basidiospores)；3. 担子(basidia)；4. 缘生囊状体(cheilocystidia)；5. 侧生囊状体(pleurocystidia)；6. 柄生囊状体和柄生薄囊体(caulocystidia and cauloparacystidia)。标尺：1=10mm；2–6=10µm

暗红褐色丝盖伞　图 94

Inocybe obscurobadia (J. Favre) Grund & D.E. Stuntz, Mycologia 69(2)：407 (1977)

Inocybe tenuicystidiata E. Horak & Stangl, Sydowia 33: 148 (1980)

　　菌盖直径 10–24mm，幼时钟形至锥形，成熟后平展至内卷，有时菌盖边缘细开裂，钝突起，幼时菌盖表面具不明显的白色丝膜，后逐渐消失，表面被纤毛，灰白色至土黄色，突起处颜色深。菌褶宽 2–4mm，弯生，不等长，褶缘非平滑，幼时灰褐色，成熟后黄褐色。菌柄长 41–66mm，粗 2–4mm，圆柱形，基部略膨大，菌柄表面被白色纤毛，实心，菌柄菌肉纤维质，幼时肉粉色，老后土黄色至红褐色。菌盖菌肉肉质，淡黄色。

担孢子 (8.5) 9.7–10.5 (12.2) ×4.8–6.3 (7.3) μm，Q=1.7–2.0，椭圆形至长椭圆形，红褐色。担子 26–34×8–12μm，棒状，具少量内含物，具 4 个小梗或 2 个小梗。缘生囊状体 52–70×8–14μm，细长纺锤形至纺锤形，厚壁，顶部被结晶体。缘生薄囊体 19–34×7–13μm，棒状，薄壁，亚球形，多数簇生。侧生囊状体 51–65×9–17μm，纺锤形至长颈瓶形，厚壁，被结晶体。未见柄生囊状体。菌柄顶部具膨大菌丝。菌盖表皮由淡黄色的膨大菌丝构成，平伏型，直径 6–19μm。锁状联合存在于所有组织。

生境：秋季散生于针阔混交林落叶松地上。

中国分布：吉林。

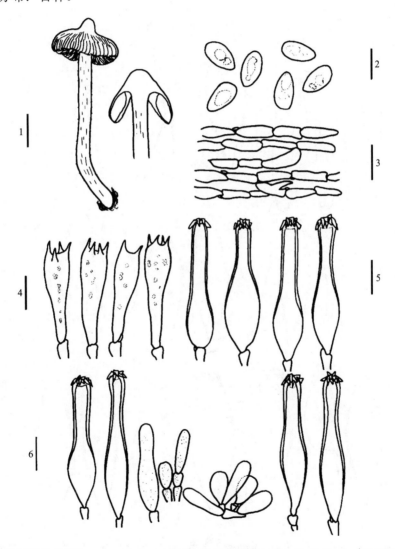

图 94　暗红褐色丝盖伞 *Inocybe obscurobadia* (J. Favre) Grund & D. E. Stuntz (HMJAU37787)

1. 担子体 (basidiocarps)；2. 担孢子 (basidiospores)；3. 菌盖表皮 (pileipellis)；4. 担子 (basidia)；5. 侧生囊状体 (pleurocystidia)；6. 缘生囊状体和缘生薄囊体 (cheilocystidia and paracystidia)。标尺：1=10mm；2–6=10μm

世界分布：亚洲、欧洲。

标本：**吉林** HMJAU37787，长春市净月潭公园，乌日汗，2016 年 9 月 14 日。

讨论：本种的主要特征是菌盖表面被纤毛，灰白色至土黄色，菌柄表面被白色纤毛，肉粉色至土黄色，担孢子椭圆形至长椭圆形，缘生囊状体细长纺锤形至烧瓶形，未见柄生囊状体。与 *I. sindonia* (Fr.) P. Karst.接近，但后者柄生囊状体生于菌柄 1/3 以上，可以区分。

拟暗盖丝盖伞　图 95，图版 XI 81

Inocybe phaeodiscoides T. Bau & Y.G. Fan, in Fan, Wu & Bau, Journal of Fungal Research, 16(2)：72 (2018)

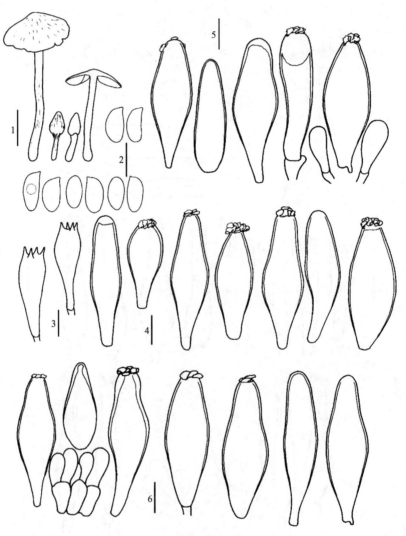

图 95　拟暗盖丝盖伞 *Inocybe phaeodiscoides* T. Bau & Y.G. Fan, in Fan, Wu & Bau（HMJAU23678）
1. 担子体（basidiocarps）；2. 担孢子（basidiospores）；3. 担子（basidia）；4. 缘生囊状体和缘生薄囊体（cheilocystidia and paracystidia）；5. 侧生囊状体（pleurocystidia）；6. 柄生囊状体和柄生薄囊体（caulocystidia and cauloparacystidia）。

标尺：1=10mm；2–6=10μm

菌盖直径 7–12mm，幼时钟形，成熟后凸镜形，盖中央具不明显的突起，表面纤维丝状，具一层不明显的灰白色菌幕残留，无细裂，幼时菌盖边缘可见丝膜状菌幕残留。菌褶直生，密，白色至土黄色，褶缘色淡，1–2mm 宽。菌柄长 8–11mm，粗 1–1.5mm，等粗，中实，基部稍膨大，光滑，表面纤维丝状，菌肉明显具土腥味，菌盖菌肉肉质，1mm 厚，白色；菌柄菌肉纤维质，纵条纹，白色。

担孢子 8.0–12.5×5.0–7.5μm，Q=1.6–2.2，椭圆形，少数长椭圆形或近豆形，黄褐色至锈褐色，光滑。担子 19–30×8.8–10.8μm，棒状，具 4 个担子小梗，薄壁，无色至柠檬色。侧生囊状体 35–58×12.5–17μm，纺锤形，顶部钝，具结晶体，具短颈部，基部具柄，厚壁，壁厚约 3mm，淡黄色，内部具少量褐色内含物。缘生囊状体与侧生囊状体形态相似，厚壁，丰富。缘生薄囊体 14–25×8.0–12μm，棒状，存在于缘生囊状体之间，常成串，薄壁，无色至近淡黄色。菌髓菌丝近规则排列，淡黄色，5–8μm 宽。柄生囊状体存在于菌柄顶部，延伸至菌柄 1/5 处，与侧生囊状体形态相似，但颈部较短，厚壁。柄生薄囊体存在于柄生囊状体之间，与缘生薄囊体相似。菌柄表皮菌丝近规则排列，3–5μm，淡黄色。菌盖表皮平伏型，分两层，上层达 40μm 厚，由胶质化菌丝构成，直径 2–8μm，淡黄色；下层达 65μm 厚，直径 4–7μm。锁状联合存在于所有组织。

生境：秋季散生于白桦林内地上。

中国分布：内蒙古。

世界分布：中国。

研究标本：**内蒙古** HMJAU23678，通辽市扎鲁特旗罕山自然保护区，图力古尔、范宇光、Takahito Kobayashi，2011 年 9 月 21 日。

讨论：此种与 *I. albovelutipes* Stangl 相似，但后者无柄生囊状体或仅存在于菌柄顶部。此外，*I. albovelutipes* 的菌褶具橄榄色、菌柄顶部具粉色（Stangl 1989）。*I. phaeodiscoides* 与 *I. griseovelata* Kühner 相似，但后者的柄生囊状体仅存在于菌柄顶部，缘生囊状体稀少，菌柄粗壮且有时顶部具粉色。*I. phaeodisca* Kühner 与 *I. phaeodiscoides* 相似，但前者无柄生囊状体，菌柄上部具明显的红褐色。

突起丝盖伞 图 96，图版 X 78

Inocybe prominens Kauffman, N. Amer. Fl. (New York) 10(4): 239 (1924)

菌盖直径 22–32mm，幼时钟形，成熟后菌盖逐渐平展，巧克力褐色，中部色深，向边缘渐淡，表面细缝裂，缝裂处露出部分污白色，盖中央无明显突起，幼时菌盖边缘稍内卷，后伸展。菌柄等粗，中实，长 43–65mm，粗 3.5–5mm，向下渐粗，基部膨大，肉褐色，被灰白色纤维丝状膜，顶部近白色，基部乳白色，中实。菌褶幼时灰白色，后逐渐为淡褐色，较密，直生，褶缘非平滑，宽达 3mm。菌盖菌肉肉质，乳白色，菌柄菌肉纤维质，带肉褐色，无特殊气味。

担孢子 7.0–8.5(9.0)×5.0–6.0μm，Q=1.2–1.7（图版 XX 17），具不明显疣突，近多角形，淡褐色。担子 21–32×6.5–10μm，棒状，基部渐细，透明，具 4 个或 2 个担子小梗，小梗长达 5μm。侧生囊状体 43–66×12–20μm，纺锤形，壁稍加厚，多数壁厚 1μm，少数可达 2μm，顶部被结晶体，基部有小柄，内部透明。缘生囊状体 46–63×16–24μm，少，与侧生囊状体形态相似。缘生薄囊体丰富，薄壁，透明，梨形至棒状，常成串，末端细胞 14–32×10–15μm。柄生囊状体未见，菌柄顶部表皮具有薄壁或厚壁末端菌丝，长棒状，分隔。菌髓组织无色或淡黄色，亚规则排列，由圆柱形至膨大菌丝构成，直径 6–17μm。菌盖皮层菌丝平伏，亚规则排列，黄褐色，由光滑或粗糙的厚壁菌丝构成，直径 3–10μm。锁状联合存在于所有组织。

生境：夏季单生或群生于阔叶林地上。

中国分布：四川。

世界分布：亚洲、北美洲。

研究标本：**四川** HMJAU25921，峨眉市峨眉山，图力古尔、范宇光，2011 年 7 月 16 日。

讨论：此种的主要特征是孢子近多面体形，具有较小的疣突，子实层囊状体壁稍加厚，无柄生囊状体。此种的模式产地为北美洲，虽然原始描述中此种的菌盖具有明显的突起，但 Grund 和 Stunz(1981) 的记载中菌盖并没有明显的突起，本研究中的标本与 Grund 和 Stunz(1981) 的记载对应较好。

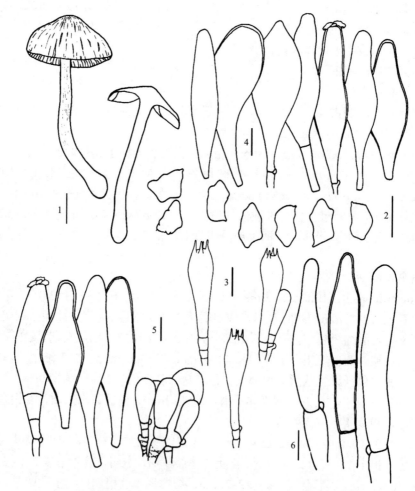

图 96　突起丝盖伞 *Inocybe prominens* Kauffman（HMJAU25921）

1. 担子体(basidiocarps)；2. 担孢子(basidiospores)；3. 担子(basidia)；4. 侧生囊状体(pleurocystidia)；5. 缘生囊状体和缘生薄囊体(cheilocystidia and paracystidia)；6. 菌柄顶端表面末端菌丝（hypha of stipe apex）。标尺：1=10mm；2–6=10μm

沙地丝盖伞 图 97

Inocybe pruinosa R. Heim, Encyclop. Mycol., 1 Le Genre Inocybe（Paris）: 245（1931）

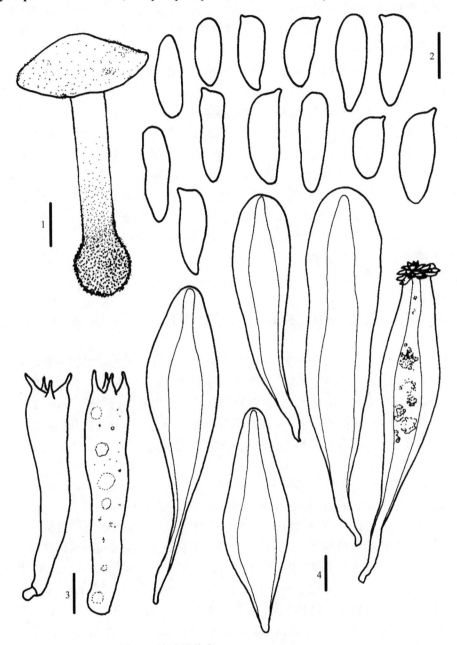

图 97 沙地丝盖伞 *Inocybe pruinosa* R. Heim
1. 担子体（basidiocarps）；2. 孢子（basidiospores）；3. 担子（basidia）；4. 侧生囊状体（pleurocystidia）。
标尺：1=10mm；2–4=10μm

　　菌盖直径 20–45mm，幼时球形至半球形，后渐呈凸镜形，边缘幼时内卷，成熟后渐平展至边缘上翻，盖中央具钝状突起，无丝膜状残留；表面干，常有细小沙粒留于盖表，边缘偶开裂；菌盖表面大部分污白色至淡土黄色，干后土褐色，非典型的纤维丝状，平滑，无鳞片。菌褶密，直生，3–5mm 宽，幼时灰白色至污白色，成熟后带褐色至黄褐色，褶缘色淡。菌柄长 40–70mm，粗 15–25mm，等粗，基部球形膨大，膨大处达 30mm 宽，中实，菌柄自上而下呈均一白色至乳白色，具纵向细条纹，表面被细密的灰白色粉末状颗粒，中下部常被细沙粒覆盖包裹。菌盖菌肉白色至乳白色，肉质，宽达 5mm；菌柄菌肉纤维质，白色，具光泽。

担孢子 (12.5) 15–20 (23.5) ×6.5–8.0 (8.5) μm，Q=1.9–3.0，长椭圆形，少数孢子顶部稍锐或不明显，黄褐色。担子 40–45×8–12μm，棒状，具 4 个担子小梗，偶尔具 2 个担子小梗，内部具大小不等的气泡状内含物。侧生囊状体 60–90×17–23μm，纺锤形至长纺锤形，偶细长形，壁淡黄色，明显加厚，厚达 3–5 (7) μm，内部具无色至黄色内含物，顶部钝，具块状结晶物质，基部常缢缩形成较长且弯曲的柄，有时无柄。缘生囊状体与侧生囊状体形态相似。菌髓菌丝近规则排列，由圆柱形至膨大的薄壁菌丝构成，宽达 27μm。柄生囊状体 45–75×15–20μm，延伸至菌柄中部，与侧生囊状体形态相似，但形态不规则，壁无色，厚 2–4μm。未见柄生薄囊体。菌盖表皮平伏型，交织排列，由圆柱形至膨大的菌丝构成，直径 4–12μm。锁状联合存在于所有组织。

生境：秋季散生于沙丘地上。

中国分布：内蒙古。

世界分布：亚洲、欧洲。

研究标本：**内蒙古** HMJAU56859，包头市库布齐沙漠，图力古尔（杨坤龙提供），2020 年 8 月 27 日。

讨论：该种的主要特征是子实体粗壮，菌盖污白色至土黄色，具钝突起，菌柄表面均一白色且被白色粉末颗粒，基部明显球形膨大；孢子细长椭圆形，子实层囊状体壁明显加厚。该种生于沙地环境，常与针叶树或杨属、柳属植物共生，描述于欧洲的 *I. serotina* 与此种十分接近，但其孢子稍小。中国材料与欧洲材料相比具有更粗壮的菌柄，但孢子形态、大小及子实层囊状体的形态与欧洲材料基本相符。

紫柄丝盖伞　图 98

Inocybe pusio P. Karst., Bidr. Känn. Finl. Nat. Folk 48: 465（1889）

菌盖直径 10–15mm，初期钟形，成熟后逐渐平展，中部具不明显突起，淡褐色，表面被细小的平伏的褐色鳞片，向边缘渐为纤维毛状表皮，菌盖边缘具细缝裂，幼时菌盖边缘稍内卷，后渐展开；菌褶初期带紫色，后呈灰白色至褐色，不等长，直生或稍弯生，褶缘非平滑、色淡，宽达 3mm。菌柄长 20–30mm，宽 1.5–2.5mm，等粗，中实，基部不膨大，顶部带紫色，向下渐淡，表面被灰白色的纤维丝膜，顶部具白色颗粒，基部淡草黄色。菌盖菌肉污白色，肉质，菌柄菌肉纤维质，顶部带不明显的紫色，纤维质，味道不明显。

担孢子 (7.5) 8.0–9.0 (9.5) ×4.0–5.0μm，Q=1.7–1.9，椭圆形至近杏仁形，顶端稍尖，黄褐色，光滑。担子棒状，17–23×7–9μm，透明，基部钝圆，具 4 个担子小梗；缘生囊状体 40–60×12–21μm，厚壁，2–3μm 厚，纺锤形，淡黄色，顶部钝圆，被结晶体，基部具小柄，内部透明。缘生薄囊体 12–23×12–16μm，梨形至倒卵形，薄壁，透明，丰富。侧生囊状体与缘生囊状体相似，40–60×14–21μm。柄生囊状体仅生于菌柄顶部，

48–58×12–19μm，与缘生囊状体形态相似，有些形态不规则。柄生薄囊体未见。菌盖表皮菌丝近平伏排列，褐色，由圆柱形至膨大菌丝构成，直径5–10μm，表面光滑或粗糙。锁状联合存在于所有组织中。

生境：夏季单生或群生于阔叶林路边。

中国分布：吉林。

世界分布：亚洲、欧洲。

研究标本：**吉林** HMJAU3898，长春市净月潭森林公园，范宇光，2005年7月23日；HMJAU26700，延边朝鲜族自治州安图县二道白河镇，范宇光，2012年9月4日。

讨论：此种的主要特征是菌盖表面显微毛状或近光滑，菌柄顶部或大部分具有淡紫色，孢子椭圆形至苦杏仁形，子实层囊状体纺锤形，具小短柄。此种与 *I. amethystina* Kuyper 较为接近，菌柄顶部都带有紫色，但后者的子实层囊状体更细长。

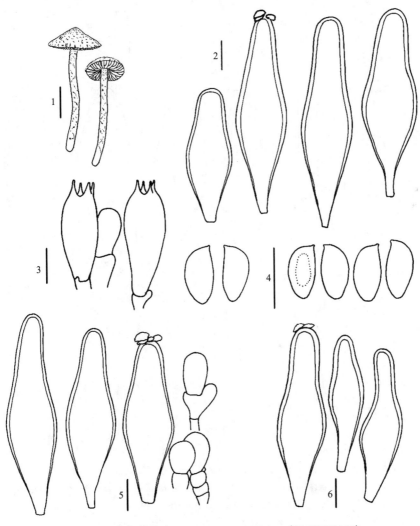

图98 紫柄丝盖伞 *Inocybe pusio* P. Karst.（HMJAU3898）

1. 担子体（basidiocarps）；2. 担孢子（basidiospores）；3. 担子（basidia）；4. 侧生囊状体（pleurocystidia）；5. 缘生囊状体和缘生薄囊体（cheilocystidia and paracystidia）；6. 柄生囊状体（caulocystidia）。标尺：1=10mm；2–6=10μm

翘鳞蛋黄丝盖伞　图 99

Inocybe squarrosolutea（Corner & E. Horak）Garrido, Biblthca Mycol. 120: 177（1988）

Astrosporina squarrosolutea Corner & E. Horak, Persoonia 10（2）: 175（1979）

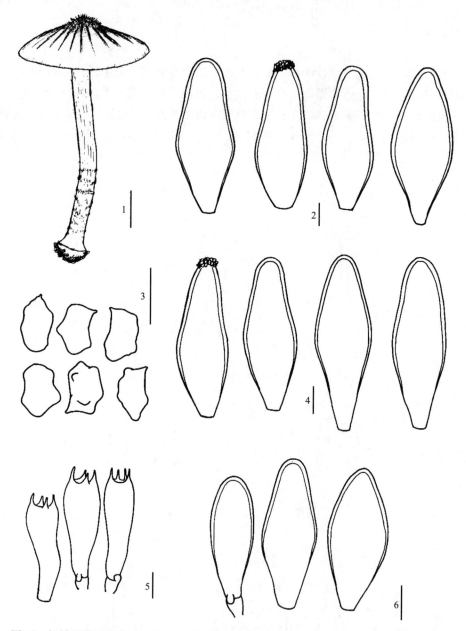

图 99　翘鳞蛋黄丝盖伞 *Inocybe squarrosolutea*（Corner & E. Horak）Garrido（HKAS36224）
1. 担子体（basidiocarp）；2. 侧生囊状体（pleurocystidia）；3. 担孢子（basidiospores）；4. 缘生囊状体（cheilocystidia）；5. 担子（basidia）；6. 柄生囊状体（caulocystidia）。标尺：1=10mm；2–6=10μm

　　菌盖直径 32–40mm，幼时钟形，成熟后渐平展，具钝突起，幼时边缘内卷，后下弯至渐平展，中部被翘起的粗毛状鳞片，向边缘渐为平伏纤维丝状至细缝裂，幼时菌盖边缘可见丝膜状菌幕残留；亮黄色至橘黄色，中部橘黄色至暗褐色。菌褶直生，密，幼时黄色至橘黄色，成熟后褐色，褶缘色淡，3–5mm 宽。菌柄长 35–55mm，粗 3–5mm，等粗，基部明显膨大，中实，纤维丝状，有时具环带状、橘黄色鳞片，顶部具白色粉末状颗粒。菌盖菌肉肉质，淡橙色；菌柄菌肉纤维质，淡黄色。

担孢子(7.5)8.0–9.5×5.0–7.0μm，Q=1.2–1.5，近方形，具弱疣突，黄褐色。担子 20–25×8–10μm，棒状至细棒状，具 4 个担子小梗。侧生囊状体 42–60×18–22μm，纺锤形至宽纺锤形，顶部钝，被结晶体，基部形成柄，有时钝，厚壁，壁淡黄色至亮黄色，1–2μm，透明。缘生囊状体 40–52×15–20μm，与侧生囊状体形态相似。柄生囊状体存在于菌柄顶部，形态与侧生囊状体相似。菌盖表皮栅栏型，由规则至近规则的淡黄色薄壁菌丝构成，5–10μm。锁状联合存在于所有组织。

生境：夏季单生或群生于阔叶林内地上。

中国分布：云南。

世界分布：亚洲。

研究标本：**云南** HKAS36224，思茅莱阳河树上人家，藏穆 1364b，2000 年 6 月 27 日；HMAS78394，勐腊，文华安、孙术霄、卯晓岚，1999 年 8 月 10 日；HMAS145641，屏边大围山水围城，魏铁铮，2005 年 7 月 20 日。

讨论：此种的主要特征是担子体呈黄色至亮黄色，菌柄基部明显膨大，具边缘，孢子多角形，子实层囊状体宽纺锤形，柄生囊状体存在于菌柄顶部。此种与描述于日本的 I. lutea 十分接近，但后者担子体相对较小，菌盖中央缺乏翘起的鳞片，菌柄下部无环带状鳞片，菌柄基部无边缘，且孢子较小。与原始描述相比，云南的材料孢子疣突较弱，子实层囊状体壁较薄，但总体形态特征仍有很好的对应。

长囊丝盖伞 图 100

Inocybe stellatospora (Peck) Massee, Ann. Bot., Lond. 18: 469（1904）

Agaricus stellatosporus Peck, Bull. Buffalo Soc. Nat. Sci. 1(2): 51 (1873)

Inocybe lanuginosa f. *longicystis* (G.F. Atk.) R. Heim, Encyclop. Mycol. 1: 396 (1931)

Inocybe lanuginosa var. *longicystis* (G.F. Atk.) Stangl & Enderle, Z. Mykol. 49(1): 120
    (1983)

Inocybe longicystis G.F. Atk., Am. J. Bot. 5: 213 (1918)

菌盖直径 18–25mm，钟形至斗笠形或平展，被褐色的放射状鳞片，平伏或稍翘起，中部深褐色，向边缘渐淡，菌盖底色为草黄色，幼时可见丝膜状残留，随即消失。菌褶褐黄色，薄，中等密，宽达 4mm，直生；菌柄等粗，长 28–35mm，粗 3–4mm，表面细绒状，与盖同色，中实。菌盖菌肉肉质，灰白色，近表皮处带褐色，宽达 3mm，菌柄菌肉纤维质，淡肉色，味道不明显。

担孢子(9.5)10.0–12.0(12.5)×7.0–8.5(9.0)μm，Q=1.3–1.4(图版 XX 21)，具有 16–18 个小突起，宽椭圆形，褐色；担子 22–36×9–14μm，棒状，具 4 个或 2 个担子小梗，基部可见锁状联合。侧生囊状体 50–72×14–25μm，壁稍加厚，达 1μm，腹鼓形或纺锤形，有时顶部呈头状，基部多数具短柄，顶部被少量结晶。缘生囊状体与侧生囊状体相似，但形态多样，44–71×10–17μm，多数颈部较长且波状弯曲，有时带黄色内含物，底部多平截或钝圆，顶部被少量结晶，表面被分散的结晶颗粒。缘生薄囊体未见。柄生囊状体

56–77× 12.6–17μm，仅生于菌柄顶部，与侧生囊状体相似，基部有锁状联合。缘生薄囊体未见。菌盖表皮菌丝栅状排列，褐色，由直径为 7–18μm 的厚壁细胞组成，壁厚1–2.5μm，内壁非平滑。锁状联合存在于所有组织。

生境：夏季单生于针叶林内地上。

中国分布：四川、西藏。

世界分布：亚洲、欧洲、北美洲。

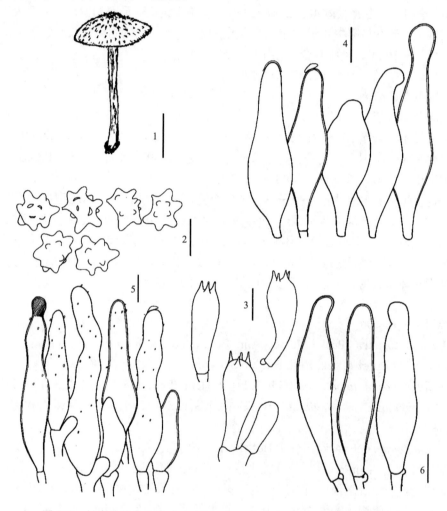

图 100　长囊丝盖伞 *Inocybe stellatospora*（Peck）Massee（HMJAU25936）

1. 担子体（basidiocarp）；2. 担孢子（basidiospores）；3. 担子（basidia）；4. 侧生囊状体（pleurocystidia）；5. 缘生囊状体（cheilocystidia）；6. 柄生囊状体（caulocystidia）。标尺：1=10mm；2–6=10μm

研究标本：**四川** HMJAU25936，攀枝花市平地镇方山，海拔 2500m，图力古尔、范宇光，2011 年 7 月 24 日。**西藏** HMAS53447，波密县，卯晓岚，1982 年 8 月 24 日。

讨论：研究材料采自西南地区，与欧洲和北美洲的材料相比孢子稍大，形状更圆，孢子上的小突起更多；其余特征对应较好。此种与 *I. lanuginosa* var. *ovatocystis* 区别于囊状体形态，后者为卵形或椭圆形。HMAS53447 的子实层囊状体通常在基部形成较长的柄。

红白丝盖伞亚美尼亚变型　图 101

Inocybe whitei f. armeniaca (Huijsman) Kuyper, Persoonia, Suppl. 3: 93（1986）

Inocybe armeniaca Huijsman, Bull. Mens. Soc. Linn. Lyon 43（Num. spéc.）: 201（1974）

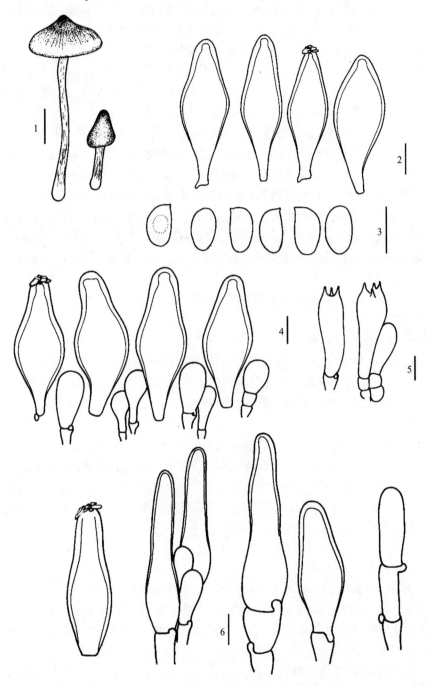

图 101　红白丝盖伞亚美尼亚变型 *Inocybe whitei* f. *armeniaca*（Huijsman）Kuyper（HMJAU36858）

1. 担子体（basidiocarps）；2. 侧生囊状体（pleurocystidia）；3. 担孢子（basidiospores）；4. 缘生囊状体和缘生薄囊体（cheilocystidia and paracystidia）；5. 担子（basidia）；6. 柄生囊状体和末端菌丝（caulocystidia and hypha of stipe apex）。

标尺：1=10mm；2-6=10μm

菌盖直径 15–20mm，幼时锥形或钟形，成熟后逐渐平展，盖中央具明显突起，钝或较锐，幼时白色至乳白色，后逐渐变为橘黄色至橘红色，表面光滑，纤维丝状，无细缝裂，幼时盖缘具蛛丝状菌幕残留，易消失。菌褶幼时白色至灰白色，后灰褐色至褐色，稍密，狭直生，褶缘色淡，宽达 3mm。菌柄长 42–63mm，宽 2–3mm，幼时白色，后渐变为橘黄色至橘红色，等粗，基部膨大，顶部具白色霜状鳞片，下部纤丝状，中实。菌肉土腥味，菌盖菌肉肉质，白色至带橘黄色，菌柄菌肉纤维质，带橘黄色。

担孢子(8.0)8.5–9.5×4.5–5.0μm，Q=1.7–1.9(图版 XXIV 50)，椭圆形，光滑，淡褐色，顶部钝圆。担子 20–30×8–10μm，棒状，基部稍窄或向下渐细，具 4 个担子小梗，内部近透明或具黄色内含物。侧生囊状体 48–65×16–22μm，纺锤形至梭形，零散分布，壁厚，1–2.5μm，亮黄色，内部透明，顶部被结晶体，基部常具小柄。缘生囊状体 33–52×15–20μm，与侧生囊状体形态接近。缘生薄囊体 16–24×10–15μm，宽棒状至球棒状，薄壁，透明。柄生囊状体仅生于菌柄上部，少，壁厚，顶部有少许结晶体，基部多平截，有时渐细为尾状，内部透明。菌柄顶部末端菌丝分化为似囊状体细胞，壁稍加厚，多数具较长的颈部，基部膨大。具锁状联合。菌髓组织黄色，由规则至亚规则排列的厚壁菌丝构成，圆柱形至膨大，直径 12–24μm。菌盖表皮淡黄色，平伏型，由圆柱形的薄壁至厚壁菌丝构成，表面光滑，分隔处膨大，内部透明，直径 5–12μm。锁状联合存在于所有组织中。

生境：夏季、秋季单生或散生于阔叶林内地上。

中国分布：吉林。

世界分布：亚洲、欧洲。

研究标本：**吉林** HMJAU26701，延边朝鲜族自治州安图县二道白河镇，王柏，2010 年 8 月 12 日；HMJAU26646，延边朝鲜族自治州安图县二道白河镇，郭秋霞，2012 年 8 月 19 日；HMJAU36858，延边朝鲜族自治州安图县二道白河西主线，图力古尔，2014 年 7 月 30 日。

讨论：此种的主要特征是担子体幼时白色至乳白色，后变橘黄色至橘红色，菌柄等粗，基部膨大，但无完整边缘，孢子椭圆形，顶部钝，子实层囊状体纺锤形，柄生囊状体仅生于菌柄顶部。该种的担子体颜色变化是最显著的区分特征之一，与之较为接近的种 *I. godeyi* Gille 担子体同样具有橘红色，但后者菌柄基部球形膨大且具完整边缘，柄生囊状体延伸至菌柄基部。

红白丝盖伞原变型　图 102

Inocybe whitei f. whitei (Berk. & Broome) Sacc., Syll. Fung. (Abellini) 5: 790（1887）

担子体中等至较大。菌盖直径 30–70mm，幼时钟形，后渐平展，菌盖中央具明显突起，表面纤维丝状，边缘常开裂，污白色至淡赭黄色，中部常色淡，盖表面带红色或橘红色鳞片，菌盖边缘更为明显。幼时菌盖边缘可见丝膜状菌幕残留。菌褶离生至直生，褐灰色，褶缘常带橘红色至红色，褶面常具与褶缘同色的斑点，宽达 4mm。菌柄长 40–70mm，粗 3–6mm，圆柱形或上部渐细，近白色，表面被纤维状鳞片，常具橘黄色至红色纤维，或某些区域带橘黄色至红色。

担孢子 8–10.5(11)×(4.5)5–6.5μm，Q=1.4–1.8(图版 XXIV 49)，椭圆形，偶尔宽椭

圆形，顶部钝，黄褐色，光滑。担子 20–28×8–10μm，棒状，半透明，具 4 个担子小梗，小梗细弱。侧生囊状体 38–56×11–26μm，纺锤形至囊状，厚壁，壁油黄色，厚 2–3μm，顶部被结晶，基部渐细，有时形成小柄，偶尔平截，内部非透明，常具黄色内含物。缘生囊状体 39–53×13–19μm，与侧生囊状体形态相似，顶部偶尔呈头状，基部多钝圆。柄生囊状体 63–78×17–24μm，仅生于菌柄顶部，延伸至菌柄上部 1/5 处，形态与子实层囊状体相似。柄生薄囊体 19–53×10–18μm，棒状至卵圆形，薄壁至稍加厚，壁亮黄色，内部具黄色色素。菌髓组织近规则排列，黄色，由薄壁至稍加厚的膨大菌丝构成，透明，直径可达 40μm。菌盖表皮平伏型，油黄色，近规则排列，由淡黄色的薄壁菌丝构成，直径 5–15μm。锁状联合存在于所有组织。

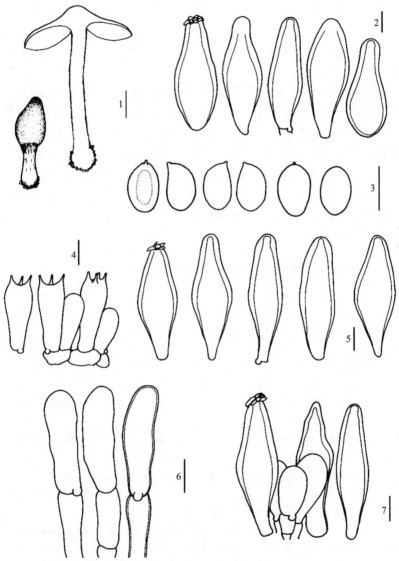

图 102　红白丝盖伞原变型 *Inocybe whitei* f. *whitei*（Berk. & Broome）Sacc.（HKAS 51702）

1. 担子体（basidiocarps）；2.缘生囊状体（cheilocystidia）；3. 担孢子（basidiospores）；4. 担子（basidia）；5. 侧生囊状体（pleurocystidia）；6. 菌柄顶部末端细胞（cells of stipe apex）；7. 缘生囊状体和缘生薄囊体（cheilocystidia and paracystidia）。

标尺：1=10mm；2–7=10μm

生境：夏季至秋季生于落叶松属（*Larix*）和云杉属（*Picea*）等针叶林下。

中国分布：内蒙古、吉林、黑龙江、广东。

世界分布：亚洲、欧洲、北美洲。

研究标本：**内蒙古** HMJAU36835、HMJAU36845，呼伦贝尔大兴安岭白鹿岛，图力古尔，2014 年 8 月 7 日；HMJAU36813、HMJAU36819，呼伦贝尔得耳布尔平顶山，图力古尔，2013 年 8 月 9 日；HMJAU36801、HMJAU36815，呼伦贝尔得耳布尔林业局微波站附近，图力古尔，2014 年 8 月 8 日；HMJAU36837，呼伦贝尔得耳布尔上游岭，图力古尔，2014 年 8 月 25 日；HMJAU36846、HMJAU36823，呼伦贝尔满归伊克萨玛国家森林公园，图力古尔，2013 年 8 月 13 日；HMJAU36848，呼伦贝尔雅克石市图里河与伊图里河交界处卡站，图力古尔，2014 年 9 月 1 日。**黑龙江** HMJAU36852，五大连池市卧虎山，图力古尔，2014 年 9 月 25 日。**四川** HKAS51702，康定县各卡附近，海拔 4000m，杨祝良，2006 年 8 月 25 日。**青海** HMAS63201，门源县，文华安、孙述霄、卯晓岚，1996 年 8 月 5 日。

讨论：此种描述于欧洲，识别特征为担子体具有橘红色至红色调，菌柄表面纤维鳞状，一般生于针叶林下（Kuyper 1986）。它与 *I. whitei* f. *armeniaca* 的主要区别为后者担子体小且细弱，囊状体壁近无色。担子体具橘红色至红色调的种类不多，其中 *I. godeyi* 与此种在外观上十分接近，但前者菌柄表面被白粉状颗粒，孢子稍大且呈近杏仁形；*I. erubescens* A. Blytt 担子体同样具有红色调，但其缘生囊状体薄壁，无侧生囊状体。研究材料采自西南高海拔地区，与欧洲关于此种的记载有以下两点不同：第一，菌盖直径明显大于欧洲的记载；第二，侧生囊状体的尺寸较小，但总体形态和生境与欧洲材料对应较好。

缘根组（sect. *Marginatae*）分种检索表

密褶丝盖伞　图 103

Inocybe angustifolia (Corner & E. Horak) Garrido, Biblthca Mycol. 120: 176（1988）

Astrosporina angustifolia Corner & E. Horak, Persoonia 10(2)：195（1979）

　　菌盖直径 10–15mm，幼时钟形，成熟后半球形或平展，菌盖中央具明显的钝突起，菌盖表面被丝状条纹，白色至奶白色。菌褶宽 2–3mm，直生，不等长，中等密，幼时灰白色，成熟后淡黄褐色。菌柄长 30–35mm，粗 1–2.5mm，实心，圆柱形，基部稍膨大，表面被丝光或白色粉末状颗粒，幼时白色，成熟后奶白色。菌盖菌肉肉质，土腥味，白色，菌柄菌肉纤维质，淡土黄色。

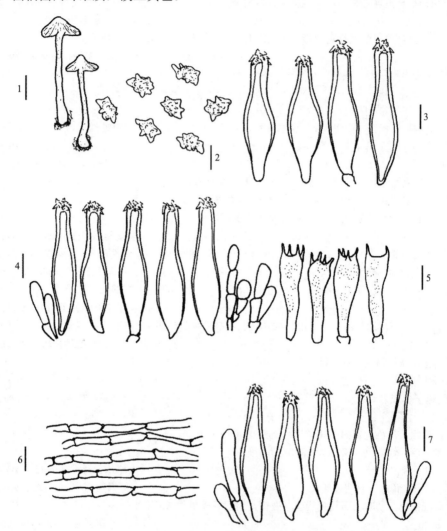

图 103　密褶丝盖伞 *Inocybe angustifolia*（Corner & E. Horak）Garrido（HMJAU37864）

1. 担子体（basidiocarps）；2. 担孢子（basidiospores）；3. 侧生囊状体（pleurocystidia）；4. 缘生囊状体和缘生薄囊体（cheilocystidia and paracystidia）；5. 担子（basidia）；6. 菌盖表皮（pileipellis）；7. 柄生囊状体和柄生薄囊体（caulocystidia and cauloparacystidia）。标尺：1=10mm；2–7=10μm

担孢子 (7.3) 7.6–8.5×(4.6) 5.1–5.6μm，Q=1.6–2.0，椭圆形，疣突状，黄褐色。担子 21–35×7–9μm，棒状，内部具少量油滴状物质，具 4 个担子小梗，偶尔 2 个担子小梗。缘生囊状体 44–66×10–15μm，厚壁，纺锤形，被大量结晶体，基部缢缩成短柄，偶尔平截至钝。缘生薄囊体 13–21×10–16μm，薄壁，棒状或亚球形至椭圆形。侧生囊状体 46–57×12–16μm，纺锤形，顶部被结晶，基部多数缩合成短柄。柄生囊状体 50–64×11–15μm，厚壁，纺锤形至梭形，生于整个菌柄，顶部被少量结晶体。柄生薄囊体 14–29×13–17μm，薄壁，长棒状至长椭圆形。盖皮菌丝平伏型，由光滑的圆柱形菌丝构成，直径 3–15μm。锁状联合存在于所有组织。

生境：秋季散生于针阔混交林地上。

中国分布：云南。

世界分布：亚洲。

标本：**云南** HMJAU37864，楚雄彝族自治州南华县长冲菁，图力古尔、盖宇鹏，2016 年 8 月 10 日。

讨论：本种的主要特征是菌盖幼时钟形，成熟后半球形或平展，表面具明显的丝状条纹，疣突状担孢子，缘生囊状体和侧生囊状体均纺锤形，柄生囊状体生于整个菌柄。描述于欧洲的 *I. umbratica* Quél.与此种一定程度上相似，但它菌柄基部的菌肉具有复杂的味道，而且侧生囊状体比较丰富，多数细长形或长梭形，与此种相区别。

星孢丝盖伞 图 104，图版 VIII 61-62

Inocybe asterospora Quél., Bull. Soc. Bot. Fr. 26: 50（1879）

Astrosporina asterospora（Quél.）Rea, Brit. Basidiomyc.（Cambridge）: 210（1922）

菌盖直径 20–35mm，土黄褐色，表面有较明显的细缝裂，呈放射状条纹，边缘开裂，盖中央突起，突起处有不明显的平伏鳞片，盖缘无丝膜状残留；菌柄长 60–80mm，粗 3–5mm，中实，与盖同色，向下渐粗，基部球形膨大且边缘完整，膨大处直径可达 6mm，柄表面被细密白霜，直至柄基部；菌褶初期白色，后变灰色，中等密，弯生或稍离生，褶宽可达 3.5mm，褶片较薄，褶缘发白。菌肉有很浓的土腥味，菌盖菌肉肉质，白色，菌柄菌肉纤维质，柄基部膨大处菌肉非纤维质，较硬。

担孢子(9.5)10.0–11.0(11.5)×8.0–9.5(10.0) μm，Q=1.1–1.2（图版 XXII 40），星形，于 5%的 KOH 溶液中呈淡褐色。担子棒状，基部渐窄，有 4 个担子小梗，小梗可长达 6μm，19–30× 10–15μm。侧生囊状体丰富，长颈瓶形或梭形，顶部被结晶，顶部以下加厚，内部近透明，壁厚达 3μm，上腹部壁即变薄，基部椭圆形或带短柄，43–74×14–23μm。缘生囊状体与侧生囊状体形态相似，46–70×14–25μm。缘生薄囊体丰富，15–26×9–12μm，薄壁，透明，多数棒状，少数近圆形或头状。柄生囊状体分布于整个菌柄表面(除基部膨大处)，形态近似侧生囊状体，但顶部较后者锐，透明，68–95×20–31μm。柄生薄囊体 15–27×9–17μm，头状或棒状，薄壁，透明，丰富。菌髓菌丝淡黄色，近规则排列，由薄壁的膨大菌丝构成。菌盖表皮平伏型，规则排列，褐色，直径 12–22μm。锁状联合存在。

生境：初夏至秋季单生于阔叶林内地上。

中国分布：河北、山西、内蒙古、吉林、江苏、浙江、安徽、福建、湖南、四川、贵州、云南、西藏、香港。

世界分布：亚洲、欧洲、美洲。

研究标本：**山西** HMAS85844，沁水县猪尾沟，秦孟龙等，1985 年 8 月 24 日。**内蒙古** HMJAU1558，通辽市大青沟自然保护区，图力古尔，1996 年。**吉林** HMJAU25709，延吉市帽儿山，范宇光，2010 年 7 月 6 日；HMJAU25916，安图县二道白河镇，范宇光，2010 年 9 月 23 日；HMJAU26589，蛟河市松江镇西 3km 处，图力古尔、郭秋霞，

2012 年 8 月 4 日；HMJAU26611，蛟河市松江镇西 3km 处，图力古尔、郭秋霞，2012
年 8 月 5 日；HMJAU26625，蛟河白石山林业局漂河林场，郭秋霞，2012 年 8 月 6 日；
HMJAU1222，吉林市左家镇，图力古尔，2000 年 9 月 16 日。**陕西** HMAS139052，太
白山自然保护区，文华安、周茂新，2005 年 8 月，日期不详。

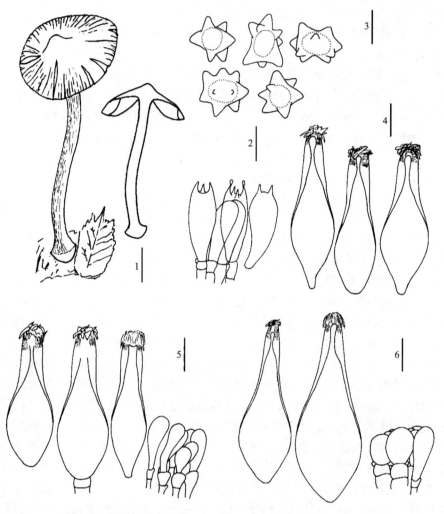

图 104　星孢丝盖伞 *Inocybe asterospora* Quél.（HMJAU25709）

1. 担子体(basidiocarps)；2. 担子(basidia)；3. 担孢子(basidiospores)；4. 侧生囊状体(pleurocystidia)；5. 缘生囊状体和
缘生薄囊体(cheilocystidia and paracystidia)；6. 柄生囊状体和柄生薄囊体(caulocystidia and cauloparacystidia)。

标尺：1=15mm；2、4-6=25μm；3=10μm

讨论：星孢丝盖伞的主要特征是菌盖表面放射状的缝裂条纹较均匀，白霜布满整个
菌柄（柄基部除外），孢子星状。曾有观点将其归入 *Astrosporina*，事实上 *Astrosporina*
本身就是将广义丝盖伞属中具有多角形、带针刺孢子的种类从光滑孢子种类中分离出来
而建立的，但多数学者并不赞同这样的观点（Kuyper 1986, Stangl 1989），近期研究再次
证明 *Astrosporina* 作为一个单系群并不成立（Matheny *et al.* 2002）。研究材料除担子长度
与欧洲和北美洲记载稍有差异外，其他特征对应较好；但 Kobayashi（2002）对此种侧生
囊状体尺寸的记载相对较小。星孢丝盖伞与 *I. miyiensis* 在形态上极为接近，区别在于

米易丝盖伞菌盖中部具放射状平伏鳞片，菌柄米黄色，菌柄基部膨大处相对小，仅有2个担子小梗且小梗异常粗壮。

胡萝卜色丝盖伞　图105，图版 VII 53-54

Inocybe caroticolor T. Bau & Y.G. Fan, Mycotaxon 123: 170（2013）

担子体小。菌盖直径 17–33mm，幼时锥形至钟形，成熟后斗笠形至平展，盖中央具明显钝状突起，表面被平伏、辐射状鳞片，纤维丝状，边缘开裂，幼时边缘内卷，成熟后偶尔上卷，橘黄色至杏黄色，幼时鳞片与菌盖同色，成熟后渐变褐色至红褐色，底色橘黄色至杏黄色或赭黄色。盖缘无丝膜状菌幕。菌褶直生，密，宽达 3mm，幼时浅橘黄色至杏黄色，成熟后暗杏黄色至褐色，褶缘与褶面同色或稍淡，非平滑。菌柄长 30–42mm，粗 2–3mm，等粗，中实，基部球形膨大，无边缘，淡橘黄色至杏黄色，表面全部被颗粒状粉末，上部密集，向下带纵条纹，基部被灰白色绒毛菌丝。菌肉具明显芳香味，菌盖菌肉肉质，白色至淡杏黄色，1–3mm 宽，菌柄菌肉纤维质，具纵条纹，淡杏黄色。

担孢子 6.5–9.0（9.5）×（4.5）5.0–6.0μm，Q=1.4–1.6（图版 XXI 30），具明显至不明显疣突（7–9 个），黄褐色。担子 25–37×5–9μm，具 4 个担子小梗，偶尔具 1 个或 2 个担子小梗，棒状，向基部渐细，有时基部膨大，通常具黄色色素。侧生囊状体 48–63×12–16μm，纺锤形，有时呈囊状，厚壁，顶部钝，具结晶体，基部钝或缢缩形成小柄，壁亮黄色，2–3（4）μm 厚，内部透明，少数具黄色内含物。缘生囊状体与侧生囊状体形态相似，但形态不规则，有时细长形，缘生薄囊体存在于缘生囊状体之间，丰富，棒状至梨形，薄壁，透明，担子有时存在其中。柄生囊状体 48–79×9–14μm，延伸至菌柄基部，丰富，与侧生囊状体形态相似，但形态更多样，壁较子实层囊状体薄（1–2.4μm）；柄生薄囊体丰富，薄壁，梭形至长颈瓶形，薄壁，有时顶部缢缩，其中混有丝状菌丝。菌盖表皮平伏型，金褐色，由规则排列的圆柱形菌丝构成，2.0–7.0μm 宽，上层菌丝细胞内部具亮黄色至暗黄色色素，下层无色。锁状联合存在于所有组织。

生境：单生或散生于栓皮栎（*Quercus variabilis*）林缘、路边。

中国分布：内蒙古、云南。

世界分布：亚洲。

研究标本：**内蒙古** HMJAU36851，兴安盟科右中旗蒙格罕山，图力古尔，2015 年 7 月 27 日。**云南** HMJAU24614，海拔 1900m，范宇光，2011 年 7 月 26 日；HMJAU23271（holotype）、HMJAU24621、HMJAU24622，昆明市中国科学院昆明植物研究所植物园，范宇光，2010 年 8 月 27 日；HMJAU24623，昆明市中国科学院昆明植物研究所植物园，范宇光，2010 年 8 月 28 日；HKAS36740，昆明市中国科学院昆明植物研究所植物园，王向华，2000 年 6 月 26 日；HMJAU24615，筇竹寺，海拔 2100m，范宇光，2011 年 7 月 26 日；HKAS38963，武定狮子山，于富强，2000 年 8 月 18 日；HMAS198128，武定狮子山，采集人未知，采集时间未知。

讨论：胡萝卜色丝盖伞在野外容易识别，主要特征为胡萝卜色担子体，菌肉具芳香气味，菌柄表面具白色粉末颗粒。孢子具疣突，子实层囊状体厚壁，柄生囊状体延伸至菌柄基部。此种的孢子形态变异较大。有些标本或个体的孢子仅具弱疣突

（HMJAU24615、HMJAU24614 的一个担子体），有些标本的孢子具十分明显的疣突（7–9个）（HMJAU24614 的其他担子体、HKAS38963、HKAS36740）；以上两者的中间类群依然存在（HMJAU23271、HMJAU24621、HMJAU24622 和 HMJAU24623）。然而，以上三种类型的 ITS 序列完全相同。此外，这三种类型之间除孢子形态外未发现有明显的区别。因此我们将这种孢子形态上的变化视为种内变异。

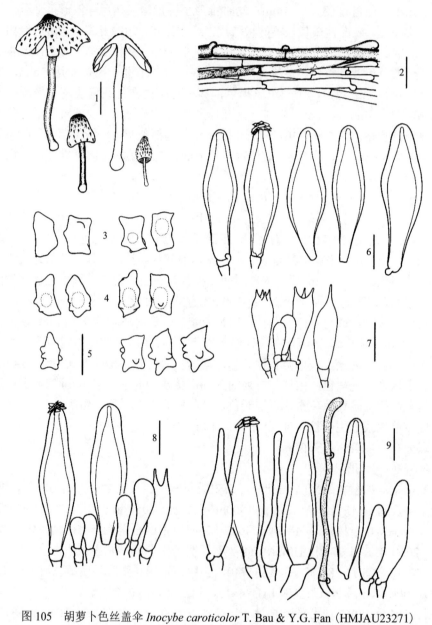

图 105　胡萝卜色丝盖伞 *Inocybe caroticolor* T. Bau & Y.G. Fan（HMJAU23271）
1. 担子体（basidiocarps）；2. 菌盖表皮（pileipellis）；3. 担孢子（basidiospores）（HMJAU24615）；4. 担孢子（basidiospores）（HMJAU23271）；5. 担孢子（basidiospores）（HMJAU24614）；6. 侧生囊状体（pleurocystidia）；7. 担子（basidia）；8. 柄生囊状体和柄生薄囊体（caulocystidia and cauloparacystidia）；9. 缘生囊状体和缘生薄囊体（cheilocystidia and paracystidia）。标尺：1=10mm；2–9=10μm

具疣突的丝盖伞中鲜有与此种相似的种类，*I. bresadolae* Massee 具有甜味和相似的孢子形态，但它具有更粗壮的担子体，而且担子体仅在老后或伤后呈淡橙黄色(Hobart and Tortelli 2009)。描述于东亚的 *I. umbratica* f. *aurantiaca* Takah. Kobay.与此种一定程度上相似，但它菌柄基部具边缘且菌肉具复杂味道，此外，此种的模式标本采集于冷杉(*Abies mariesii*)、红松(*Pinus koraiensis*)和岳桦(*Betula ermanii*)林内(Kobayashi 2002)。描述于日本的 *I. polycystidiata* Kobayasi 与此种相似，但它的菌盖稍黏滑、具反卷鳞片，担子短，孢子尺寸较小[Kobayasi(1952)：5–6.5×4.5–5μm；Kobayashi(2002)：5.4–7.3×4.2–5.9μm，Q=1.1–1.5]。

此外，描述于东亚的 *I. lutea* 与此种接近。作者未能得到其模式标本，但借阅到了由 Hongo 鉴定的两份标本(TNS-F-32353、TNS-F-237714)。基于对 Hongo 鉴定的标本的研究，我们认为此种与胡萝卜色丝盖伞主要的区别为：①子实层囊状体纺锤形至宽纺锤形、壁仅稍加厚(1–2μm)；②柄生囊状体仅存在于菌柄顶部。Kobayashi(2002)研究了 *I. lutea* 的等模式标本后发现柄生囊状体仅存在于菌柄顶部。此外，原始描述记载 *I. lutea* 菌柄表面为纤维丝状且具碘味(Kobayasi 1952)。

基于巴布亚新几内亚材料记载为 *I. lutea* 的描述与胡萝卜色丝盖伞十分接近，它们拥有几乎相同的担子体颜色，但前者菌盖表面为纤维丝状且仅具有褐色的纤维，菌柄基部具边缘，菌肉具角质燃烧的气味，孢子较小(5.5–8×5–6μm)。作者观察了产自巴布亚新几内亚的一份标本(ZT Myc11121)，显微特征中除多数子实层囊状体具有明显加厚的基部外，未发现明显的区别特征。很明显，巴布亚新几内亚的材料并不是真正的 *I. lutea*，且它与胡萝卜色丝盖伞十分接近。

胡萝卜色丝盖伞 ITS 序列 BLAST 的结果最高仅为 95%相似，其中一条序列来自环境标本(Wilson *et al.* 2008)；另一条产自埃斯托尼亚(Ryberg *et al.* 2008)，记载为具纹丝盖伞近缘种 *I.* aff. *grammata*。

卡塔丝盖伞 图 106

Inocybe catalaunica Singer, Collnea Bot., Barcinone Bot. Instit. 1: 245 (1947)

Inocybe subbrunnea var. *flavidifolia* E. Ferrari, Fungi Non Delineati, Raro vel Haud Perspecte et Explorate Descripti aut Definite Picti 34–35–36: 195 (2006)

菌盖直径 13–19mm，幼时斗笠形至钟形，成熟后半球形，菌盖中央具明显的锐突起，突起处近光滑，向边缘呈平伏的纤维丝状，边缘常开裂，土黄色至茶褐色，突起处颜色深。菌褶宽 2–3mm，中等密，弯生，褶缘非平滑，灰白色。菌柄长 36–50mm，粗2–3mm，圆柱形，基部膨大，实心，表面被白色粉末状颗粒，米白色至淡黄色。菌盖菌肉肉质，乳白色，菌柄菌肉纤维质，白色。

担孢子(7.5)8.0–9.7(10.2)×(4.6)5.1–6.3μm，Q=1.6–1.8，椭圆形至近杏仁形，顶部锐，偶尔内部有油滴，黄褐色。担子 24–36×9–15μm，棒状，有 4 个担子小梗，偶尔 2个担子小梗，有内含物。缘生囊状体 56–80×7–17μm，细长纺锤形至纺锤形，顶部钝，被结晶体，基部缢缩形成柄。缘生薄囊体 17–29×7–14μm，棒状，丰富，薄壁，成串，多数分隔。侧生囊状体 51–66×9–16μm，纺锤形，被结晶体，基部缢缩形成短至更长的柄。柄生囊状体 61–83×7–15μm，细长纺锤形，多数被结晶。柄生薄囊体 21–41×9–12μm，棒状至宽棒状。盖皮菌丝平伏型，由黄褐色的非平滑的圆柱形至膨大菌丝构成，直径7–19μm。锁状联合存在于所有组织。

生境：秋季散生于阔叶林内地上。

中国分布：吉林、云南。

世界分布：亚洲、欧洲。

研究标本：**吉林** HMJAU37825，安图县二道白河镇长白山科学院后山，乌日汗，2016 年 8 月 2 日。**云南** HMJAU37836，楚雄镇南华县云台山，图力古尔、盖宇鹏，2016 年 8 月 10 日。

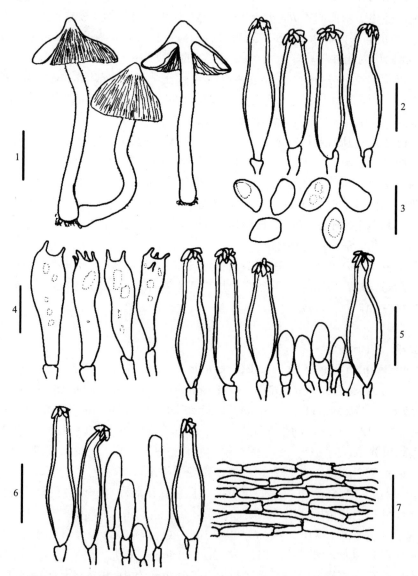

图 106　卡塔丝盖伞 *Inocybe catalaunica* Singer（HMJAU37825）

1. 担子体(basidiocarps)；2. 侧生囊状体(pleurocystidia)；3. 担孢子(basidiospores)；4. 担子(basidia)；5. 缘生囊状体和缘生薄囊体(cheilocystidia and paracystidia)；6. 柄生囊状体和柄生薄囊体(caulocystidia and cauloparacystidia)；7. 菌盖表皮(pileipellis)。标尺：1=10mm；2–7=10μm

讨论：本种的主要特征是菌盖表面平伏的纤维丝状，盖中央锐突起，褶缘小锯齿状，菌柄基部明显膨大，担孢子光滑，囊状体细长纺锤形。此种与 *I. flocculosa*（Berk.）Sacc. 的显微特征十分接近，但后者菌盖表面呈翘起的纤维丝状，菌褶颜色较亮，而且后者缘生囊状体纺锤形至一侧膨大。

多疣丝盖伞　图 107，图版 XIII 97-98

Inocybe decemgibbosa（Kühner）Vauras, Karstenia 37（2）：51（1997）

Inocybe oblectabilis f. *decemgibbosa* Kühner, Bull. trimest. Soc. mycol. Fr. 49（1）：116（1933）

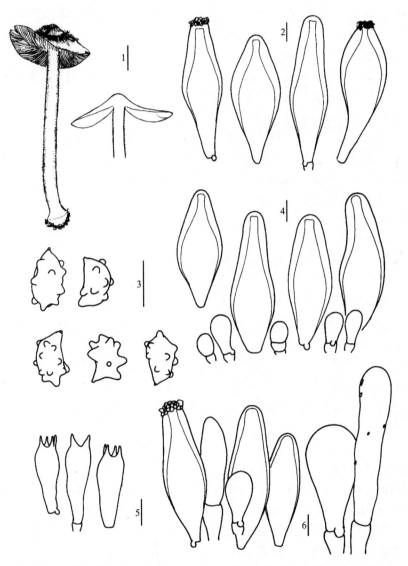

图 107　多疣丝盖伞 *Inocybe decemgibbosa*（Kühner）Vauras（HMJAU26542）

1. 担子体（basidiocarps）；2. 侧生囊状体（pleurocystidia）；3. 担孢子（basidiospores）；4.缘生囊状体和缘生薄囊体（cheilocystidia and paracystidia）；5. 担子（basidia）；6. 柄生囊状体和末端菌丝（caulocystidia and hypha of stipe apex）。

标尺：1=10mm；2-6=10μm

菌盖直径 20–28mm，幼时半球形至钟形，成熟后渐平展，盖中央具钝状突起，边缘伸展，无丝膜状残留；表面干，常有土壤颗粒留于盖表，纤维丝状，边缘开裂，开裂可达菌盖半径之 1/2 处；土黄色至土褐色，突起处色深。菌褶密，直生，3–4mm 宽，幼时灰白色至污白色，成熟后带褐色，褶缘色淡。菌柄长 70–85mm，粗 4–5mm，等粗，基部球形膨大，具边缘，膨大处达 7mm 宽，中实，表面被细密的灰白色粉末状颗粒，淡肉色至肉色，中下部被白色绒毛状菌丝。菌肉味道不明显，菌盖菌肉白色至乳白色，肉质，宽达 3mm；菌柄菌肉纤维质，淡肉粉色，具光泽，基部乳白色，硬肉质。

担孢子 (8.5)9.0–11.5(12.5)×6.0–8.0(9.0) μm，Q=1.3–1.6（图版 XXII 33），椭圆形，具 10–13 个小疣突，黄褐色。担子 20–30×9–11μm，棒状，具 4 个担子小梗，偶尔具 2 个担子小梗，鲜有具 1 个担子小梗，小梗长可达 6μm，内部具黄绿色内含物。侧生囊状体 50–62× 13–22μm，纺锤形至长纺锤形，偶细长形，壁黄色，(2.5)3–4μm 厚，内部透明，顶部钝，具块状结晶物质，基部缢缩形成柄，有时无柄。缘生囊状体 37–51×13–19μm，与侧生囊状体形态相似。缘生薄囊体 10–18×8–11μm，短棒状，薄壁，透明，少。菌髓菌丝规则排列，由异常膨大的薄壁菌丝构成，直径达 48μm。柄生囊状体 45–60×12–21μm，延伸至菌柄基部，与侧生囊状体形态相似，但有时形态不规则，壁无色，厚 2–3μm。无柄生薄囊体。柄生囊状体之间存在未分化的膨大菌丝，壁稍加厚，表面被分散的结晶颗粒，末端细胞形态多样。菌盖表皮平伏型，规则排列，由圆柱形至膨大的被壳菌丝构成，直径 4–12μm。锁状联合存在于所有组织。

生境：夏季散生于栎林中地上。

中国分布：甘肃。

世界分布：亚洲、欧洲。

研究标本：**甘肃**：HMJAU26542，兰州市榆中县兴隆山自然保护区，图力古尔、范宇光，2012 年 8 月 22 日。

讨论：该种的主要特征是菌盖土黄色，具钝突起，菌柄表面被白色粉末颗粒，基部球形膨大；孢子具小疣突，子实层囊状体厚壁，具厚壁的柄生囊状体。描述于欧洲的 I. oblectabilis (Britzelm.) Sacc. f. oblectabilis 与此种十分接近，但其担子体明显粗壮，孢子稍大，疣突相对多且更不明显。事实上，中国材料的子实层囊状体大小与 f. oblectabilis 相符，但孢子形态和缘生薄囊体的形态与 f. decemgibbosa 更接近。因此，中国材料很可能是以上两者的中间类型，但在没有获得更多标本之前，我们将中国北方的材料定为 I. decemgibbosa。

拟纤维丝盖伞　图 108，图版 XIII 99

Inocybe fibrosoides Kühner, Bull. trimest. Soc. Mycol. Fr. 49: 91（1933）

菌盖直径 30–44mm，幼时锥形，盖边缘具条纹状褶皱，后渐平展，盖中央具突起，稻草黄色，中部深灰褐色，表面有较明显的细缝裂至开裂，呈放射状条纹，盖缘无丝膜状残留。菌褶初期灰白色，后变黄褐色，中等密，直生或稍延生，褶宽可达 5mm，褶片较薄，褶缘与褶面同色。菌柄长 50–70mm，粗 3–5mm，中实，与盖同色，向下等粗，呈螺旋状，球形膨大且边缘完整，膨大处直径可达 7mm，柄表面被细密白霜，直至柄基部，呈现纵条纹。菌盖菌肉肉质，白色，中部黄白色，菌柄菌肉纤维质，柄基部膨大处菌肉非纤维质，较硬，无特殊气味。

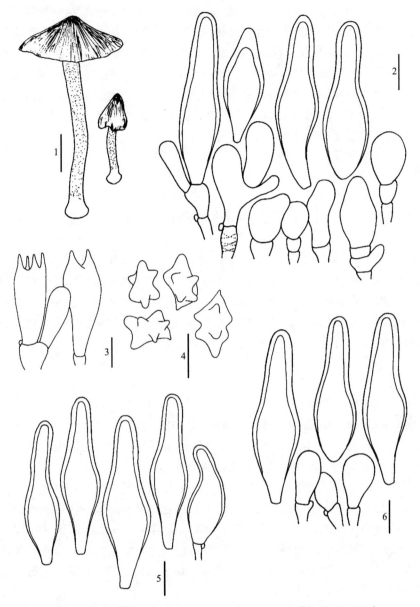

图 108　拟纤维丝盖伞 *Inocybe fibrosoides* Kühner（HMJAU25923）

1. 担子体（basidiocarps）；2. 缘生囊状体和缘生薄囊体（cheilocystidia and paracystidia）；3. 担子（basidia）；4. 担孢子
（basidiospores）；5. 侧生囊状体（pleurocystidia）；6. 柄生囊状体和柄生薄囊体（caulocystidia and cauloparacystidia）。

标尺：1=10mm；2–6=10μm

担孢子 (9.5) 10.0–13.0 (13.5) × (7.0) 7.5–9.5 (10.0) μm，Q=1.2–1.6（图版 XXII 34），具
明显疣突至近星形，遇 5% 的 KOH 溶液为黄褐色。担子 30–40×12.5–14μm，棒状，基
部渐细，有 4 个或 2 个担子小梗，小梗长可达 4μm，担子存在于褶缘，且较丰富，但
褶缘的担子往往形态极不规则，内部具有黄色素。侧生囊状体 58–88×19–28μm，长颈
瓶形至细长形，顶部被结晶，内部透明，壁黄色，厚 2–3μm，基部椭圆形或带短至较

长的柄。缘生囊状体 48–73×17–22μm，与侧生囊状体形态相似，较少。缘生薄囊体丰富，23–48×10–17μm，薄壁至稍加厚，透明，梨形、亚球形、棒状至细长棒状。柄生囊状体 51–80×20–24μm，分布于菌柄中部及以上，形态近似侧生囊状体，透明。柄生薄囊体 14–29×10–17μm，头状或棒状，薄壁，透明，丰富。菌柄中下部表皮具有一种薄壁菌丝，内部呈均一的粉褐色。菌髓组织淡黄色，亚规则排列，由膨大细胞状至纺锤形菌丝构成，薄壁或稍加厚。菌盖表皮组织平伏排列，菌丝规则，最上层为薄壁菌丝，内部具有均一粉褐色素，直径 7–12μm；下层由圆柱形至膨大菌丝构成，表面光滑至粗糙，壁薄至稍加厚，直径 5–20μm。锁状联合存在于所有组织。

生境：夏季单生于阔叶林内地上。

中国分布：四川。

世界分布：亚洲、欧洲。

研究标本：**四川** HMJAU25923，峨眉市峨眉山，图力古尔、范宇光，2011 年 7 月 16 日。

讨论：该种的主要特征是孢子具明显疣突，近星形，其担子体大小中等，在丝盖伞属中算比较大的种类之一。有些标本的显微观察中发现其柄生囊状体仅分布于菌柄中部及以上，而下部没有分布，下部的菌柄表皮中发现了内部含有均一粉褐色的菌丝，这种菌丝同样存在于盖皮上层组织。该特征在此种未发现。有的材料孢子尺寸较欧洲的记载稍大 (Stangl 1989)，除以上提到的差异之外，其他特征与记载于欧洲的 *I. fibrosoides* 基本吻合。

土黄丝盖伞　图 109，图版 XIII 103-104

Inocybe godeyi Gillet, Hyménomycètes（Alençon）: 517（1874）

菌盖直径 18–42mm，幼时钟形，后呈斗笠形至平展，幼时边缘内卷，后伸展，盖中央具明显的钝状凸起，边缘下垂，盖表面丝质光滑，偶尔具不明显的鳞片，菌盖边缘开裂或开裂至突起处，幼时淡褐色，边缘色淡，后逐渐带橙红色至粉红色，受伤后即变橙红色至粉红色。菌褶直生，密，幼时白色至灰白色，成熟后或受伤后逐渐带橙红色至砖红色，2–4mm 宽，褶缘色淡。菌柄长 37–58mm，粗 4–6mm，等粗，中实，具光泽，具纵条纹，幼时米黄色至淡肉褐色，后逐渐变为橙红色，粉末状白霜分布于全部菌柄表面，基部球形膨大并具明显边缘。菌肉土腥味，菌盖菌肉肉质，白色，后带橙红色，菌柄菌肉纤维质，纵条纹，具光泽。

担孢子 (8.0) 8.5–11.0×(5.0) 5.5–7.0μm，Q=1.5–1.8（图版 XXIII 43），苦杏仁形，黄褐色，光滑，顶部锐。担子 23–35×8–10μm，棒状，具 4 个或 2 个担子小梗。侧生囊状体 52–70×16–27μm，长纺锤形至宽纺锤形，壁厚 1–2 (2.5) μm，透明，顶部被结晶体，基部缢缩，具短柄。缘生囊状体 48–72×15–26μm，与侧生囊状体形态相似，厚壁，顶部具结晶体。缘生薄囊体 16–27×8–14μm，棒状至梨形，透明，薄壁，丰富，柄生囊状体延伸至菌柄基部，与侧生囊状体形态相似。柄生薄囊体存在于柄生囊状体之间，丰富。菌髓组织近规则排列，由淡黄色的薄壁菌丝构成，直径 8–16μm。菌盖表皮平伏型，淡黄色，由薄壁至厚壁菌丝构成，近规则排列，直径 3–6μm。锁状联合存在于所有组织。

生境：夏季、秋季生于栎林中地上。

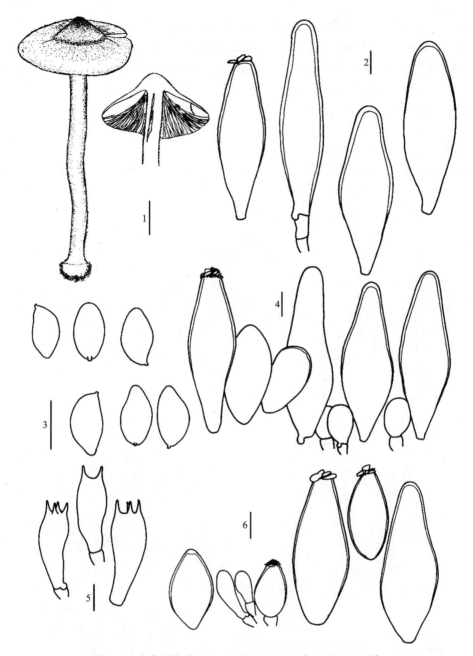

图 109　土黄丝盖伞 *Inocybe godeyi* Gillet（HMJAU26534）

1. 担子体（basidiocarps）；2.侧生囊状体（pleurocystidia）；3. 担孢子（basidiospores）；4.缘生囊状体和缘生薄囊体
（cheilocystidia and paracystidia）；5. 担子（basidia）；6. 柄生囊状体和柄生薄囊体（caulocystidia and cauloparacystidia）。

标尺：1=10mm；2–6=10μm

中国分布：北京、甘肃。

世界分布：亚洲、欧洲、北美洲。

研究标本：**北京** HMJAU26140、HMJAU26141、HMJAU26142，双塘涧灵山，范宇光，2012 年 8 月 8 日。**甘肃** HMJAU26208、HMJAU26534，兰州市榆中县兴隆山保护区，图力古尔、范宇光，2012 年 8 月 22 日。

讨论：该种因具有鲜艳的颜色而成为丝盖伞属为数不多的野外易识别的种类之一，其主要识别特征为菌盖表面丝状光滑，菌柄表面被粉状白霜，柄基部球形膨大且具边缘，担子体逐渐带橙红色或受伤后变橙红色。具有同样变色特征的种类包括同样描述于欧洲的 *I. erubescens* A. Blytt 和 *I. bresadolae* Massee，但前者无侧生囊状体，且缘生囊状体为薄壁，后者孢子非光滑，具明显的疣突。

具纹丝盖伞　图 110，图版 XIII 101-102

Inocybe grammata Quél. & Le Bret., Bull. Soc. Amis Sci. Nat. Rouen, Sér. II, 15: 14 (1880) [1879]

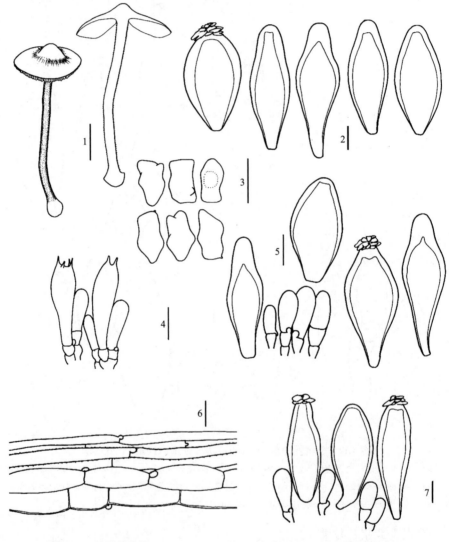

图 110　具纹丝盖伞 *Inocybe grammata* Quél. & Le Bret.（HMJAU26034）

1. 担子体（basidiocarps）；2. 侧生囊状体（pleurocystidia）；3. 担孢子（basidiospores）；4. 担子（basidia）；5. 缘生囊状体和缘生薄囊体（cheilocystidia and paracystidia）；6. 菌盖表皮（pileipellis）；7. 柄生囊状体和柄生薄囊体（caulocystidia and cauloparacystidia）。标尺：1=10mm；2–7=10μm

菌盖直径 22–35mm，幼时钟形，成熟后渐平展，盖中央具明显钝状突起，突起处乳白色至污白色，其余部分肉粉色至粉褐色，表面光滑，干燥，无细缝裂，无丝膜状残留。菌褶初期灰白色，后变灰褐色，带肉粉色，密，直生，褶宽可达 5mm，近柄处渐狭，褶片较薄，褶缘非平滑，微锯齿状。菌柄长 40–55mm，粗 3–4mm，等粗，基部球形膨大，具有完整的边缘，膨大处直径可达 6mm，中实，肉粉色，柄表面被细密白霜，直至柄基部，呈竖条纹。菌肉有很浓的土腥味，菌盖菌肉肉质，白色带肉粉色，厚达 4mm，菌柄菌肉纤维质，肉粉色，具光泽，呈竖条纹，顶部白色，基部乳白色，非纤维质，较硬。

担孢子 7.5–9.0(9.5)×5.0–6.0μm(图版 XXIII 41)，多角形至具疣状突起，于 5% 的 KOH 溶液中为黄褐色，Q=1.3–1.7。担子 24–30×9–10μm，棒状，基部渐窄，有 4 个担子小梗，有时具 2 个担子小梗，小梗细弱。侧生囊状体 43–58×17–21μm，分散分布于菌褶侧面，多数梭形至纺锤形，顶部被结晶体，内部透明，偶尔具黄色内含物，壁厚 2–4μm，基部钝圆或带短柄。缘生囊状体与侧生囊状体形态相似，40–50×14–23μm。缘生薄囊体分布于缘生囊状体之间，薄壁，透明，棒状。柄生囊状体 50–60×17–26μm，分布于整个菌柄表面，与子实层囊状体类似，近似侧生囊状体，但形态多样。柄生薄囊体 24–39×9–12μm，分布于柄生囊状体之间，棒状，薄壁，透明。菌髓组织淡黄色至无色，由规则排列的矩形至膨大细胞构成，直径 6–15μm。菌盖表皮平伏排列，分两层，上层由透明至淡黄色的圆柱形菌丝构成，光滑至微粗糙，直径 5–9μm，下层褐色，由厚壁的膨大菌丝构成，壁亮黄色，直径 10–18μm。锁状联合存在于所有组织。

生境：秋季单生于阔叶林或针叶林内地上、路边。

中国分布：内蒙古、辽宁、吉林、河南。

世界分布：亚洲、欧洲、美洲。

研究标本：**内蒙古** HMJAU36821、HMJAU36825，克什克腾旗沙地云杉林，图力古尔，2013 年 8 月 2 日。**辽宁** HMJAU26028，本溪市关门山，范宇光，2011 年 9 月 5 日；HMJAU26034，本溪市老秃顶子自然保护区，范宇光，2011 年 9 月 6 日。**吉林** HMJAU25999，延边朝鲜族自治州安图县二道白河镇西主线，范宇光，2011 年 8 月 24 日。**河南** HMJAU26096，南阳市内乡县宝天曼自然保护区，范宇光，2012 年 7 月 27 日。

讨论：该种的主要特征是菌盖表面光滑，盖中央颜色淡，菌柄表面被细密白霜，菌柄基部球形膨大，具完整边缘，孢子多角形至具弱突起，子实层囊状体宽纺锤形至梭形。中国材料的整体形态学特征与欧洲材料对应较好(Stangl 1989)。研究标本均采自中国北方，其中有的缘生薄囊体不明显，而有的则具有明显分化的缘生薄囊体。此种在我国仅记载于吉林省安图县(李茹光 1991)，生于落叶松林地，记载宏观特征和微观特征与本研究中标本对应较好。

具纹丝盖伞与赭色丝盖伞 *I. assimilata* 和棉毛丝盖伞 *I. lanuginosa* 关系较近，它们的相似之处在于孢子形态为多角形、具弱疣突，子实层囊状体多为梭形，但是它们的菌盖表面状态、菌柄表面状态却存在明显的差异。

毛纹丝盖伞 图 111，图版 XIII 100

Inocybe hirtella Bres., Fung. Trident. 1(4–5): 52 (1884)

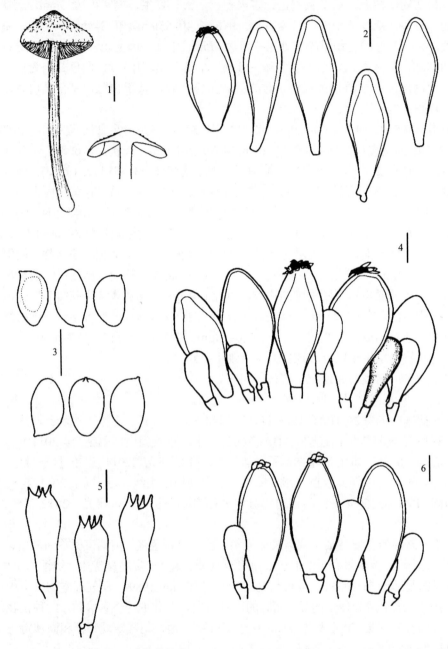

图 111 毛纹丝盖伞 *Inocybe hirtella* Bres. (HMJAU26121)

1. 担子体(basidiocarps)；2. 侧生囊状体(pleurocystidia)；3. 担孢子(basidiospores)；4.缘生囊状体和缘生薄囊体
(cheilocystidia and paracystidia)；5. 担子(basidia)；6. 柄生囊状体和柄生薄囊体(caulocystidia and cauloparacystidia)。

标尺：1=10mm；2–6=10μm

菌盖直径 15–20mm，幼时半球形，成熟后渐平展，菌盖中部具钝形凸起，有时不明显，凸起处光滑至近光滑，向边缘带平伏至稍翘起的鳞片，边缘下垂、伸展，有时开裂，纤维丝状至绒状，土黄色至赭黄色，鳞片带色深，盖凸起处带淡橙色或不明显。菌褶直生，密，幼时白色至灰白色，成熟后带褐色，褶缘色淡，宽 2–3mm。菌柄长 33–45mm，粗 3–4mm，等粗，中实，基部膨大或不明显，具纵条纹，肉粉色，表面具白色粉末状颗粒，基部具白色绒毛状菌丝。菌肉明显的苦杏仁味至带土腥味，菌盖菌肉肉质，白色，宽 3–4mm，近表皮处带淡褐色，近菌褶处半透明状；菌柄菌肉纤维质，具纵条纹，肉粉色，基部灰白色。

担孢子 (8.0) 8.5–9.5 (10.5) ×5.0–6.0μm，Q=1.5–1.8（图版 XXIII 44），近杏仁形至椭圆形，光滑，黄褐色，顶部钝至稍锐。担子 24–35×9–10μm，棒状，具 4 个担子小梗。侧生囊状体 34–48×11–17μm，纺锤形至长纺锤形，壁厚 2–3 (4) μm，透明，顶部被结晶体，基部缢缩形成小柄，内部透明，有时具黄色色素。缘生囊状体 30–45×12–18μm，宽纺锤形、梭形至细长形，厚壁，顶部被结晶体，基部钝或具小柄。缘生薄囊体存在于缘生囊状体之间，17–30×9–11μm，棒状至宽棒状，薄壁，内部浑浊。柄生囊状体延伸至菌柄基部，与子实层囊状体形态相似。柄生薄囊体棒状，薄壁，内部浑浊。菌褶菌髓规则排列，透明，由透明的薄壁菌丝构成，直径 10–17μm。菌盖表皮平伏型，黄色至油黄色，近规则排列，由薄壁菌丝构成，直径 3–8μm，内部具油黄色色素。锁状联合存在于所有组织。

生境：夏季、秋季散生于阔叶林地上，土质肥沃。

中国分布：北京、四川、青海。

世界分布：亚洲、欧洲。

研究标本：北京 HMJAU26121，双塘涧灵山，范宇光，2012 年 8 月 8 日；HMJAU26134、HMJAU26135，双塘涧灵山，范宇光，2012 年 8 月 9 日。

讨论：该种的主要特征是担子体较小，菌盖表面具鳞片，菌柄表面全部被白色霜状颗粒，菌肉具有明显的苦杏仁味。微观形态上，子实层囊状体形态为纺锤形至梭形、具柄，柄生囊状体壁相对薄。此种与同组 (sect. *Marginatae* Singer) 的黄囊丝盖伞 *I. muricellata* Bres. 在宏观特征上接近，但后者的担子体相对较大，子实层囊状体尺寸长、近烧瓶形且壁为明显的亮黄色。

根据欧洲的记载菌柄为淡黄色至赭黄色 (Kuyper 1986)，但产自中国北方的材料菌柄颜色为淡肉粉色且带纵条纹，除此之外，其他特征与欧洲的记载对应较好。

狮黄丝盖伞　图 112

Inocybe leonina Esteve-Rav. & A. Caball., Fungi Non Delineati, Raro vel Haud Perspecte et Explorate Descripti aut Definite Picti 47: 33 (2009)

担子体小至中等大。菌盖直径 15–26mm，幼时半球形，后渐呈凸镜形至近平展，有时具不明显突起，表面呈均一的金黄色至橘黄色，盖缘无丝膜状残留。菌褶直生，中等密，初期灰白色，后变淡黄色至褐色，褶宽可达 5mm，褶片较薄，褶缘色淡。菌柄长 32–52mm，粗 3–5mm，圆柱形，中实，白色至带黄色，基部白色，等粗，基部略膨大，膨大处可达 7mm，柄表面被细密白霜，直至柄基部。菌肉味道不明显，菌盖菌肉肉质，奶油色，2–3mm；菌柄菌肉纤维质，乳黄色，纤维质，具光泽。

担孢子 (9.5) 10.0–11.5 (12.0) × (5.2) 6.0–7.5 (8.0) μm，Q=1.5–1.8，多角形，有时具不

明显突起，淡黄褐色。担子 22–28×8–11μm，棒状，淡黄色，内部非透明，有 4 个担子小梗。侧生囊状体 46–64×14–20μm，丰富，纺锤形至囊状，顶部被结晶，内部近透明，壁淡黄色，厚 2.0–3.0μm，基部常具柄。缘生囊状体与侧生囊状体形态相似，42–60×15–19μm。缘生薄囊体丰富，生于缘生囊状体之间，20–37×10–18μm，棒状至宽棒状，薄壁，内部无色透明。柄生囊状体分布于整个菌柄表面，形态近似侧生囊状体，但有时不规则，40–67×13–22μm。柄生薄囊体棒状至宽棒状，薄壁，透明至浑浊，丰富。菌盖表皮菌丝平伏型，深褐色，由表面粗糙的硬壳菌丝构成，菌丝多数长圆柱形，少数短细胞状，菌丝细胞连接处平截，直径 4–12μm。锁状联合存在于所有组织。

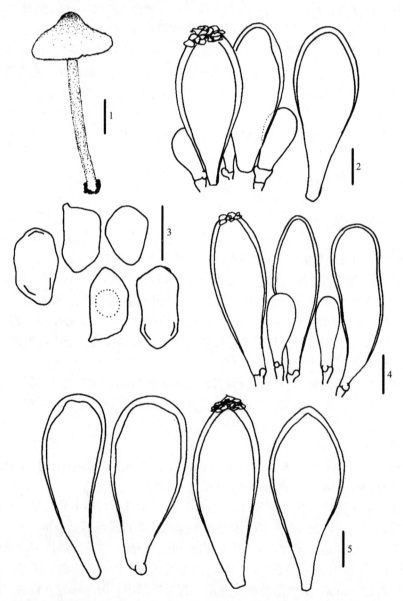

图 112 狮黄丝盖伞 *Inocybe leonina* Esteve-Rav. & A. Caball. (HMJAU36999)

1. 担子体（basidiocarps）；2. 缘生囊状体和缘生薄囊体（cheilocystidia and paracystidia）；3. 担孢子（basidiospores）；4. 柄生囊状体和柄生薄囊体（caulocystidia and cauloparacystidia）；5. 侧生囊状体。标尺：1=10mm；2–5=10μm

生境：夏季、秋季生于沙地云杉林地上。

中国分布：内蒙古。

世界分布：亚洲、欧洲。

研究标本：**内蒙古** HMJAU36999、HMJAU37000、HMJAU36888，赤峰市克什克腾旗白音敖包国家级自然保护区沙地云杉林，图力古尔，2013 年 8 月 2 日；HMJAU 36809，克什克腾旗黄钢梁林场，图力古尔，2013 年 8 月 1 日。

讨论：鲜艳的担子体颜色、独特的孢子形态和子实层囊状体使得该种容易识别。与其原始描述相比，产自中国内蒙古的材料担子体稍小，孢子轮廓的突起程度弱，其他特征与原始描述吻合较好。

米易丝盖伞 图 113，图版 X77

Inocybe miyiensis T. Bau & Y.G. Fan, in Fan & Bau, Nova Hedwigia 98(1–2): 182 (2014)

菌盖直径 23–32mm，幼时钟形，后渐平展，有较钝的凸起，土褐色、褐色，表面有较明显的细缝裂，呈放射状条纹，盖中央突起，突起处表皮常破裂为鳞片状，盖缘无丝膜状残留。菌褶初期白色，后变灰色、带褐色，中等密，直生，褶宽可达 5mm，褶片较薄。菌柄长 40–45mm，粗 2.5–3mm，中实，白色至带肉色，等粗，基部球形膨大且边缘完整，膨大处直径可达 5mm，柄表面被细密白霜，直至柄基部。菌盖菌肉肉质，白色，1–3mm；菌柄菌肉纤维质，乳白色，有光泽，柄基部膨大处菌肉非纤维质，较硬。

担孢子 11.5–13.5×(8.5)9.0–11.0μm，Q=1.2–1.4(图版 XXII 36)，星形，于 KOH 液中为淡褐色。担子 24–35×11–13μm，棒状，基部钝圆或平截，有 2 个担子小梗，小梗粗壮，基部宽达 5μm。侧生囊状体 58–90×14–22μm，丰富，长颈瓶形至细长梭形，顶部被结晶，内部近透明，壁亮黄色，厚达 3.5μm，基部平截、钝圆或带短柄。缘生囊状体与侧生囊状体形态相似，51–105×12–22μm。缘生薄囊体 14–26×9–12μm，簇生，丰富，薄壁，内部浑浊，棒状至宽棒状。柄生囊状体分布于整个菌柄表面(除基部膨大处)，形态近似侧生囊状体，但有时不规则，48–98×17–22μm。柄生薄囊体棒状至宽棒状，薄壁，透明至浑浊，丰富，19–25×10–13μm。菌盖表皮菌丝平伏型，深褐色，由表面粗糙的硬壳菌丝构成，菌丝多数长圆柱形，少数短细胞状，菌丝细胞连接处平截，直径 7–24μm。锁状联合存在于所有组织。

生境：夏季生于阔叶林内地上。

中国分布：四川。

世界分布：亚洲。

研究标本：**四川** HMJAU24842(holotype)、HMJAU24843，攀枝花市米易县普威镇独树村，图力古尔、范宇光，2011 年 7 月 21 日。

讨论：此种的主要特征是菌盖表面细缝裂至开裂，菌柄表面被白色粉末状颗粒，菌柄基部球形膨大且具边缘；孢子星形，担子具 2 个担子小梗，担子梗粗壮。描述于欧洲的 *I. asterospora*、*I. praetervisa* Quél.、*I. alnea* Stangl 等种类具有相似的宏观特征，但这些种类的担子均有 4 个担子小梗。丝盖伞属内具有 2 个担子小梗的种类不多，只有 *I. hirtella* var. *bispora*、*I. fuscidula* var. *bisporigera* 和 *I. bispora*，但这些种类均具有光滑的椭圆形至杏仁形孢子。此外，描述于巴布亚新几内亚的 *Astrosporina aberrans* E. Horak

的担子具有 2 个担子小梗，且孢子星状，但这个种的菌盖为深褐色，表面被明显翘起的鳞片，且菌柄表面为纤维丝状。

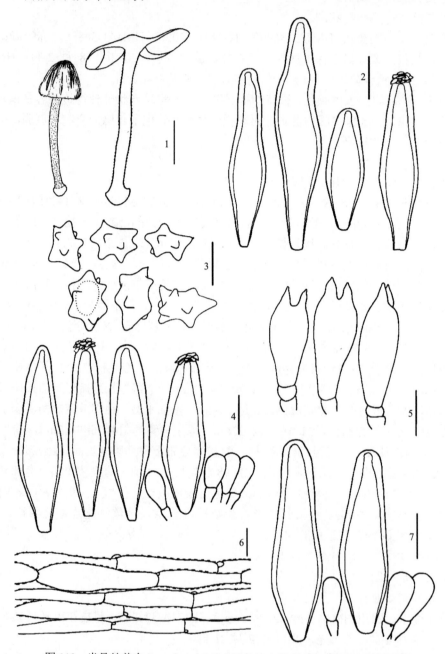

图 113 米易丝盖伞 *Inocybe miyiensis* T. Bau & Y.G. Fan（HMJAU24842）
1. 担子体（basidiocarps）；2. 侧生囊状体（pleurocystidia）；3. 担孢子（basidiospores）；4. 缘生囊状体和缘生薄囊体（cheilocystidia and paracystidia）；5. 担子（basidia）；6. 菌盖表皮（pileipellis）；7. 柄生囊状体和柄生薄囊体（caulocystidia and cauloparacystidia）。标尺：1=10mm；2–7=10μm

山地丝盖伞 图 114，图版 VIII 59

Inocybe montana Kobayasi, Nagaoa 2: 97（1952）

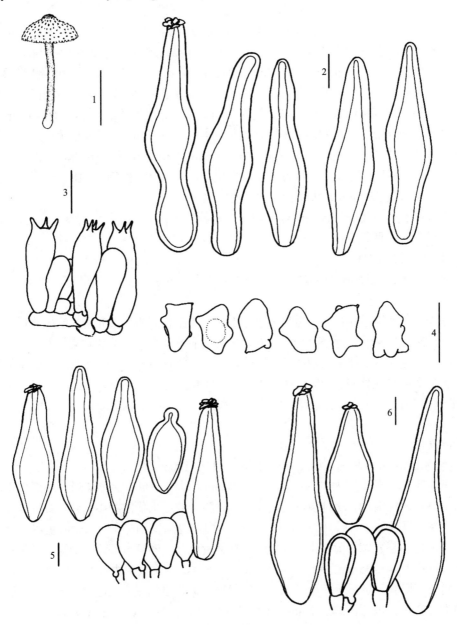

图 114 山地丝盖伞 *Inocybe montana* Kobayasi（HMJAU25791）
1. 担子体（basidiocarps）；2. 侧生囊状体（pleurocystidia）；3. 担子（basidia）；4. 担孢子（basidiospores）；5. 缘生囊状体和
缘生薄囊体（cheilocystidia and paracystidia）；6. 柄生囊状体和柄生薄囊体（caulocystidia and cauloparacystidia）。
标尺：1=10mm；2–6=10μm

担子体小。菌盖直径 4–6mm，幼时钟形，成熟后半球形，盖中央具不明显的钝状
凸起，淡灰褐色至褐色，幼时菌盖表面近光滑，成熟后具细小鳞片，鳞片灰白色，平伏
至稍翘起，菌盖边缘细小开裂。菌褶中等密，直生，幼时灰白色，成熟后黄白色，褶缘

与褶面同色，宽约1mm。菌柄长12–15mm，粗1mm，圆柱形，等粗，幼时淡褐色，顶部乳黄色，基部白色，成熟后褐色，基部白色，中实，基部稍膨大。菌肉气味未记录，菌盖菌肉白色至灰白色，肉质；菌柄菌肉带褐色，纤维质。

担孢子(7.5)8.0–9.0×(5.5)6.0–7.0(7.5)μm，Q=1.2–1.5（图版XXI 31），带钝形不规则状突起，黄褐色。担子21–29×7–9μm，棒状，内部透明至具淡黄色内含物，具4个担子小梗。侧生囊状体55–85×15–19μm，细长纺锤形，基部渐细、钝圆或倒卵形膨大，顶部渐细，壁亮黄色，带淡绿色，厚达3–5μm。缘生囊状体40–70×12–14μm，腹鼓形，向上部渐细，顶部钝圆或稍细，基部钝或钝圆，厚壁。缘生薄囊体14–20×9–12μm，薄壁或厚壁，倒卵形至宽椭圆形。柄生囊状体50–102×16–21μm，延伸至菌柄底部，长颈瓶形，基部钝或钝圆，颈部向上渐细，壁厚1–2μm。柄生薄囊体16–28×9–11μm，卵圆形至倒卵形，薄壁至厚壁。菌盖表皮菌丝平伏型，褐色至暗褐色，由膨大的褐色贝壳菌丝构成，宽可达28μm。锁状联合存在于所有组织。

生境：夏季单生于亚高山针叶林内地上苔藓层中。

中国分布：西藏。

世界分布：亚洲。

研究标本：**西藏** HMJAU25791，林芝色季拉山垭口附近，范宇光，2010年8月8日。

讨论：此种担子体很小，通常不超过1cm，菌盖表面初期近光滑，但成熟后明显具平伏至稍翘起的鳞片，孢子具疣状突起，子实层囊状体厚壁，基部时常异常膨大，壁黄绿色；柄生囊状体延伸至菌柄底部。与描述于日本的材料相比，中国西南高山带的材料孢子和子实层囊状体较大，但总体形态特征及生境与原始描述相符。此种曾报道于吉林（李茹光 1991），但作者未能得到其凭证标本。

黄囊丝盖伞　图115，图版IX 65-66

Inocybe muricellata Bres., Annls mycol. 3(2)：160, 1905.

子实体稍小至中等大。菌盖直径11–32mm，幼时钟形，后半球形，成熟后平展，菌盖中央具较钝突起，幼时菌盖表面光滑，成熟后被近平伏的细小鳞片，有时鳞片不明显，边缘纤维丝状，有时开裂，盖中央褐色，向边缘渐变为亮黄色。幼时盖缘可见不明显的乳黄色菌幕残留。菌褶密，直生，幼时嫩黄色，成熟后带褐色，褶缘非平滑，宽达5mm。菌柄长45–75mm，粗2.5–4.5mm，亮黄色，中实（常虫蛀），表面被白色至淡黄色粉末状颗粒，延伸至菌柄基部，基部稍膨大，被白色绒毛状菌丝。菌肉土腥味，菌盖菌肉嫩黄色，肉质，厚达2mm，菌柄菌肉嫩黄色，纤维质，呈纵条纹。

担孢子(9.0)10.2–11.6(11.9)×4.8–5.9(6.2)μm，Q=(1.78)1.81–2.05(2.1)（图版XXIII 42），椭圆形至近杏仁形，褐色，光滑。担子20–27×8–10μm，棒状，内部具均一的亮黄色色素，具4个担子小梗。侧生囊状体十分丰富，63–75×15–18μm，纺锤形至近长颈烧瓶形，常具较长的颈部，厚壁，亮黄色，厚2–3μm，顶部被结晶体，基部常形成小柄，偶尔小柄不明显，内部淡黄色透明，偶尔具亮黄色色素。缘生囊状体58–72×14–18μm，与侧生囊状体形态相似。缘生薄囊体生于缘生囊状体之间，20–28×8–13μm，薄壁，透明，梨形。柄生囊状体61–126×12–15μm，延伸至菌柄基部，细长形，顶部被结晶体，基部缢缩但多数钝或偶尔平截，壁厚 1.5–2.5μm。柄生薄囊体 22–31×11–16μm，较少，与缘生薄囊体相似。菌髓菌丝近规则排列，淡黄色，由透明的膨大菌丝构成，薄壁至厚壁，直径可达 25μm。菌盖表皮菌丝平伏型，近规则排列，由膨大的被壳菌丝构成，菌丝表面具明显的黄色素沉积，直径 5–25μm。

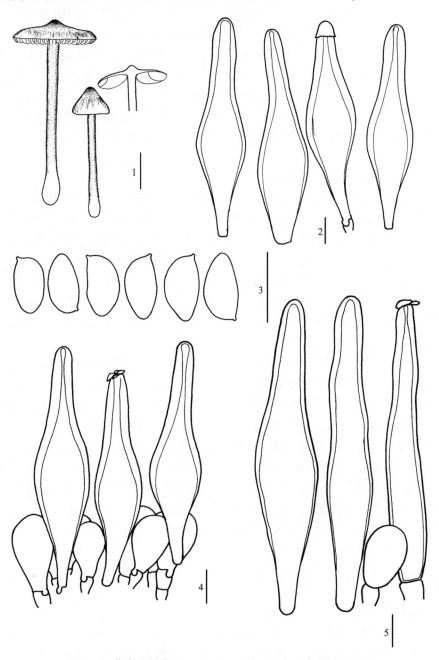

图 115 黄囊丝盖伞 Inocybe muricellata Bres. (HMJAU24856)

1. 担子体(basidiocarps)；2. 侧生囊状体(pleurocystidia)；3. 孢子(basidiospores)；4. 缘生囊状体(cheilocystidia)；5. 柄生囊状体(caulocystidia)。标尺：1=10mm；2–5=10μm

生境：秋季生于针阔混交林内地上，土质肥沃，主要树种为松属（*Pinus*）、槭属（*Acer*）和杨属（*Populus*）。

中国分布：吉林。

世界分布：亚洲、欧洲、北美洲。

研究标本：**吉林** HMJAU24856，安图县二道白河镇，范宇光，2010 年 9 月 19 日；HMJAU24857，安图县二道白河镇，范宇光，2010 年 9 月 22 日。

讨论：此种描述于欧洲，其主要的识别特征为菌盖赭黄色，具鳞片，菌柄表面被细密白霜，子实层囊状体近长颈烧瓶形，壁亮黄色，十分丰富。Kuyper（1986）认为此种变异较大，菌柄顶部颜色从紫红色、淡红色、淡粉色至黄色或色淡无任何红色调。中国东北的材料与欧洲的记载在其核心特征上吻合较好，但中国东北材料的菌柄颜色均一黄色至亮黄色，顶部无任何紫色或红色且菌褶呈明显黄色，成熟后带褐色。

海岛丝盖伞近似种　图 116，图版 XI 83

Inocybe cf. insulana K. P. D. Latha & Manim., Inocybes of Kerala 1: 78 (2017)

菌盖直径 18–22mm，幼时球形至半球形，后渐平展，中部具不明显小突起，幼时盖缘内卷，后渐伸展，表面光滑至具有不明显的平伏鳞片，边缘具较弱条纹，表面均一土褐色至淡巧克力色。菌盖边缘无丝膜状菌幕残留。菌褶很密，与盖同色或更深，直生，宽达 2mm，褶缘色淡。菌柄长 80–100mm，粗 2–3mm，较菌盖色淡，顶部稍粗，中下部渐粗，基部粗达 4mm，中实，柄表面被土黄色粉末状颗粒，近基部 2–3cm 处具白色绒毛状菌丝。菌肉具咸鱼味，菌盖菌肉淡土褐色至带肉桂色，肉质，厚约 2mm；菌柄菌肉肉质，与菌盖菌肉同色。

担孢子(6.0)6.5–7.0(7.5)×5.0–6.0(6.5)μm，Q=1.1–1.4（图版 XXI 32），具疣突，遇5%的 KOH 溶液呈黄褐色。侧生囊状体 58–97×18–26μm，腹鼓形，具中等至较长的颈部，基部圆形或形成柄，顶部被结晶体，壁亮黄色，厚达 4μm，通常基部仍为厚壁。缘生囊状体 61–90×12–24μm，形态与侧生囊状体相似。缘生薄囊体 14–30×9–12μm，丰富，薄壁，透明，梨形至棒状，顶端圆形。柄生囊状体 53–80×14–17μm，分布于整个菌柄表面，簇生，中上部丰富，基部较少，形态与子实层囊状体相似。柄生薄囊体14–30×9–12μm，分布于柄生囊状体之间，形态与缘生薄囊体相似。菌髓组织淡黄色，规则排列，由膨大的薄壁菌丝构成，直径 10–20μm。菌盖表皮平伏型，组织褐色，致密，由亚规则排列的膨大菌丝构成，表面光滑至粗糙，壁亮黄色，直径 4–20μm。锁状联合存在于所有组织。

生境：夏季生于云南松（*Pinus yunnanensis*）与壳斗科树木构成的混交林地。

中国分布：云南。

世界分布：亚洲。

研究标本：**云南** HMJAU25836，昆明市野鸭湖，范宇光，2010 年 9 月 2 日。

讨论：该种的主要特征是菌柄较长，表面被土褐色霜状颗粒，菌褶很密；孢子多角形，子实层囊状体厚壁。根据以上特征可以将此种归入 sect. *Marginate*，但同时发现其担子内部具有明显的亮黄色内含物，且于孢子弹射后萎缩，这是 *Mallocybe* 亚属的显著特征。虽然担子具有黄色内含物且于孢子弹射之后萎缩这一特征并非仅仅存在于

Mallocybe 亚属，但目前 sect. *Marginate* 内并没有这一特征的记录。因此，此种的发现具有一定的系统学意义。近期描述于印度的海岛丝盖伞 *I. insulana* K.P.D. Latha & Manim.在形态上与本种十分接近，同样具有巧克力色至褐色的子实体，相似形态的孢子和厚壁的子实层囊状体，且孢子弹射之后担子萎缩。但本研究材料采集于针叶树下，而海岛丝盖伞生于龙脑香科林下，在没有取得更多的标本之前，暂将本研究的材料定为海岛丝盖伞近似种。

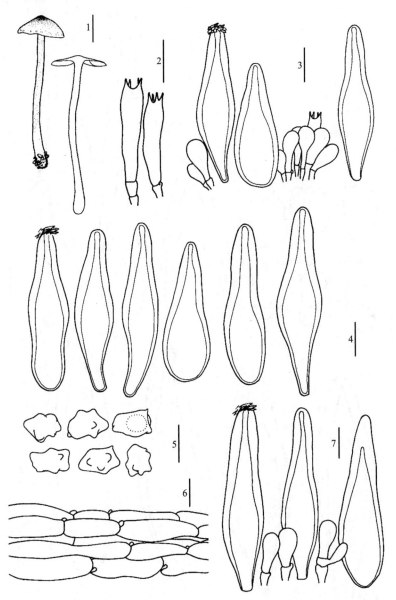

图 116　海岛丝盖伞近似种 *Inocybe* cf. *insulana* K. P. D. Latha & Manim.（HMJAU25836）

1. 担子体（basidiocarps）；2. 担子（basidia）；3. 缘生囊状体和缘生薄囊体（cheilocystidia and paracystidia）；4. 侧生囊状体（pleurocystidia）；5. 担孢子（basidiospores）；6. 菌盖表皮（pileipellis）；7. 柄生囊状体和柄生薄囊体（caulocystidia and cauloparacystidia）。标尺：1=10mm；2–7=10μm

韧丝盖伞　图 117

Inocybe nematoloma Joss., Bull. trimest. Soc. Mycol. Fr. 90（3）: 254（1974）

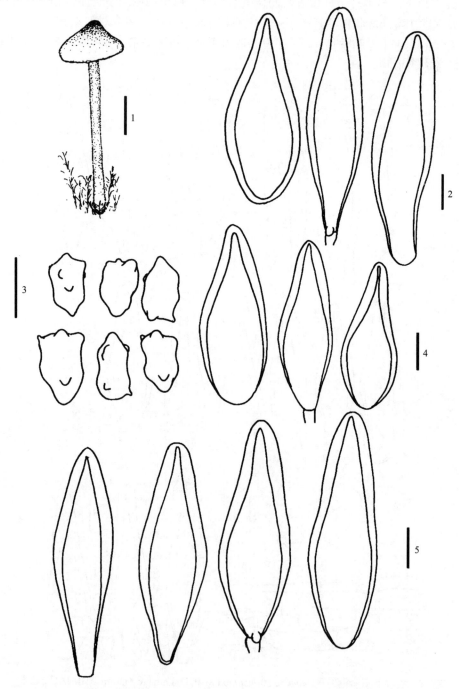

图 117　韧丝盖伞 *Inocybe nematoloma* Joss.（HMJAU36998）

1. 担子体（basidiocarps）；2.缘生囊状体（cheilocystidia）；3. 担孢子（basidiospores）；4.柄生囊状体（caulocystidia）；5. 侧生
囊状体（pleurocystidia）。标尺：1=10mm；2–5=10μm

担子体小，纤弱。菌盖直径 10–23mm，幼时钟形，成熟后凸镜形，盖中部具明显的钝凸起，表面纤维状，盖缘无菌幕残留；中部暗黄褐色至黄褐色或暖黄褐色，向边缘渐淡。菌褶直生，密，1.0–2.0mm 宽，幼时白色至乳白色，后变为灰白色至褐色，褶缘色淡，非平滑。菌柄长 40–60mm，粗 1.0–2.5mm，等粗，中实，基部稍膨大，表面被白色粉末状颗粒，有时不明显，米黄色至淡褐色，顶部和基部色淡。菌盖菌肉肉质，白色，薄；菌柄菌肉白色，纤维质，具纵条纹。

担孢子 (7.5) 8.0–9.2 (9.5) ×5.0–6.5μm，Q=1.5–1.6，具明显疣突，淡褐色。担子 21–27×7–10μm，棒状，具 4 个担子小梗。侧生囊状体 46–63×13–21μm，厚壁，壁淡黄色至无色，2.0–3.0μm 厚，顶部被结晶体，基部钝，纺锤形至细长纺锤形，基部多数钝至钝圆。缘生囊状体 41–65×15–21μm，丰富，与侧生囊状体形态相似。缘生薄囊体 10–26×7–12μm，丰富，薄壁，透明，棒状至长棒状。柄生囊状体 37–62×11–21μm，延伸至菌柄中下部，与侧生囊状体形态相似。柄生薄囊体与缘生薄囊体相似。菌盖表皮平伏型，淡黄色至金黄色，由光滑至粗糙的圆柱形和膨大菌丝构成，5–18μm 宽。锁状联合存在于所有组织。

生境：夏季簇生或散生于白桦林中地上苔藓层中。

中国分布：内蒙古。

世界分布：亚洲、欧洲。

研究标本：**内蒙古** HMJAU36998，呼伦贝尔根河市满归南山，图力古尔，2014 年 7 月 11 日。

讨论：该种的主要特征为担子体纤弱，菌盖金黄色至褐黄色，孢子具疣突，子实层囊状体厚壁，被结晶，基部钝圆。与本种具有相似孢子和囊状体的种类包括 *I. petiginosa*、*I. castanea* 和 *I. egenula*，但前两者担子体均呈明显的褐色至红褐色，后者生于高山带且担子体明显矮小，可以区分。产自中国内蒙古的材料与欧洲材料无论在生态环境和形态特征上均表现出较好的一致性。

橄榄绿丝盖伞　图 118，图版 XII 89-90

Inocybe olivaceonigra (E. Horak) Garrido, Biblthca Mycol. 120: 177 (1988)

Astrosporina olivaceonigra E. Horak, Persoonia 10 (2): 194 (1979)

担子体小，纤细。菌盖直径 11–23mm，幼时锥形，成熟后渐平展，盖中部具钝突起，菌盖边缘成熟后常开裂或向上反卷，表面纤丝状光滑，少有平伏鳞片；幼时为深墨绿色，后变为橄榄色带暗灰色，向边缘色淡。菌褶直生，密，2.5–4.5mm 宽，幼时乳白色至白色，后变为灰白色至褐色，褶缘色淡，非平滑。菌柄长 28–50mm，粗 1.5–3.0mm，等粗，中实，基部稍膨大，表面被白色粉末状颗粒，呈纵条纹，淡乳白色至米黄色，顶部和基部白色。菌肉具土腥味，菌盖菌肉肉质，白色，近表皮处带绿色，2.5–3.5mm 厚；菌柄菌肉白色，近表皮处米黄色至带粉色，纤维质，具纵条纹。

担孢子 (8.5) 9.0–10.0 (10.5) ×6.0–7.5 (8.0) μm，Q=1.2–1.6 (图版 XXI 29)，具明显疣突，褐色。担子 22–31×7–10μm，棒状，具 4 个担子小梗。侧生囊状体 46–82×13–21μm，厚壁，壁淡黄色至无色，2–3.5μm 厚，顶部被结晶体，基部钝，纺锤形至细长纺锤形，有时具短至较长的颈部。缘生囊状体 41–70×10–18μm，丰富，与侧生囊状体形态相似。

缘生薄囊体 9–23×5–12μm，丰富，薄壁，透明，常分隔，棒状至梨形，有时近球形。柄生囊状体 37–62×8–21μm，延伸至菌柄基部，与侧生囊状体形态相似，但壁较子实层囊状体薄。柄生薄囊体 12–22×6–13μm，薄壁，透明，倒卵形至椭圆形。菌髓菌丝近规则排列，由透明的膨大菌丝构成，直径 12–18μm。菌盖表皮平伏型，分两层，上层带淡粉色，厚达 130μm，由近规则排列的圆柱形菌丝构成，3–5μm 宽，近透明；下层金褐色，厚达 68μm，由光滑至粗糙的膨大菌丝构成，8–20μm 宽。锁状联合存在于所有组织。

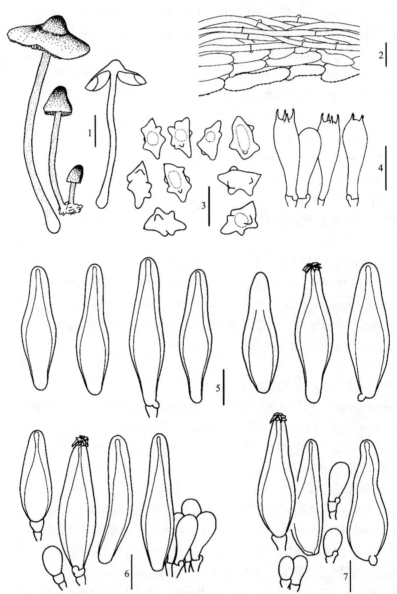

图 118 橄榄绿丝盖伞 *Inocybe olivaceonigra*（E. Horak）Garrido（HMJAU24620）

1. 担子体（basidiocarps）；2. 菌盖表皮（pileipellis）；3. 担孢子（basidiospores）；4. 担子（basidia）；5. 侧生囊状体（pleurocystidia）；6. 缘生囊状体和缘生薄囊体（cheilocystidia and paracystidia）；7. 柄生囊状体和柄生薄囊体（caulocystidia and cauloparacystidia）。标尺：1=10mm；2–7=10μm

生境：夏季散生于锥树林下，土质肥沃。

中国分布：云南。

世界分布：亚洲、大洋洲。

研究标本：**云南** HMJAU24616、HMJAU24617、HMJAU24618、HMJAU24619、HMJAU24620，昆明市筇竹寺，海拔 2100m，图力古尔、范宇光，2011 年 7 月 26 日；HKAS51154，昆明市筇竹寺，海拔 2100m，李艳春，2006 年 9 月 21 日。

讨论：作者研究了此种的模式标本，干标本在宏观特征上与中国的材料基本一致，但菌褶和菌柄颜色更深。担孢子具 9–11 个钝圆形疣突，(7.7–)8.1–9.7(–10.7)×(5.3–)5.8–7.0(–7.8)μm，Q=1.2–1.6，子实层囊状体 33–54×11–15μm，梭形，壁厚达 4.5μm，柄生囊状体与子实层囊状体形态相似但壁较薄。虽然在原始描述中盖皮层菌丝细胞内褐色素被突出强调，但我们并未发现此特征。相比较而言，中国材料的孢子顶端具更明显的突起，多数中国材料的子实层囊状体壁并没有模式标本中的厚，也有少数中国材料，HMJAU24616 和 HMJAU24617 的子实层囊状体壁确实与模式标本十分接近。因为中国材料之间以及与模式标本在总体形态特征、生境及生态上的高度吻合，我们认为以上差异在种级水平的分类中并无意义。

描述于赞比亚的 *Inocybe glaucodisca*，与此种十分接近，它具有相似的菌盖颜色、菌柄表面特征，具疣突的孢子以及厚壁的子实层囊状体，但它的菌盖中央具明显鳞片，菌柄基部具边缘，生于稀树草原(Buyck and Eyssartier 1999)。描述于北美洲的 *I. insignis* 具有粉末颗粒的菌柄和厚壁的子实层囊状体，但它仅在伤后带绿色。此外，它的担子体较粗壮，具有芳香气味，孢子较大且为明显星形(Smith 1941)。*Inocybe viridiumbonata* 的担子体粗壮，缘生囊状体薄壁，侧生囊状体壁稍厚且孢子较大。此外，*I. viridiumbonata* 生于退化的植被生境中(Pegler 1983)。

厚囊丝盖伞　图 119，图版 XIV 109-110

Inocybe pachypleura Takah. Kobay., Nova Hedwigia, Beih. 124: 74 (2002)

担子体小。菌盖直径 9–11mm，光滑，钟形至凸镜形，赭黄色，菌盖中部色淡，具不明显细缝裂，边缘常具细小开裂。菌褶直生，密，褶缘色淡，白色至灰白色。菌柄长 28–35mm，粗 4–5mm，等粗，中实，基部膨大，具边缘，宽达 7mm，表面被白色粉末状颗粒；肉粉色，基部白色。菌肉具土腥味，菌盖菌肉白色，3–4mm 厚；菌柄菌肉纤维质，具纵条纹，肉粉色，基部白色。

担孢子 7.0–8.0(9.0)×(5.0) 5.5–6.5(7.0)μm，Q=1.2–1.4(图版 XXII 35)，具疣突，褐色。担子 23–29×8–10μm，棒状，具 4 个担子小梗，有时具 2 个担子小梗，小梗长达 5μm。侧生囊状体 45–72×17–22μm，厚壁，壁淡黄色，纺锤形至卵形，丰富，顶部被结晶体，基部形成柄，有时基部平截或钝圆。缘生囊状体 42–60×13–18μm，与侧生囊状体形态相似，厚壁。缘生薄囊体 10–16×4–9μm，倒卵形至棒状，透明，薄壁，丰富。柄生囊状体 49–71×15–20μm，成簇，分布于全部菌柄表面，厚壁，腹鼓形，具明显颈部，顶部钝，被结晶体，基部钝或形成小柄。缘生薄囊体 29–48×15–19μm，棒状至倒卵形，透明，薄壁，丰富。菌盖表皮平伏型，分两层，上层由规则至近规则的圆柱形菌丝构成，直径 5–10μm；下层由近方形菌丝细胞构成，直径 17–25μm。锁状联合存在于所有组织。

生境：秋季单生于阔叶林内地上。

中国分布：辽宁。

世界分布：亚洲。

研究标本：**辽宁** HMJAU23274，本溪市关门山风景区，范宇光，2011 年。

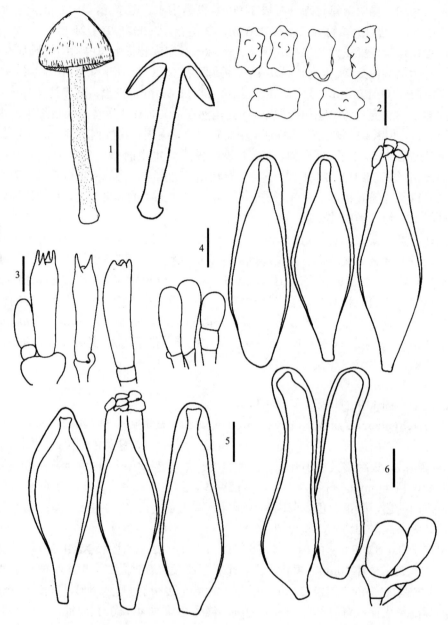

图 119　厚囊丝盖伞 *Inocybe pachypleura* Takah. Kobay.（HMJAU23274）

1. 担子体(basidiocarps)；2. 担孢子(basidiospores)；3. 担子(basidia)；4. 缘生囊状体和缘生薄囊体(cheilocystidia and paracystidia)；5. 侧生囊状体(pleurocystidia)；6. 柄生囊状体和末端菌丝(caulocystidia and hypha of stipe apex)。

标尺：1=10mm；2–6=10μm

讨论：此种最早描述于日本，其主要特征为菌盖近光滑、菌柄肉粉色；侧生囊状体卵形至倒卵形，菌盖表皮下层由近方形细胞构成。中国材料的子实层囊状体通常具有短柄，除此之外，与原始描述对应较好。

厚囊丝盖伞在系统树中与其他具有多角形孢子、近梭形子实层囊状体的种类聚为一枝。基于 nLSU 序列的 BLAST 结果相似率最高(95%)的为来自欧洲的 SJ03020，鉴定为荫生丝盖伞 *I. umbratica*(SJ03020)，荫生丝盖伞与后囊丝盖伞的相似之处在于多角形、具弱疣突的孢子和近梭形的子实层囊状体。

亚密褶丝盖伞近似种　图 120，图版 XI 87-88

Inocybe cf. **subangustifolia** Matheny, Bougher & Halling, in Matheny & Bougher, Fungi of
　　Australia: Inocybaceae（Melbourne）: 313（2017）

菌盖直径 18–32mm，初期半球形，后呈钟形至斗笠形，淡黄色至带黄绿色，老后褪为米黄色，有时带橘黄色，幼时盖表面被一层平伏或稍起伏的淡黄色绒毛，盖边缘具绒毛，后盖表及盖缘绒毛逐渐消失，表面变为纤维丝状，边缘色淡，菌盖边缘未见丝膜状菌幕残留。菌褶很密，幼时淡黄色或带淡黄绿色，后为土黄色，褶缘色淡，非平滑，宽达 2mm。菌柄长 55–72mm，粗 2.5–5.5mm，幼时与盖同色，色稍淡，成熟后变为米黄色且带淡橘黄色，表面被细密的白粉状颗粒，基部膨大。菌肉气味不明显，菌盖菌肉幼时白色，后稍带肉色，菌柄上部菌肉黄绿色，下部稍带肉色。担子体表面或菌肉受伤后变肉粉色。

担孢子 (8.0) 8.5–9.5 (10.0) ×5.5–7.0 (7.5) μm，Q=1.3–1.5（图版 XXII 37），具疣突，顶部锐，黄褐色。担子 24–32×7–10μm，棒状，上下等粗或中部稍瘦，油黄色，基部有锁状联合，担子存在于褶缘。侧生囊状体 49–70×14–21μm，厚壁，鲜黄色，长颈花瓶形、细纺锤形至细长形，顶部锐，被结晶体，基部钝圆或具小柄，内部清澈透明。缘生囊状体 46–61× 14–17μm，与侧生囊状体形态相似，厚壁，顶部被结晶。缘生薄囊体12–25×9.5–13μm，丰富，亚球形至倒卵形，壁薄、黄色，内部透明。柄生囊状体与子实层囊状体形态相似，有时较长，厚壁，顶部被结晶体。柄生薄囊体 17–26×7–9μm，棒状，成簇，壁薄，黄色，内部透明。菌髓组织黄色，由圆柱形至膨大菌丝构成，亚规则排列，直径 10–31μm。菌盖表皮平伏排列，分两层，上层菌丝近透明，由薄壁菌丝构成，表面光滑，直径 4–7μm，时常分枝；下层由硬壳菌丝构成，直径 9–24μm。锁状联合存在于所有组织。

生境：夏季生于针阔叶混交林内地上，土质肥沃疏松。

中国分布：云南。

世界分布：亚洲。

研究标本：**云南** HMJAU25956，昆明市野鸭湖，图力古尔、范宇光，2010 年 9 月2 日。

讨论：该种幼时菌盖表面被细密的平伏状绒毛(与银丝草菇菌盖表面相似)，成熟后消失，菌盖表面变为纤维丝状，担子体伤后变淡橘黄色，菌柄表面被细密的白色颗粒；孢子顶端锐，担子棒状，上下等粗。此种在宏观上接近于描述于欧洲的沼生丝盖伞 *I. paludinella*，但后者菌盖表面无绒毛状细鳞片，菌肉伤后不变色，孢子形态更接近方形，子实层囊状体较短且壁厚。近期描述于澳大利亚的亚密褶丝盖伞 *I. subangustifolia* 与本种在子实体宏观形态上极为接近，但子实层囊状体形态存在一定差异，暂将中国的材料定为亚密褶丝盖伞近似种。

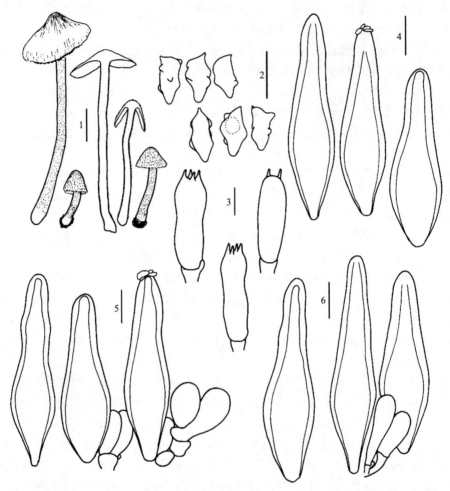

图 120　亚密褶丝盖伞近似种 *Inocybe* cf. *subangustifolia* Matheny, Bougher & Halling（HMJAU25956）
1. 担子体（basidiocarps）；2. 担孢子（basidiospores）；3. 担子（basidia）；4. 侧生囊状体（pleurocystidia）；5. 缘生囊状体和缘生薄囊体（cheilocystidia and paracystidia）；6. 柄生囊状体和柄生薄囊体（caulocystidia and cauloparacystidia）。
标尺：1=10mm；2–6=10μm

接骨木丝盖伞　图 121，图版 XIV 108

Inocybe sambucina（Fr.）Quél., Mémoires de la Société d'Émulation de Montbéliard 5: 182（1872）

担子体粗壮。菌盖直径 30–50mm，幼时半球形至钟形，后呈凸镜形至平展，盖中央具明显的钝圆突起，幼时菌盖表面被一层白色膜至菌幕，盖边缘强烈内卷，成熟后渐伸展，与菌柄连接处为白色膜质菌幕，长于菌褶，开伞后仍可见，盖表面突起处光滑，向边缘被不明显的平伏状鳞片，有时鳞片明显，黄白色、米黄色至淡赭黄色，边缘近白色。菌褶密，直生，幼时白色至灰白色，成熟后带褐色，褶缘色淡，2–4mm 宽。菌柄长 35–65mm，粗 7–10mm，等粗，基部稍膨大，直径可达 12mm，中实，雪白色至带米黄色，表面具白色霜状颗粒，延伸至菌柄基部，基部具白色绒毛状菌丝。菌肉具土腥味，菌盖菌肉白色至乳白色，近盖表皮处带米黄色，肉质，5–9mm 厚；菌柄菌肉纤维质至近肉质，白色，具光泽、纵条纹。

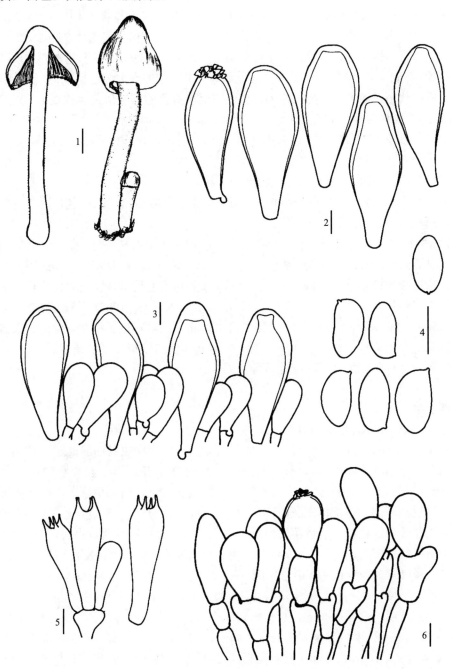

图 121　接骨木丝盖伞 *Inocybe sambucina*（Fr.）Quél.（HMJAU26206）

1. 担子体（basidiocarps）；2. 侧生囊状体（pleurocystidia）；3. 缘生囊状体和缘生薄囊体（cheilocystidia and paracystidia）；4. 担孢子（basidiospores）；5. 担子（basidia）；6. 柄生薄囊体（cauloparacystidia）。标尺：1=10mm；2–6=10μm

担孢子 8.0–9.0(10.5)×(4.5)5.0–6.0μm，Q=1.4–2.2(图版 XXIII 48)，椭圆形至近杏仁形，光滑，黄褐色，顶部钝或稍锐。担子 23–30×7–8μm，棒状，透明或具气泡状内含物，具 4 个小梗。侧生囊状体 46–61×14–17μm，壁厚 2–3μm，无色至带淡黄色，内部具淡黄色内含物，纺锤形至宽纺锤形，顶部宽，钝平，被结晶体，基部缢缩形成柄。缘生囊状体 39–48×14–17μm，形态与侧生囊状体相似；缘生薄囊体 13–22×9–13μm，宽棒状至梨形，丰富，透明，薄壁。未见典型柄生囊状体。柄生薄囊体 24–41×12–29μm，丰富，延伸至菌柄基部，棒状、宽棒状至梨形，透明，薄壁，有时壁稍加厚，顶部被少量结晶体。菌髓菌丝规则排列，淡黄色至近透明，由薄壁的膨大菌丝构成，直径 4–10μm。菌盖表皮平伏型，淡黄色，交织排列，由透明至淡黄色的圆柱形菌丝构成，薄壁，直径 3–10μm。锁状联合存在于所有组织。

生境：夏季群生或散生于辽东栎(*Quercus liaotungensis*)林内地上。

中国分布：甘肃。

世界分布：亚洲、欧洲、北美洲。

研究标本：**甘肃** HMJAU26206，兰州市榆中县兴隆山自然保护区，图力古尔、范宇光，2012 年 8 月 25 日。

讨论：该种的主要特征为担子体粗壮，菌盖近白色至淡赭黄色，菌柄表面被白霜状颗粒，孢子光滑，细长，子实层囊状体厚壁。*Inocybe sindonia* (Fr.) P. Karst.因具有相似的菌盖颜色和被白霜颗粒的菌柄而与此种接近,但其菌盖具明显翘起的鳞片且子实层囊状体为明显的细长形至长纺锤形，尺寸更长。Kuyper(1986)记载的孢子大小为7.5–10.5×3.5–5μm，与欧洲的记载相比来自中国北方的材料孢子稍宽。此外，来自中国的材料未观察到典型的柄生囊状体，但缘生薄囊体偶尔壁稍加厚且顶端被少量结晶体，与柄生囊状体有相似之处。在产地该种被采食。

灰白丝盖伞 图 122

Inocybe senkawaensis Kobayasi, Nagaoa 2: 107, 1952

菌盖直径 10–15mm，幼时钟形，成熟后渐平展，盖中央具明显凸起，较锐，白色至乳白色，表面光滑，干燥，纤丝状，盖缘细缝裂至开裂，无丝膜状残留。菌柄长35–45mm，粗 1.5–2.5 mm，等粗，中实，白色至乳白色，基部稍膨大，柄表面被细密白霜，直至柄基部。菌褶初期灰白色，后变褐色，密，直生，褶宽可达 3mm，褶片较薄，褶缘非平滑，色淡。菌盖菌肉肉质，白色，菌柄菌肉纤维质，白色，气味不明显。

孢子具疣状突起，于 5%的 KOH 溶液中为淡褐色，(7.5)8.0–8.9(9.2) × (4.8)5.4–6.0μm，Q=(1.41)1.45–1.59(1.6) (图版 XXI 27)。担子 22–27 × 8–9μm，棒状，有 4 个担子小梗，小梗长达 4μm。侧生囊状体 30–41 × 11–16μm，丰富，多数梭形，顶部被结晶体，内部透明，壁厚达 5μm，基部钝圆或平截。缘生囊状体与侧生囊状体形态相似，32–40 × 12–15μm。缘生薄囊体 9–16 × 7–8μm，薄壁，透明，宽棒状至倒卵形。柄生囊状体 30–49 × 14–16μm，分布于整个菌柄表面(除基部膨大处)，形态近似侧生囊状体。柄生薄囊体 8–15 × 7–8μm，薄壁，透明，倒卵形至棒状。菌髓组织淡黄色至无色，由规则排列的细长菌丝细胞构成，光滑，直径 7–15μm。盖皮菌丝淡黄色，平伏排列，由圆柱形薄壁菌丝构成，薄壁，光滑，直径 3–5μm。

生境：夏季至秋季单生于阔叶林内地上，土质肥沃。

中国分布：吉林。

世界分布：亚洲。

研究标本：**吉林** HMJAU22750，延边朝鲜族自治州和龙市青山林场，图力古尔，2009 年 8 月 30 日；HMJAU20115，抚松县松江河镇长白山西坡大峡谷，图力古尔，2008 年 8 月 19 日；HMJAU21476，蛟河市白石山镇头道林场，王耀，2008 年 9 月 13 日。

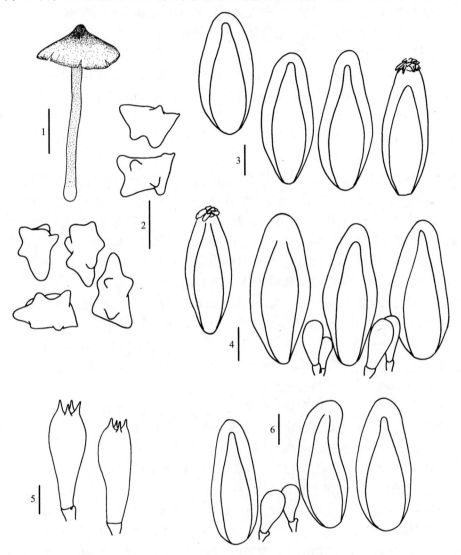

图 122   灰白丝盖伞 *Inocybe senkawaensis* Kobayasi（HMJAU22750）

1. 子实体（basidiocarps）；2. 孢子（basidiospores）；3. 侧生囊状体（pleurocystidia）；4. 缘生囊状体和缘生薄囊体（cheilocystidia and cheiloparacystidia）；5. 担子（basidia）；6. 柄生囊状体（caulocystidia）。标尺：1=10 mm；2–6=10μm

讨论：此种最初描述于日本，主要特点是子实体白色至灰白色，菌柄表面被白色颗粒，孢子带较弱的疣突，子实层囊状体壁很厚。以上特点使得此种与描述于欧洲的 *I. umbratica* 和 *I. paludinella* 十分接近，但 *I. umbratica* 生于针叶林下，孢子疣突较少，且菌柄基部具有球形膨大且具边缘，而 *I. paludinella* 子实体带黄色调，可以区分。作者观察了此种的等模式标本，发现其子实层囊状体形态较瘦，孢子疣突稍弱，但总体形态对应较好。

华美丝盖伞　图123，图版 XIV 111-112
Inocybe splendens R. Heim, Encyclopédie Mycologique 1: 328（1931）

担子体粗壮。菌盖直径 23–45mm，幼时半球形至钟形，成熟后逐渐平展，盖中央具明显的钝圆突起，有时不明显，幼时盖表面被较薄的菌幕残留，边缘强烈内卷，成熟后渐伸展，盖表面突起处近光滑，向边缘呈平伏的纤维丝状，有时呈不明显的块状平伏鳞片，深褐色至棕褐色，突起处米黄色至赭黄色，边缘明显色淡。菌褶中等至较密，直生，幼时白色至灰白色，成熟后带褐色，褶缘色淡或不明显，3–5mm 宽。菌柄长 42–90mm，粗 7–10mm，等粗，基部明显膨大，具边缘，直径可达 16mm，中实，白色至带肉褐色，中下部白色，具光泽，表面具白色霜状颗粒，延伸至菌柄基部。菌肉酸味（植物汁液味），菌盖菌肉幼时雪白色，成熟后带米黄色，肉质，5–10mm 厚；菌柄菌肉纤维质至近肉质，白色至肉褐色，具光泽。

担孢子 (8.5) 9.0–11.5 (14.5)×(5.0) 5.5–6.5 (7.0) μm，Q=1.6–2.2（图版 XXIII 46），近杏仁形，顶部锐，黄褐色，光滑。担子 24–37×8–10μm，棒状，透明或具气泡状内含物，具 4 个担子小梗。侧生囊状体 58–72×15–22μm，壁厚 2.5 (3)–4μm，无色，内部透明，有时具淡黄色内含物，细长形、纺锤形至宽纺锤形，顶部钝，被结晶体，基部缢缩形成柄。缘生囊状体 53–76×18–25μm，形态与侧生囊状体相似，通常较侧生囊状体宽，基部钝或平截，有时形成柄；缘生薄囊体 17–27×10–16μm，丰富，透明，薄壁，宽棒状至倒卵形。柄生囊状体 53–68×13–18μm，细长纺锤形，壁无色至淡黄色，1.5–2.5μm 厚。柄生薄囊体 17–26×7–12μm，棒状至宽棒状，透明，薄壁或内壁不规则加厚。菌髓菌丝规则排列，淡黄色至近透明，由薄壁至稍加厚的膨大菌丝构成，直径 14–25μm。菌盖表皮平伏型，金褐色，交织排列，由透明至淡黄色的圆柱形至膨大菌丝构成，薄壁，直径 3–6μm。锁状联合存在于所有组织。

生境：夏季散生于杨、桦等阔叶林地上。

中国分布：北京、河北、内蒙古、吉林、黑龙江、青海。

世界分布：亚洲、欧洲。

研究标本：**北京** HMJAU26127、HMJAU26128、HMJAU26702，双塘涧灵山，范宇光、张鹏，2012 年 8 月 8 日；HMAS198347，小龙门，范宇光、张鹏，1998 年 8 月 19 日；HMAS198272，东灵山，采集人未知，1998 年 8 月 19 日。**河北** HMAS22875，蔚县小五台山汤池寺，徐连旺、于积厚、刘桓英，1957 年 8 月 10 日；HMAS60168，坝上，卯晓岚，1993 年，日期不详。**内蒙古** HMJAU36900，兴安盟科右中旗蒙古罕山，图力古尔，2015 年 7 月 27 日。**吉林** HMJAU36808，洮南市胡力土乡，图力古尔，2013 年 7 月 22 日。**黑龙江** HMAS74959，尚志市，张小青等，1996 年 9 月 4 日。**青海** HMAS98560，互助土族自治县北山林场，郭良栋、张英；HMAS130545，民和县西沟自然保护区，郭良栋、张英，2004 年 8 月 10 日；HMAS130577，门源县仙米林场，郭良栋、张英，2004 年 8 月 19 日。

讨论：此种的主要特征为担子体粗壮，幼时菌盖表面被白色丝膜状菌幕，菌柄基部

明显膨大、宽，菌柄表面布满白色霜状颗粒，孢子光滑，子实层囊状体厚壁。在 Heim (1931)

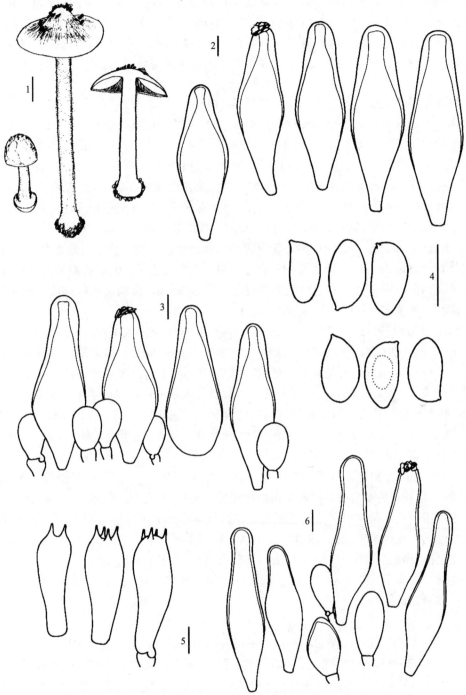

图 123　华美丝盖伞 *Inocybe splendens* R. Heim（HMJAU26702）

1. 担子体（basidiocarps）；2. 侧生囊状体（pleurocystidia）；3. 缘生囊状体和缘生薄囊体（cheilocystidia and paracystidia）；4. 担
孢子（basidiospores）；5. 担子（basidia）；6. 柄生囊状体和柄生薄囊体（caulocystidia and cauloparacystidia）。

标尺：1=10mm；2-6=10μm

的原始描述中,其菌盖为暗褐色,但因显微特征高度相似,Kuyper(1986)和 Stangl(1989)将 *I. terrifera* Kühner 和 *I. alluvionis* Stangl & J. Veselský 合并在其名下,这样的处理事实上拓宽了此种的范围,因为 *I. terrifera* 和 *I. alluvionis* 具有黄褐色的菌盖且 *I. terrifera* 的菌柄基部非膨大(Kropp *et al.* 2010)。研究材料来自中国北方,与欧洲记载的差异在于菌盖颜色为深褐色至棕褐色,突起处及边缘色淡,其他与欧洲的描述基本相符。

荫生丝盖伞橙色变型　图 124,图版 XV113-114

Inocybe umbratica f. aurantiaca Takah. Kobay., Nova Hedwigia, Beih. 124: 81 (2002)

菌盖直径 12–16mm,幼时钟形,成熟后渐平展,盖中央具明显凸起或菌盖平展后突起不明显,菌盖表皮橙黄至橙红色,表皮下层为草黄色至橙黄色,纤维丝状,平滑,干燥,老后橙红色表皮破裂或呈不规则鳞片状,菌盖边缘破损至开裂,幼时菌盖边缘内卷,后渐伸展。菌褶初期乳白色或乳黄色,后变褐灰色,靠近菌盖边缘区域菌褶带橙红色,密,直生,褶宽可达 2–3mm,褶片较薄,褶缘非平滑,色淡,微小锯齿状。菌柄长 35–50mm,粗 2.5–3mm,中实,乳黄色至水泥灰色,等粗,基部球形膨大,具边缘,膨大处直径可达 5mm,柄顶部被细密白霜,向下渐为褐色霜。菌肉有明显的香甜气味,菌盖菌肉肉质,乳白色,突起处菌肉带橙色,厚达 3mm,菌柄菌肉纤维质,肉褐色,柄基部膨大处菌肉非纤维质,较硬,污白色。

担孢子(6.5)7.0–8.5(9.5)×5.0–6.0μm,Q=1.2–1.5(图版 XXII 39),具明显的疣状突起,遇 5%的 KOH 溶液呈淡褐色。担子 24–35×7–10μm,棒状,基部渐窄,有 4 个担子小梗,小梗长达 4μm。侧生囊状体 51–70×13–17μm,丰富,多数细长形、长梭形,顶部稍锐或较平,被结晶体,基部多数钝,少数具长或短的柄,内部清澈,壁黄色,厚达 4μm,基部有锁状联合。缘生囊状体与侧生囊状体形态相似,46–63×10–15μm。缘生薄囊体 17–25×6–10μm,薄壁,透明,多数棒状,少数宽椭圆形。柄生囊状体 53–73×9–15μm,分布于整个菌柄表面(除基部膨大处),长颈花瓶形,基部钝圆或带短柄。柄生薄囊体 17–29×10–21μm,梨形、宽椭圆形至亚球形,透明,薄壁。子实层及菌髓组织遇 5%的 KOH 溶液呈淡黄色至黄色,靠近菌盖边缘带橙红色的菌褶组织在 5%的 KOH 溶液中呈金黄色至带褐色。菌髓组织淡黄色至黄色,由规则排列的圆柱形至稍膨大的细胞构成,厚壁,透明,直径 7–14μm。菌盖表皮平伏排列,由圆柱形薄壁菌丝构成,内部具明显的黄褐色内含物至透明,直径 5–14μm。锁状联合存在于所有组织。

生境:夏季至秋季生于蒙古栎、黄檗、槭等阔叶林地上。

中国分布:辽宁、吉林。

世界分布:亚洲。

研究标本:**辽宁** HMJAU26031,本溪市关门山风景区,范宇光,2011 年 9 月 4 日。**吉林** HMJAU20115,抚松县松江河镇长白山西坡大峡谷,图力古尔,2008 年 8 月 19 日。

讨论:该种的主要特征是菌盖表皮橙色至橙红色,表皮下层为草黄色,孢子具有明显的疣突,柄生囊状体布满菌柄表面,子实层囊状体细长至长梭形。以上特征使得此种与报道于巴布亚新几内亚的 *I. lutea* 接近,但后者的菌柄及菌褶均为橙色至杏黄色,且菌肉味道为燃烧后的角质。观察此种的模式标本,与中国的材料相比,除孢子稍大外,担子和子实层囊状体的尺寸均较小,原始描述中对菌肉味道描述也比较模糊。但

Kobayashi 观察了中国的材料后认为与日本的材料为同种。

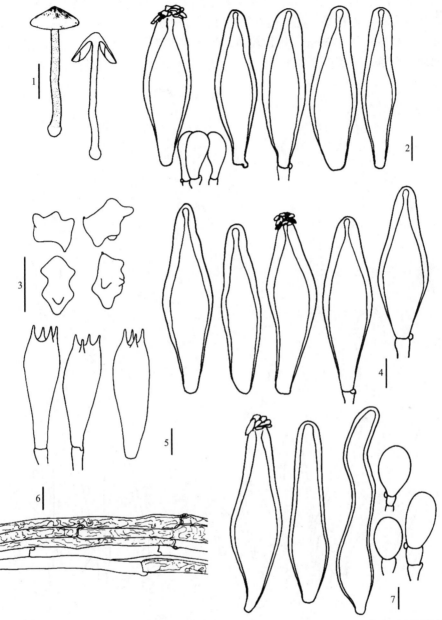

图 124　荫生丝盖伞橙色变型 *Inocybe umbratica* f. *aurantiaca* Takah. Kobay. （HMJAU26031）

1. 担子体（basidiocarps）；2. 缘生囊状体和缘生薄囊体（cheilocystidia and paracystidia）3. 担孢子（basidiospores）；4. 侧生囊状体（pleurocystidia）；5. 担子（basidia）；6. 菌盖表皮（pileipellis）；7.柄生囊状体和柄生薄囊体（caulocystidia and cauloparacystidia）。标尺：1=10mm；2–7=10μm

荫生丝盖伞原变型　图 125，图版 X 75-76

Inocybe umbratica f. umbratica Quél., Assoc. Franç. Avancem. Sci. Congr. Rouen 12: 500
（1883）[1882]

菌盖直径 18–22mm，幼时钟形，成熟后渐平展，盖中央具明显凸起，白色至乳白色，表面光滑，干燥，盖缘稍长于褶，细缝裂至锯齿状，无丝膜状残留。菌柄长 55–65mm，粗 3–5mm，中实，乳白色，等粗，基部球形膨大，具有完整的边缘，膨大处直径可达 6mm，柄表面被细密白霜，直至柄基部（除膨大处外）。菌褶初期灰白色，后变灰褐色，密，弯生，褶宽可达 2.5mm，褶片较薄，褶缘非平滑，微小锯齿状，有时分叉。菌盖菌肉肉质，白色，菌柄菌肉纤维质，白色，柄基部膨大处菌肉非纤维质，较硬。

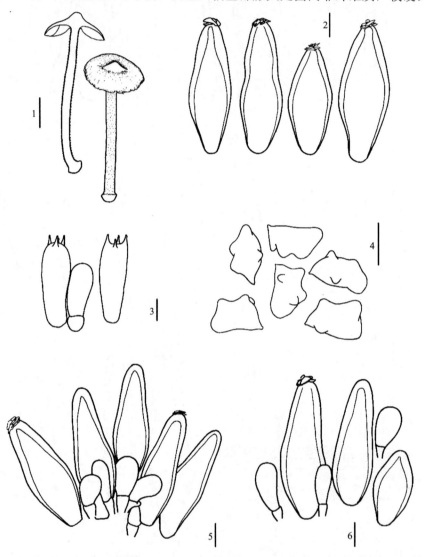

图 125　荫生丝盖伞原变型 *Inocybe umbratica* f. *umbratica* Quél.（HMJAU25995）
1. 担子体（basidiocarps）；2. 侧生囊状体（pleurocystidia）；3. 担子（basidia）；4. 担孢子（basidiospores）；5. 缘生囊状体和缘生薄囊体（cheilocystidia and paracystidia）；6. 柄生囊状体和柄生薄囊体（caulocystidia and cauloparacystidia）。
标尺：1=10mm；2–6=10μm

　　担孢子 7.0–8.0×5.0–6.0(6.6) μm（图版 XXII 38），具疣状突起，遇 5%的 KOH 溶液呈淡褐色。担子 21–29×7–9μm，棒状，有 4 个担子小梗。侧生囊状体 36–44×13–15μm，丰富，梭形至细长，顶部被结晶体，基部钝圆或平截，内部透明，壁厚达 3μm。缘生囊状体与侧生囊状体形态相似，32–40×11–15μm。缘生薄囊体 13–22×7–10μm，棒状至倒卵形，薄壁，透明。柄生囊状体 24–48×10–15μm，分布于整个菌柄表面（除基部膨大处外），形态近似侧生囊状体。柄生薄囊体 15–22×7–10μm。菌髓组织淡黄色，由规则排列的圆柱形细胞构成，直径 4–10μm。菌盖表皮淡黄色，平伏排列，由膨大的薄壁菌丝构成，薄壁，光滑至粗糙，直径 4–6μm。锁状联合存在于所有组织。

生境：夏季至秋季单生于阔叶林内地上，土质肥沃。

中国分布：内蒙古、吉林。

世界分布：亚洲、欧洲、北美洲。

研究标本：**内蒙古** HMJAU23433，呼伦贝尔扎兰屯，图力古尔，2005 年 7 月 29 日。**吉林** HMJAU25995，安图县二道白河镇，范宇光，2010 年 9 月 19 日；HMJAU20108，抚松县松江河镇东 4km 处，图力古尔，2008 年 8 月 18 日。

讨论：此种的主要特征是担子体白色至灰白色，菌柄表面被白色粉末颗粒，菌柄基部球形膨大，具有完好的边缘，孢子带较弱的疣突。*Inocybe paludinella* 在外观上与此种较为接近，但其菌柄基部无球形膨大，且不具有完整的边缘。此外，新近描述于日本的 *I. senkawaensis* Kobayasi 与此种十分接近，但前者的子实层囊状体壁更厚，囊状体数量极为丰富，形状多为规则的长椭圆形，与此种相区别。

绒盖伞属 Simocybe P. Karst.
Bidr. Känn. Finl. Nat. Folk 32: xxii, 416（1879）

担子体小，小菇状、金钱菌状或具明显菌柄的侧耳状。菌肉薄，菌柄纤细，菌盖边缘水渍状，初期半球形至钟状，后期渐平展至波状，初期边缘具条纹，稍内卷，粉霜状或绒状，表面具有不连续的块状物（由盖囊体和菌丝末端的呈囊状体状的细胞相混合成紧密的束状而构成）；菌褶弯生至近离生，浅褐色至棕褐色；无菌幕；气味不明显；味道较温和；孢子印赭色至稍呈橄榄色或浅褐色；孢子浅褐色、赭色、赭黄色，光滑，无芽孔，但有时顶端稍变薄呈不连续状态，椭圆形、卵圆形、近纺锤形、倒卵形至稍楔形，侧面呈豆形至肾形，壁适度加厚，具有明显或不明显的双层壁，非淀粉质；少数种为 2 孢担子；缘生囊状体明显，常使菌褶边缘具有不同颜色；无侧生囊状体；有柄囊状体和盖囊体；菌褶菌髓呈规则型；菌丝具有锁状联合；菌柄纤细，中生或偏生、侧生，具有明显或不明显的基部菌丝体；菌幕发育不完善，易消失。

生境：生于腐木、锯木屑、落叶和其他植物残体上，非外生菌根菌。

分布：温带至热带均有分布，我国新近发现的属。

模式种：绒盖伞 *Simocybe centunculus* (Fr.) P. Karst.。

中国绒盖伞属（*Simocybe*）分种检索表

1. 孢子 6–8.5×4–5.5μm；缘生囊状体 25–65×6–10μm，棒状、圆柱形至烧瓶状，具很长的颈部，顶端稍膨大 ·· 绒盖伞 *Simocybe centunculus*
1. 孢子 8–9.5×5–5.5μm；缘生囊状体 33–75×8–14μm，圆柱形至瓶形，顶端膨大呈泡囊状或头状 ······
·· 橄榄色绒盖伞 *Simocybe sumptuosa*

绒盖伞 图 126，图版 XVII 129

Simocybe centunculus (Fr.) P. Karst., Bidr. Känn. Finl. Nat. Folk 32: 420 (1879)

　　菌盖直径 5–16mm，初期半球形，后期凸镜形至近平展或扁平，通常中部无突起，表面具绒毛状物，暗色，水渍状，潮湿时呈浅红褐色或橄榄褐色，中部暗色，具透明条纹，干时呈亮赭色，边缘平整。菌肉亮赭色至褐色，薄，气味不明显，味道温和。菌褶弯生至近离生，初期亮褐色，后期呈锈褐色或橄榄色，幅宽 3–5mm，边缘具近白色的纤毛状物。菌柄长 10–30mm，粗 1–2mm，圆柱形，初期中实，后变中空，弯曲，初期在褐色的表面密布近白色粉状物，后期近光滑，具白色纤毛状物，基部具白色绒毛状的菌丝体。孢子印浅红褐色。

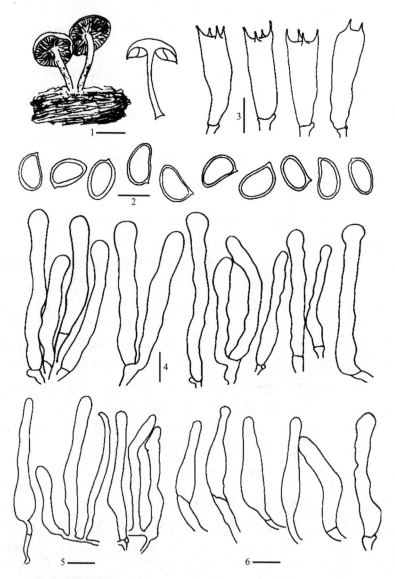

图 126　绒盖伞 *Simocybe centunculus* (Fr.) P. Karst. (HMJAU24405)

1. 担子体(basidiocarps)；2. 担孢子(basidiospores)；3. 担子(basidia)；4. 缘生囊状体(cheilocystidia)；5. 柄生囊状体
(caulocystidia)；6. 盖生囊状体(pilocystidia)。标尺：1=1cm；2–6=10μm

担孢子 6–8.5×4–5.5μm，Q=1.4–1.6，椭圆形、卵形至肾形或豆形，光滑，在 KOH 液中为亮黄色，厚壁，顶端萌发孔不明显。担子 18–25×6–7.5μm，圆柱形或宽棒状，具 2 个或 4 个担子小梗，小梗长 2–3μm，基部具锁状联合。缘生囊状体 25–65×6–10μm，丰富、棒状、圆柱形至烧瓶状，具很长的颈部，顶端膨大，钝圆，薄壁，无色，基部具锁状联合。无侧生囊状体。柄生囊状体 21–56×7–11μm，分布于整个菌柄上表面，形态近似缘生囊状体，基部具锁状联合。菌盖外皮层菌丝直径 5–14μm，淡黄色，有锁状联合，菌丝末端细胞膨大呈近直立、栅栏状不规则排列的圆柱形、纺锤形或近似囊状，36–60×7–12μm。

生境：夏季、秋季单生或群生于阔叶林腐木上。

中国分布：吉林、四川。

世界分布：亚洲、欧洲。

研究标本：**吉林** HMJAU25012，蛟河市老爷岭，图力古尔，2010 年 7 月 9 日；HMJAU24494，白山市抚松县，图力古尔，2010 年 7 月 12 日；HMJAU24405，延边朝鲜族自治州安图县，图力古尔，2011 年 7 月 7 日。**四川** HKAS45456，甘孜藏族自治州乡城县，杨祝良，2004 年 7 月 10 日。

讨论：该种与 *S. sumptuosa* 相似，但后者担子体稍大，菌盖直径 1.0–4.5cm，颜色较暗，孢子稍大(7–9.5×4.5–5.5μm)，且盖囊体顶端膨大，圆球状或泡囊状。此外，该种又与 *S. reducta*(Fr.)P.Karst.接近，但后者孢子椭圆形至长椭圆形，较大(8–11×4–5.8μm)。

橄榄色绒盖伞　图 127，图版 XVII 130

Simocybe sumptuosa（P.D. Orton）Singer, Sydowia 15: 74（1962）[1961]

菌盖直径 0.8–4.0cm，初期半球形至凸镜形，后渐平展，边缘内卷或不明显，表面有小颗粒状或天鹅绒般绒状物，水渍状，深褐色，稍带一点橄榄色。菌肉薄，淡褐色，有辛辣味。菌褶弯生，密，窄，幅宽 2–4mm，幼时米黄色，成熟后变为深褐色，褶缘比褶面颜色稍浅。菌柄 1.5–5.0×0.1–0.4cm，圆柱形，上部渐细，稍弯曲，基部球形膨大，幼时中实，成熟后中空，纤维质，幼时菌柄具天鹅绒粉霜状小颗粒，成熟后近光滑，顶部具纤维状条纹，表面赭色或橄榄褐色，柄基部暗褐色。孢子印橄榄褐色。

担孢子 8.0–9.5×5.0–5.5μm，Q=1.5–1.8，肾形、椭圆形或豆形，表面光滑，在 KOH 液中为淡黄色，厚壁。担子 22–30×7.5–10μm，棒状，具 4 个担子小梗，基部具锁状联合。缘生囊状体 33–75×8–14μm，丰富，圆柱形至烧瓶形，顶端膨大呈泡囊状或头状，基部具锁状联合。无侧生囊状体。柄生囊状体 27–65×6–9μm，分布于整个菌柄顶部，与缘生囊状体形态相似，淡黄色，基部具锁状联合。菌盖外皮层菌丝直径 4–16μm，黄色，具锁状联合，盖生囊状体丰富，40–68×7–12μm，烧瓶形，有细长的颈部，顶端膨大呈头状，壁稍厚。

生境：夏季至秋季群生于阔叶林腐木上。

中国分布：吉林。

世界分布：亚洲、欧洲。

研究标本：**吉林** HMJAU24404，延边朝鲜族自治州安图县，图力古尔，2011 年 7

月7日。

讨论：此种的主要特征是担子体橄榄色至深褐色，孢子肾形、椭圆形或豆形，具4个担子小梗，缘生囊状体稍大，棒状至烧瓶状，顶端膨大呈头状或球状。本研究中的标本采集自吉林，各宏观特征与来自欧洲的材料对应较好（Senn-Irlet 1995），但显微结构存在一点差异，欧洲的种担子顶端有时具 2 个担子小梗，孢子也稍大些(9.5–12×5.3–5.7μm)。

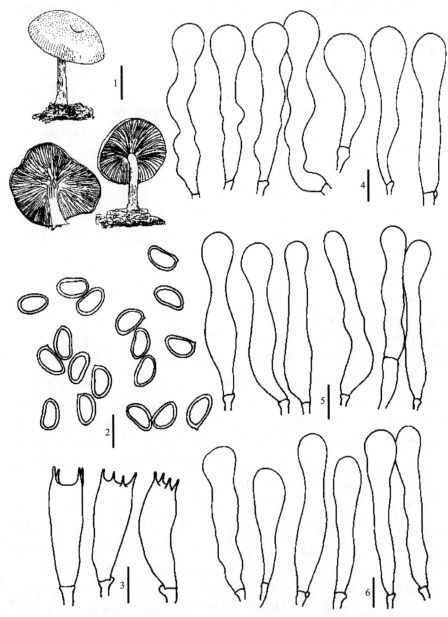

图 127　橄榄色绒盖伞 *Simocybe sumptuosa*（P.D. Orton）Singer（HMJAU24404）

1. 担子体（basidiocarps）；2. 担孢子（basidiospores）；3. 担子（basidia）；4. 缘生囊状体（cheilocystidia）；5. 柄生囊状体（caulocystidia）；6. 盖生囊状体（pilocystidia）。标尺：1=1cm；2–6=10μm

假脐菇属 Tubaria (W.G. Sm.) Gillet

Hyménomycètes (Alençon): 537 (1876) [1878]

亚脐菇状至金钱状。菌盖凸镜形、半球形或平展，水浸状，颜色相差较大，红棕色、淡黄色、褐色等，表面具丛毛状或鳞片状附属物，边缘存残余菌幕，纤毛的颜色一般与盖面颜色相同，菌肉薄或厚。菌柄中生，与菌盖的直径同长或稍长，菌幕有或无，常有丝膜状假根，直或弯曲，不易碎，纤维质；菌幕在上部形成一个膜质的环，易脱落，有时仅残留一部分菌环；与菌盖同色，基部白色、粉状；中空；表面一般有白色纤维状绒毛。菌褶直生至延生，淡黄色或褐色，较密，不等长。菌髓规则或近规则型。菌褶边缘通常呈白色或灰白色。孢子印褐色、锈褐色或红棕色。

担孢子大多光滑，孢子壁具不明显的双层或单层，肾形至杏仁状，或椭圆形至舟形，无芽孔，无脐侧附胞光滑区，在 5% 的 KOH 溶液中呈褐色、赭色、肉桂色、淡铁锈色，大多拟糊精质。担子常具 4 孢子，有时 2 孢子，具 2–4 个担子小梗，长圆柱状或棍棒状，内部常有多个小油滴，大小一般为 20–30×4–10μm。一般无侧生囊状体，但有的种有侧生囊状体，如石栎假脐菇(*Tubaria lithocarpicola* M. Zang)。缘生囊状体簇生在菌褶的边缘，呈细长的圆柱状，顶部近头状，壁薄或有时厚，透明，无色，基部常有锁状联合。无盖生囊状体和柄生囊状体。菌盖表皮规则型。无色或淡黄色，由薄或厚壁的菌丝组成，表面有环纹、细小颗粒或小疣，菌丝直径最长可达 20.0μm。

生境：单生或散生，生于植物残体、果实、枯叶、腐木上或苔藓层及沙地上。

分布：分布于亚洲、北美洲、南美洲、大洋洲。

模式种：鳞皮假脐菇 *Tubaria furfuracea* (Pers.) Gillet

中国假脐菇属(*Tubaria*)分种检索表

1. 有明显的菌环，菌环膜质，不脱落；菌盖红棕色至深红棕色 …… **粗糙假脐菇 *Tubaria confragosa***
1. 菌环不明显，纤维状，易脱落；菌盖黄褐色至褐色 ……………… **鳞皮假脐菇 *Tubaria furfuracea***

粗糙假脐菇　图 128，图版 XVII 131

Tubaria confragosa (Fr.) Kühner, Trav. Labor. La Jaysinia Samoëns 3: 67 (1969)

Agaricus confragosus Fr., Epicr. Syst. Myc.: 169 (1838)

Pholiota confragosa (Fr.) P. Karst., Hattsvampar Bidr. Finlands Natur och Folk: 304 (1879)

Fulvidula confragosa (Fr.) Singer, Rev. Mycol. 2: 239 (1937)

Naucoria confragosa (Fr.) Singer, Not. Syst. Sect. Crypt. Inst. Bot. Acad. Sci. U.S. S. R. 5 ('1941'): 94 (1945)

Tubaria confragosa (Fr.) Harmaja, Karstenia, 18: 55 (1978)

Phaeomarasmius confragosus (Fr.) Singer, Lilloa 22 ('1949'): 577 (1951)

菌盖直径 3.0–6.0cm，凸镜形至平展，边缘向下弯曲；表面干，具丛毛状或鳞片状附属物，边缘存残余菌幕；湿时呈红棕色或棕色，水浸状，初期中央先褪色，呈淡棕色或肉桂色，其他部分褪色呈粉红色至肉桂色，纤小的毛鳞呈淡棕色或粉红色或肉桂色。菌肉粉红色至肉桂色，褪色后颜色变淡，伤后不变色，气味香浓。菌褶密，不等长，褶幅宽 3.0–4.0mm, 淡黄色或褐色, 菌褶与菌盖颜色一致。菌柄长 4.0–7.5cm, 粗 4.0–6.0mm, 直或弯曲, 不易碎, 纤维质; 菌幕在上部形成一个膜质的环, 易脱落, 有时仅残留一部分菌环; 菌柄红棕色或葡萄酒色, 基部白色、粉状; 中空; 表面有白色纤维状绒毛。孢子印深红棕色。

担孢子 6.0–7.5×4.5–5.0μm, Q=1.3–1.7(图版 XXV 61), 正面稍宽, 光滑, 椭圆形至长形, 壁薄, 赭色至黄褐色或褐色至深棕色; 无芽孔, 在扫描电镜下孢子表面光滑; 孢子堆积呈棕色; 拟糊精质。担子 24–30×5–6μm, 长圆柱状, 4 孢子, 透明。无侧生囊状体。缘生囊状体簇生在菌褶的边缘, 膨大的圆柱状, 30–70×4–8μm, 顶部常近头状, 壁薄, 但有时稍厚, 透明。菌髓规则型, 多数茶色或黄色, 菌丝直径 5–13μm, 圆柱状至膨大状。菌盖表皮由薄或厚壁的菌丝组成, 表面有环纹或细小颗粒, 直径长 8–25μm, 末端细胞未分化。菌柄皮层由透明菌丝组成, 直径 5–10μm, 多数呈黄棕色, 且顶部有近透明的末端囊状细胞, 有的弯曲, 有的厚壁, 而有的薄壁。具锁状联合。

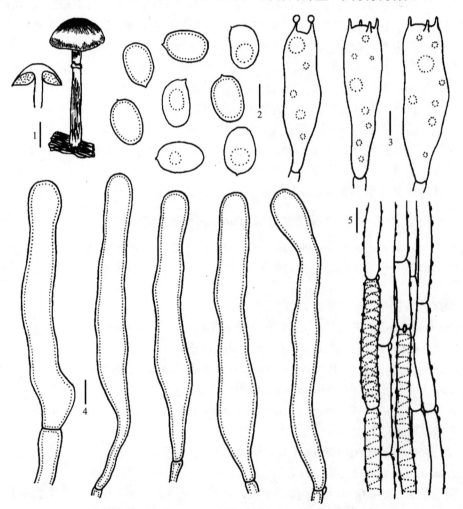

图 128　粗糙假脐菇 *Tubaria confragosa* (Fr.) Kühner (HMJAU22207)

1. 担子体(basidiocarps); 2. 担孢子(basidiospores); 3. 担子(basidia); 4. 缘生囊状体(cheilocystidia); 5. 菌盖表皮(pileipellis)。标尺: 1=2cm; 2–4=5μm; 5=10μm

生境：群生或散生于针叶林腐木上。

中国分布：吉林、云南。

世界分布：亚洲、美洲。

研究标本：**吉林** HMJAU20113，白山市抚松县松江河镇，图力古尔、张惠，2008年8月19日；HMJAU22207，抚松县二道白河镇，张惠，2009年6月27日。**云南** HKAS38877，武定县，于富强，2000年7月17日。

讨论：该种与 *T. bispora* 相似，但后者无发育良好的菌环，菌盖表面无细小毛鳞，且担子为2孢子。该种与模式种鳞皮假脐菇的区别在于后者无明显菌环，孢子颜色为赭黄色至肉色或淡褐色，比前者颜色浅。

鳞皮假脐菇 图 129，图版 XVII 132

Tubaria furfuracea (Pers.) Gillet, Hyménomycètes (Alençon)：537 (1876)

Agaricus furfuraceus Pers., Syn. Meth. Fung. (Göttingen) 2: 454 (1801)

Naucoria furfuracea (Pers.) P. Kumm., Führ. Pilzk. (Zwickau)：77 (1871)

Psilocybe heterosticha (Fr.) Singer, Nova Hedwigia, Beih. 29: 248 (1969)

Tubaria heterosticha (Fr.) Sacc, Syll. Fung. (Abellini) 5: 873 (1887)

Tubaria hiemalis Romagn. ex Bon, Docums Mycol. 3 (no. 8)：5 (1973)

菌盖直径 1.0–3.0cm，凸镜形至平展；初期边缘内卷，后展开呈波浪状，有时菌盖边缘有白色的鳞片状菌幕；新鲜时表面湿，呈黄褐色或浅黄色，密被白色细小绒毛，边缘具水浸状条纹。菌肉薄，黄色至土黄色；无特殊的气味与香味。菌褶密，具脉纹，初期淡黄色，后淡黄色至黄褐色。菌柄长 2.5–5.0cm，粗 1.5–4.0mm，黄色至黄褐色，近等粗；易碎，中空，初期密被带白色的小纤维，后呈淡棕色的纤维状绒毛，基部常有白色稠密的棉状菌丝；表面有白色纤维状菌幕。菌环不明显，常为纤维状的环形，位于菌柄的上部。

担孢子大小 6–9×4.5–5.0μm，Q=1.3–1.7（图版 XXV 62），倒卵形至椭圆形，赭黄色至肉色或淡黄色，光滑，壁薄，在扫描电镜下孢子表面光滑；孢子印赭色至褐色；孢子堆积呈褐色；无芽孔；淀粉质。担子 20–30×4–5μm，长圆柱状，4孢子，透明。无侧生囊状体。缘生囊状体 40–60×5–8μm，呈细长的圆柱状，顶部近头状，壁薄，透明，无色。菌髓多数淡黄色或黄褐色，规则型，菌丝直径 4–10μm，圆柱状至膨大状。菌盖表皮由薄壁或厚壁的菌丝组成，表面凹凸不平，有环纹或细小颗粒，直径长 9–20μm。菌柄皮层由透明菌丝组成，直径 4–9μm，多数呈黄褐色，呈弯曲状或直立，薄壁或厚壁。具锁状联合。

生境：散生或群生于针叶林腐木上、地上以及苔藓层上。

中国分布：吉林、四川、甘肃。

世界分布：亚洲、欧洲、美洲。

研究标本：**吉林** HMJAU5048，吉林农业大学，范宇光，2006年5月17日；HMJAU22206，抚松县，图力古尔、张惠，2009年6月25日；HMJAU22208，吉林农业大学，范宇光、张惠，2010年5月17日。**四川** HKAS13901，米易县，陈可可，1983年7月7日。**甘肃** HMAS61646，迭部县，卯晓岚，1992年9月13日。

讨论：该种为假脐菇属的常见种，常生于春季与夏季。主要区别于该属其他种的特征为：菌盖黄褐色或浅黄色；无发育良好的菌幕；菌环不明显，常为纤维状的环形；孢子颜色淡，呈赭黄色至肉色或淡黄色，无萌发孔。该种与 *T. pellucida* (Bull.) Fr.(Bandala and Montova 2000a, 2000b) 相似，但后者担子体的菌盖和孢子比前者小。

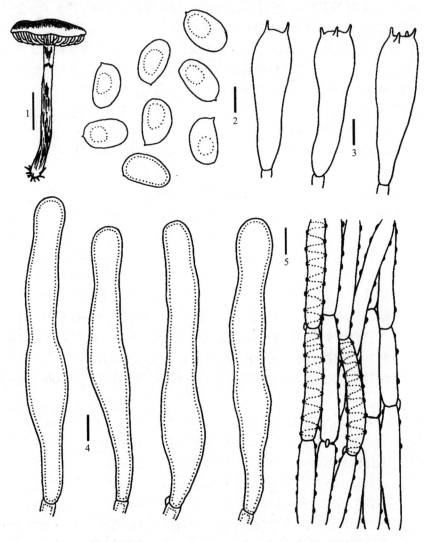

图 129　鳞皮假脐菇 *Tubaria furfuracea* (Pers.) Gillet (HMJAU22206)

1. 担子体(basidiocarps)；2. 担孢子(basidiospores)；3. 担子(basidia)；4. 缘生囊状体(cheilocystidia)；5. 菌盖表皮 (pileipellis)。标尺：1=2cm；2–4=5μm；5=10μm

本卷排除种或存疑种

编志过程中经研究凭证标本,发现由于错误鉴定以及标本不完整等导致无法辨认等因素,涉及本卷类群的曾经发表或记载的物种不符合编志要求而被排除,有的是物种名称被排除或被重新订正,有的则是地理分布区域被排除或被重新确认。

靴耳属 *Crepidotus*

考氏靴耳(考氏锈耳) *Crepidotus kauffmanii* Hesler & A. H. Smith

此种记载分布于西藏,引证了标本,但未提供形态描述,很遗憾作者未能观察到记载于西藏的凭证标本(HKAS16399)。王文久等(2000)也报道该种在云南有分布,未引证标本,但依据其记载描述"菌盖表面有黏液,直径 0.5–1cm,菌肉薄,淡黄色,担孢子淡赭色,广椭圆形或卵形,(5–)6–8×4–4.5μm",而此种的原始描述为菌盖直径 10–30mm,扇形,表面干,菌肉白色至黄褐色,与此种的特征不完全符合,因此暂作为存疑种处理。

松针靴耳(松针锈耳) *Crepidotus pinicola* M. Zang & M. S. Yuan

此种为基于云南的标本发表的新分类群。作者观察了其副模式标本(HKAS38607),发现这份标本保存状况较差,破损严重,无完整担子体,暂作为存疑标本处理,它的孢子长圆柱形,顶端有一明显小歪尖,长 9–11μm,又根据其记载描述和线条图所示,担子体菌柄明显,长 1.2–1.7mm,粗 0.1–0.5mm,近圆柱形,偏生,上述这些特征与靴耳特征明显不符,因此排除于靴耳属外。

南方锈耳 *Crepidotus occidentalis* Hesler & A. H. Smith

此种记载分布于西藏(Hesler and Smith 1965),但缺乏凭证标本信息,根据其记载描述"菌盖干燥后变淡黄色",与 Hesler 和 Smith(1965)描述的菌盖干后保持白色的特征明显不符,且国内的材料未观察到孢子。王文久等(2000)也曾报道该种分布于云南,但未引证标本,在其描述中担孢子大小为 4.5– 6.0×3.5–5.0μm,明显小于 Hesler 和 Smith(1965)描述的 7–10×5–7μm。鉴于国内报道与北美洲权威描述存在较大差距,故将该种暂作为存疑种处理。

掌裂靴耳(掌裂锈耳、疣孢毛靴耳) *Crepidotus palmularis* (Berk. & M.A. Curtis) Sacc.

Singer(1947)曾查阅了该种的模式标本,认为该种是肾形靴耳 *C. nephrodes* (Berk. *et* M.A. Curtis) Sacc.的异名。中国科学院青藏高原综合科学考察队(1996)根据四川的材料报道该种在我国的分布,并提供简单形态描述。邵力平和项存悌(1997)曾在吉林发现此种分布,但缺乏凭证标本信息,作者在野外工作和标本查阅过程中未发现吉林有此种分布,因此暂作为存疑种处理。

柔毛靴耳(柔毛锈耳) *Crepidotus pubescens* Bres.

此种记载分布于西藏和云南,但依据其记载描述"担孢子为长扁桃形,8.5–12×5–6μm",与国外描述 Hesler 和 Smith(1965)"担孢子为纺锤状,6–9×2.5–3.3μm"有一定的差异,应作长柔靴耳 *C. epibryus* (Fr.) Quél.的异名处理。

瘤状靴耳 *Crepidotus panuoides* (Fr.) Pilát

戴芳澜(1979)在《中国真菌总汇》中也收录了该种,但未提供形态描述。此种目前作为小塔氏菌科 Tapinellaceae 的成员，耳状小塔氏菌 *Tapinella panuoides* (Fr.) E.-J. Gilbert。

泡囊靴耳 *Crepidotus cystidiosus* Hesler & A. H. Sm.

此种曾记载分布于云南，但作者观察了其凭证标本(HKAS25516)应属于亚侧耳属 *Hohenbuehelia*，属于错误鉴定，因此暂时排除此种在中国的分布。

淡白靴耳 *Crepidotus albissimus* Murrill

此种曾记载分布于广东(毕志树等 1990, 1994，广东省科学院丘陵山区综合科学考察队 1991，Wen *et al.* 2001)，广东省科学院丘陵山区综合科学考察队(1991)和 Wen 等 (2001)报道时未提供标本描述和标本引证。此后邵力平和项存悌(1997)也报道了该种在我国的分布，但也未引证标本。作者虽未能得到记载于广东的凭证标本，但根据其来自广东标本(毕志树等 1990, 1994)的记载描述"孢子为红褐色；无缘生囊状体"，而 Hesler 和 Smith(1965)对模式标本的记载描述"孢子为浅褐色；具有缘生囊状体，最长可达 83μm"，此外毕志树等在其记载中描述"菌盖皮层呈胶状，黏结成堆"，而 Hesler 和 Smith(1965)在其菌盖表皮特征描述中却未提及此特征。鉴于该种国内报道记载的形态描述与国外文献描述存在较大差异，故将此种暂作为存疑种处理。

淡紫靴耳 *Crepidotus subpurpureus* S. Ito & S. Imai

此种仅记载分布于湖南(李建宗和卢成英 2006)，并提供了描述和标本引证，但现今该种已被组合到火舌菌属 *Pyrrhoglossum* 中(Horak and Desjardin 2004)，即 *Pyrrhoglossum subpurpureum* (S. Ito & S. Imai) E. Horak & Desjardin，因此排除其在中国的分布。

科罗拉多靴耳 *Crepidotus coloradensis* Hesler & A. H. Smith

此种曾记载分布于海南(毕志树等 1997，Wen *et al.* 2001)和广东(Wen *et al.* 2001)，但其报道中均未提供标本引证，依据毕志树等(1997)对广东标本的记载描述"菌褶较密(盖缘处密度为每厘米 40 片)，且未观察到缘生囊状体"，以上描述特征与北美洲权威描述的特征不完全吻合，Hesler 和 Smith(1965)对此种记载描述"菌褶稍稀疏，且具有缘生囊状体"，故将该种暂作为存疑种处理。

丝盖伞属 *Inocybe*

下垂丝盖伞 *Inocybe lasseri* Dennis

此种仅记载分布于广东(毕志树等 1994)，但是作者观察了其凭证标本(GDGM4106)发现它的孢子为无色，近球形，明显不属于丝盖伞属成员。

低矮丝盖伞 *Inocybe humilis* J. Favre

此种仅记载分布于广东(毕志树等 1994)，作者观察其凭证标本(GDGM6623)，发现此份标本孢子具较明显的齿状疣突，且无侧生囊状体，缘生囊状体细长棒状，应为齿疣丝盖伞 *I. alienospora*。

拟紫灰丝盖伞 *Inocybe pseudo-griseolilacina* G.Y. Zheng & Z.S. Bi

此种为描述于广东的新种(毕志树等 1994)，但缺乏拉丁文特征集要，因此属于不合格发表。作者观察了其凭证标本(GDGM4591)，发现这份标本菌盖带淡紫色，孢子为浅黄色至无色，近杏仁形，无明显的萌发孔，缘生囊状体薄壁、烧瓶形，明显不属于丝盖伞属成员。

微孢丝盖伞 *Inocybe microspora* J.E. Lange

此种仅记载于广东(毕志树等 1994)，作者观察了其凭证标本(GDGM4116)，发现此份标本与 GDGM4591 为同种，明显不属于丝盖伞属成员。另外一份凭证标本(GDGM5191)则属于小脆柄菇属 *Psathyrella*。

斑点丝盖伞 *Inocybe maculata* subsp. *fastigiella* (G.F. Atk.) Kühner & Romagn.

此种仅记载于广东(毕志树等 1994)，作者观察了其凭证标本(GDGM4292)，发现此份标本的孢子为宽椭圆形，无侧生囊状体，缘生囊状体丰富，细长棒状，担子具不明显的黄色素，与此种的核心特征相差较大。

红白丝盖伞 *Inocybe jacobi* Kühner

此种记载于广东(毕志树等 1994，记载为 "*I. rufo-alba*")，作者观察了其凭证标本(GDGM6361)，发现此份标本菌盖为浅灰黄色，孢子具弱疣突，子实层囊状体纺锤形至梭形，壁仅稍加厚(与 *I. lutea* 接近)，与此种相差较大。

苍白丝盖伞 *Inocybe pallidicremea* Grund & D.E. Stuntz

此种曾记载分布于广东(毕志树等 1994)，但作者观察了其凭证标本(GDGM6357)，发现此份标本为小脆柄菇属 *Psathyrella*，属于错误鉴定。

黑黄丝盖伞 *Inocybe xanthomelas* Boursier & Kühner

此种记载于广东(毕志树等 1994)和云南(应建浙和臧穆 1994)，作者观察了采自广东的凭证标本(GDGM6359)，发现此份标本孢子具疣突，子实层囊状体厚壁，纺锤形，顶部明显加厚，与欧洲权威描述存在较大差距。

浅褐丝盖伞 *Inocybe eutheles* Sacc.

此种记载分布于西藏(中国科学院登山科学考察队 1995)，作者观察了其凭证标本(HMAS53445)，发现此份标本保存状况较差，但它的孢子为长椭圆形，属错误鉴定。因此排除此种在中国的分布。

褐紫丝盖伞 *Inocybe ammophila* G.F. Atk.

此种记载分布于西藏(中国科学院登山科学考察队 1995)，作者观察了其凭证标本

（HMAS53443、HMAS53326），发现 HMAS53443 的孢子明显较小，子实层囊状体厚壁，纺锤形；HMAS53326 与 HMAS53343 特征相似，而此种的原始描述种孢子大小为 10–20×6–8μm（Atkinson 1918）。此外，根据原始描述此种生于沙地，而产自西藏的标本生于冷杉林内地上，属于错误鉴定。

条纹丝盖伞 *Inocybe adaequata* (Britzelm.) Sacc.

此种记载分布于西藏（中国科学院登山科学考察队 1995，记载为"*Inocybe jurana*"），作者观察了其凭证标本（HMAS53336），发现此份标本虽然具有红褐色的菌盖，但缘生囊状体为宽棒状，应该为 *Inocybe lanatodisca*。因此排除此种在西藏的分布。

赭色丝盖伞 *Inocybe assimilata* Britzelm.

此种以 "*Inocybe umbrina* Bres." 记载分布于广东（毕志树等 1994），作者虽未能得到记载于广东的凭证标本（GDGM6360），但依据其记载描述"菌盖……，被从毛状鳞片……。菌褶锈红色，……。孢子角形至近球形……。侧生囊状体近棒形，不被结晶体。"以上描述特征与此种的特征完全不符合，而根据其插图所示，作者推断此描述及插图所代表的种类或隶属于粉褶菌属 *Entoloma*。因此，排除此种在广东的分布。作者在本研究中发现了此种在辽宁和河南有分布，而到目前为止华南地区尚未见有此种标本。

地丝盖伞 *Inocybe terrigena* (Fr.) Kuyper

此种以"*Inocybe terrigena* (Fr.) Kühner"记载分布于广东（毕志树等 1994），并引证了两份标本（GDGM5162 和 GDGM5194），作者观察了其中的 GDGM5162，发现此份标本无侧生囊状体，但存在缘生囊状体（记载无缘生囊状体），子实层组织较脆，担子内部具黄色素，符合茸盖组 subg. *Mallocybe* 的特征。但是，此份标本担子体明显较小，孢子为明显的宽椭圆形至近球形，大小为 8–9.5×5.5–6.5μm，与此种明显存在区别。此份标本很可能代表了一个茸盖组尚未描述的种，因此，排除此种在广东的分布。

帕杜拉丝盖伞 *Inocybe erubescens* A. Blytt

此种以 "*Inocybe patouilladii* Bres." 记载于四川康定（袁明生和孙佩琼 1995），但并没有指定凭证标本。根据其图版的彩色照片，与丝盖伞明显不符，作者认为此记载和描述为标本的错误鉴定。因此，排除此种在四川的分布。

土黄丝盖伞 *Inocybe godeyi* Gillet

此种记载分布于吉林（卯晓岚 2000），但缺乏凭证标本信息。依据其描述"无囊状体"，这与此种明显不符。作者在北京和甘肃发现了此种的分布，但在野外工作和标本查阅过程中未发现吉林有此种分布。因此，排除此种在吉林的分布。

小丝盖伞 *Inocybe putilla* Bres.

此种曾记载分布于中国南部诸省，但作者观察了分布于广东的凭证标本（GDGM6356），发现此份标本应该为齿疣丝盖伞 *I. alienospora*。因此排除其在广东的分布。

蛋黄丝盖伞 *Inocybe lutea* Kobayasi & Hongo

此种曾记载分布于我国吉林，但作者查阅了其凭证标本(HMJAU22749)，发现此份标本的子实层囊状体为细长纺锤形且壁明显较厚，柄生囊状体延伸至菌柄基部，与此种特征明显不符。因此排除此种在吉林的分布。

假脐菇属 *Tubaria*

石栎假脐菇 *Tubaria lithocarpicola* M. Zang

菌盖直径 1.7–2mm，初期凸镜形至半球形，后平展形，盖面暗白色、污白色至棕锈色，表面有明显的水浸状条纹，表面光滑，不黏；菌肉薄，污白色、暗白色至淡黄色。菌褶延生，褶辐 1–2mm，土黄色、棕黄色至棕色。菌柄长 1.7–2mm，粗 0.2–0.3mm，圆柱状，等径，暗白色、污白色至棕锈色，基部有白色纤毛且膨大。

担孢子 9.0–10.5×5.0–7.0μm，Q=1.2–1.6，近球形至椭圆形，黄色至淡棕色，表面有小刺，壁薄，无芽孔，非淀粉质。担子 15.0–25.0×5.0–8.0μm，圆柱状至棍棒状，4孢子，具 4 个担子小梗。侧生囊状体 15.0–35.0×6.0–10.0μm，棍棒状，无色。缘生囊状体 30.0–60.0×6.0–10.0μm，棍棒状，无色，透明。菌髓菌丝管状，菌丝直径 2.8–12.2μm，有时菌丝一端膨大成细胞状，最大直径可达 20.0μm。菌盖表皮交织排列在盖外皮层周围，直径 3.0–10.0μm，表面有环状纹饰或小结晶。具锁状联合。

生境：枯枝、落叶上。

中国分布：云南。

世界分布：亚洲。

研究标本：**云南** HKAS32715，昭通市彝良县，臧穆，1998 年。

讨论：石栎假脐菇是我国假脐菇属发表的第一个种，在此依据原始记载保留，但研究发现，该种模式标本与假脐菇属的其他种差别较大，如生于落叶上，孢子不光滑，具小刺，有侧生囊状体等。鉴于该种与该属其他种的差别较大，本书把其暂放入假脐菇属中，如今后再采到该种标本应进一步研究。

假脐菇属一种 *Tubaria* sp.

菌盖直径 1.6–3.5cm，淡砖红色，半球形，中央稍凸，边缘内卷，密被白色细小绒毛或鳞片。菌肉稍厚，淡红色。有少量残余菌幕存于菌盖边缘。菌褶直生，褶辐1.0–2.0mm，肉粉色，不等长，稍密。菌柄中生，长 2.5–3.5cm，粗 0.2–0.3cm，砖红色，表面有与菌盖相同的白色鳞片，纤维质，空心，基部有少量白色菌丝体。菌环肉质，深褐色，不活动，易消失。

担孢子 5.9–7.8×3.9–4.9μm，Q=1.4–1.7，表面光滑，淡褐色至黄褐色，椭圆形，中央含 1 个大油滴或无，无萌发孔，拟糊精质。担子 21.8–33.0×5.0–7.3μm，棒状，无色，透明，4 孢子，小梗数为 2–4 个，内部有 3–4 个油滴。缘生囊状体 24.2–71.0×2.9–6.1μm，淡黄色，指状，直或稍弯曲，透明，壁薄。菌髓菌丝近平行或稍交织型排列，表面光滑，直径 2.0–8.0μm，淡黄色或无色，圆柱状，透明，壁薄。盖皮菌丝直径 3–12.4μm，表面不光滑，具小颗粒或小疣，壁厚，浅黄色至淡褐色或无色。具锁状联合。

生境：针叶林的腐木上。

国内分布：吉林。

世界分布：亚洲。

研究标本：**吉林** HMJAU23167，采自抚松县二道白河镇长白山地下森林，针叶树的腐木上，范宇光，2010 年 7 月 20 日。

讨论：该种在子实体形态方面与粗糙假脐菇 *T. confragosa* (Fr.) Harmaja 易混淆，但该种菌盖小(1.6–3.5cm)，且颜色浅(为淡砖红色)，孢子稍小(5.9–7.8×3.9–4.9μm)；后者菌盖宽(直径为 3.0–6.0cm)，颜色深(为红棕色)，孢子稍大(6.0–7.5×4.5–5.0μm)。该种与模式种鳞皮假脐菇 *T. furfuracea* (Pers.) Gillet 的区别为：鳞皮假脐菇子实体菌盖黄褐色至淡褐色，菌盖边缘有水浸状条纹；菌环不明显；孢子稍大(6.0–9.0×4.5–5.0μm)。

参 考 文 献

包海鹰, 图力古尔, 李玉. 1999. 蘑菇的毒性成分及其应用研究现状. 吉林农业大学学报, 21(4): 107–113

毕志树, 李泰辉, 章卫民, 等. 1997. 海南伞菌初志. 广州: 广东教育出版社: 1–388

毕志树, 郑国杨, 李泰辉. 1994. 广东大型真菌志. 广州: 广东科技出版社: 1–879

毕志树, 郑国扬, 李泰辉, 等. 1990. 粤北山区大型真菌志. 广州: 广东科技出版社: 1–251

陈添兴. 2012. 南京紫金山大型菌物多样性研究. 南京师范大学硕士学位论文: 1–84

陈晔, 许祖国, 张康华, 等. 2000. 庐山大型真菌的生态分布. 生态学报, 20(4): 702–706

陈作红, 杨祝良, 图力古尔, 等. 2016. 毒蘑菇识别与中毒防治. 北京: 科学出版社: 1–308

崔映宇. 1997. 安徽省滁县琅琊山真菌资源调查. 阜阳师范学院学报 (自然科学版), 2: 20–24

戴芳澜. 1979. 中国真菌总汇. 北京: 科学出版社: 1–1527

邓叔群. 1963. 中国的真菌. 北京: 科学出版社: 1–808

范宇光. 2013. 中国丝盖伞属的分类与分子系统学研究. 吉林农业大学博士学位论文: 1–203

范宇光, 图力古尔. 2014. 基于 nLSU 序列探讨丝盖伞属及相关属的系统学关系. 东北林业大学学报, 42(3): 136–138

范宇光, 图力古尔. 2018. 中国丝盖伞属凹孢亚属的分类与分子系统. 菌物研究, 16(1): 17–27

广东省科学院丘陵山区综合科学考察队. 1991. 广东山区大型真菌资源. 广州: 广东科技出版社: 1–59

郭秋霞. 2013. 中国丝盖伞属孢子微形态研究. 吉林农业大学硕士学位论文: 1–86

郭秋霞, 范宇光, 图力古尔. 2014. 采自吉林省的中国丝盖伞属新记录种. 菌物学报, 33(1): 162–166

何宗智, 肖满. 2006. 江西省官山自然保护区大型真菌名录. 江西科学, 24(1): 83–88

黄年来. 1998. 中国大型真菌原色图鉴. 北京: 中国农业出版社: 1–293

李建宗, 胡新文, 彭寅斌. 1993. 湖南大型真菌志. 长沙: 湖南师范大学出版社: 1–418

李建宗, 卢成英. 2006. 湖南大型真菌资源国内、省内新记录种(1). 湖南师范大学自然科学学报, 18(1): 52–55

李茹光. 1991. 吉林省真菌志 (第一卷 担子菌亚门). 长春: 东北师范大学出版社: 1–496

李茹光. 1998. 东北地区大型经济真菌. 长春: 东北师范大学出版社: 1–154

李玉, 图力古尔. 2003. 中国长白山蘑菇. 北京: 科学出版社: 1–362

李兆兰, 郁文焕, 曹幼琴. 1985. 江苏野生食用菌资源调查. 食用菌, 1: 10–11

刘静玲. 1987. 吉林省丝盖伞属系统分类研究初报. 东北师范大学硕士学位论文

卯晓岚. 1998. 中国经济真菌. 北京: 科学出版社: 1–762

卯晓岚. 2000. 中国大型真菌. 郑州: 河南科学技术出版社: 1–719

卯晓岚, 蒋长坪, 欧珠次旺. 1993. 西藏大型经济真菌. 北京: 北京科学技术出版社: 1–651

莫延德, 张继清. 2002. 青海祁连地区大型真菌初探. 西北林学院学报, 17(3): 78–79

彭卫红, 甘炳成, 谭伟, 等. 2003. 四川省龙门山区主要大型野生经济真菌调查. 西南农业学报, 16(1): 36–41

饶军. 1998. 临川大型真菌资源及生态. 江西科学, 16(2): 110–113

任荆蕾. 2015. 非鹅膏属真菌中鹅膏肽类毒素分布与系统发育相关性研究. 吉林农业大学硕士学位论文: 1–178

上官舟建, 林汝楷, 黄年来, 等. 2007. 福建黄楮林自然保护区大型野生真菌资源考查初报. 食用菌学

报, 14: 19–23

邵力平, 项存悌. 1997. 中国森林蘑菇. 哈尔滨: 东北林业大学出版社: 1–481

孙丽华. 2012. 贺兰山 (宁夏) 大型真菌多样性及其营养成分的研究. 内蒙古农业大学硕士学位论文:
　　1–70

图力古尔, 包海鹰, 李玉. 2014a. 中国毒蘑菇名录. 菌物学报, 33(3): 517–548

图力古尔, 朝克图, 包海鹰, 等. 2001. 大青沟自然保护区大型真菌对沙地环境的适应与气候条件的相
　　关性. 干旱区研究, 18(2): 25–30

图力古尔, 李玉. 2000. 大青沟自然保护区大型真菌区系多样性的研究. 生物多样性, 8(1): 73–80

图力古尔, 王建瑞, 鲁铁, 等. 2014b. 山东蕈菌生物多样性保育与利用. 北京: 科学出版社: 1–225

图力古尔, 范宇光. 2018. 中国丝盖伞属裂盖组的三个新种. 菌物学报, 37(6): 1–10

图力古尔. 2004. 大青沟自然保护区菌物多样性. 呼和浩特: 内蒙古教育出版社: 1–189

图力古尔. 2012. 多彩的蘑菇世界: 东北亚地区原生态蘑菇图谱. 上海: 上海科学普及出版社: 1–227

图力古尔. 2014. 中国真菌志. 第四十九卷, 球盖菇科. 北京: 科学出版社: 1–212

王建瑞. 2013. 山东省大型真菌生物多样性研究. 吉林农业大学博士学位论文: 1–148

王文久, 辉朝茂, 陈玉惠. 2000. 竹材霉腐真菌研究. 竹子研究汇刊, 19(4): 26–35

王也珍, 吴声华, 周文能, 等. 1999. 台湾真菌名录. 台北: 麦克马林公司: 1–289

王云章. 1973. 伞菌的两个新种. 微生物学报, 13(1): 7–10

魏铁铮, 姚一建. 2009. 中国靴耳属分类研究概况. 菌物研究, 7(1): 52–58, 62

吴兴亮. 1989. 贵州大型真菌. 贵阳: 贵州人民出版社: 1–197

吴兴亮, 戴玉成, 李泰辉, 等. 2010. 中国热带真菌. 北京: 科学出版社: 1–548

小五台山菌物科学考察队. 1997. 河北小五台山菌物. 北京: 中国农业出版社: 1–205

谢支锡, 王云, 王柏. 1986. 长白山伞菌图志. 长春: 吉林科学技术出版社: 1–288

杨思思. 2014. 中国靴耳属的分类与分子系统学研究. 吉林农业大学博士学位论文: 1–139

杨思思, 图力古尔. 2014. 绒盖伞属——中国丝盖伞科一新记录属. 东北林业大学学报, 11: 166–168

应建浙, 臧穆. 1994. 西南地区大型经济真菌. 北京: 科学出版社: 1–651

袁明生, 孙佩琼. 1995. 四川蕈菌. 成都: 四川科学技术出版社: 1–737

臧穆. 1980. 滇藏高等真菌的地理分布及其资源评价. 云南植物研究, 2:152–187

张东柱, 周文能, 王也珍, 等.2001. 大自然的魔法师——台湾大型真菌. 台北: 麦克马林公司: 1–142

张惠. 2011. 中国假脐菇属和盔孢菌属的分类学研究. 吉林农业大学硕士学位论文: 1–78

张林平, 胡少昌, 彭维国. 2007. 江西九连山自然保护区大型真菌物种多样性的研究. 江西农业学报,
　　19(7): 97–101

张树庭, 卯晓岚. 1995. 香港蕈菌. 香港: 香港中文大学出版社: 1–540

郑国扬, 毕志树, 李崇, 等. 1985. 广东省丝盖伞属分群研究初报. 山西大学学报, 3: 65–75

中国科学院登山科学考察队. 1995. 南迦巴瓦峰地区生物. 北京: 科学出版社: 1–315

中国科学院青藏高原综合科学考察队. 1996. 横断山区真菌. 北京: 科学出版社: 1–598

中国科学院神农架真菌地衣考察队. 1989. 神农架真菌与地衣. 北京: 世界图书出版公司: 1–514

周文能, 张东柱. 2005. 野菇图鉴——台湾四百种常见大型真菌图鉴. 台北: 远流出版公司: 1–439

Aime M C, Baroni T J, Miller O K. 2002. *Crepidotus thermophilus* comb. nov., a reassessment of
　　Melanomphalia thermophila, a rarely collected tropical agaric. Mycologia, 94(6): 1059–1065

Aime M C, Vilgalys R, Miller O K. 2005. The Crepidotaceae (Basidiomycota, Agaricales): Phylogeny and
　　taxonomy of the genera and revision of the family based on molecular evidence. American Journal of
　　Botany, 92: 74–82

Aime M C. 1999. Generic concepts in the Crepidotaceae as inferred from nuclear large subunit, ribosomal
　　DNA sequences, morphology, and basidiospore dormancy patterns. M. S. Thesis, Virginia Polytechnic

Institute and State University: 1–127

Aime M C. 2001. Biosystematic studies in *Crepidotus* & the Crepidotaceae (Basidiomycetes, Agaricales). Ph. D Thesis, Virginia Polytechnic Institute and State University: 1–193

Alessio C L, Rebaudengo E. 1980. *Inocybe*. Iconographia Mycological, 29: 1–367

Alvarado P, Manjón J L, Matheny P B, *et al.* 2010. *Tubariomyces*, a new genus of Inocybaceae from the Mediterranean region. Mycologia, 102(6): 1389–1397

Atkinson G F. 1918. Some new species of *Inocybe*. American Journal of Botany, 5: 210–218

Bandala V M, Esteve-Raventós F, Montoya L. 2008a. Two remarkable brown-spored agarics from Spain: *Simocybe parvispora* sp. nov. and *Crepidotus ibericus* comb. nov. Sydowia, 60(2): 181–196

Bandala V M, Montoya L, Esteve-Raventòs F. 2008b. *Crepidotus eucalyptinus* and *Simocybe haustellaris*: two uncommon species found in Central Spain. Mycotaxon, 104: 369–384

Bandala V M, Montoya L, Horak E. 2006. *Crepidotus rubrovinosus* sp. nov. and *Crepidotus septicoides*, found in the cloud forest of eastern Mexico, with notes on *Crepidotus fusisporus* var. *longicystis*. Mycologia, 98(1): 131–140

Bandala V M, Montoya L, Mata M. 2008c. New species and records of *Crepidotus* from Costa Rica and Mexico. Fungal Diversity, 32: 9–29

Bandala V M, Montoya L, Moreno G. 1999. Two *Crepidotus* from Mexico with notes on selected collections. Mycotaxon, 72: 403–416

Bandala V M, Montoya L. 2000a. A revision of some *Crepidotus* species related to Mexican taxa. Mycological Research, 104: 495–506

Bandala V M, Montoya L. 2000b. A taxonomic revision of some American *Crepidotus*. Mycologia, 92: 341–353

Bandala V M, Montoya L. 2004. *Crepidotus* from Mexico: new records and type studies. Mycotaxon, 89:1–30

Bandala V M, Montoya L. 2008. Type studies in the genus *Crepidotus*. Mycotaxon, 103: 235–254

Bau T, Bulakh Y M, Zhuang J Y, *et al.* 2007. Agarics and other macrobasidiomycetes from Ussuri River Valley. Mycosystema, 26(3): 349–368

Benjamin D R. 1995. Mushrooms: poisons and panaceas. W. H. Freeman and Company, New York: 1–422

Bioscience and CBS database of fungal names. CABI. http://www.indexfungorum. org. 2016

Bougher N L, Matheny P B. 2011. Two species of *Inocybe* (fungi) introduced into Western Australia. Nuytsia, 21(3): 139–148

Breitenbach J, Kränzlin F. 2000. Fungi of Switzerland: Vol. 5, Agarics, 3rd Part, Cortinariaceae. Edition Mykologia, Lucerne: 1–338

Brown J K, Malone M H, Stuntz D E, *et al.* 1962. Paper chromatographic determination of muscarine in *Inocybe* species. Journal of Pharmaceutical Sciences, 51: 853–856

Buyck B, Eyssartier G. 1999 Two new species of *Inocybe* (Cortinariaceae) from African woodland. Kew Bulletin, 54: 675–681.

Cannon P F, Kirk P M. 2007. Fungal families of the world. CABI, U. K., 1–456

Capelari M. 2011. New species and new records of *Crepidotus* from the northwest region of Sao Paulo State, Brazil. Mycotaxon, 115(1): 145–153

Cripps C L. 1997. The genus *Inocybe* in Montana aspen stands. Mycologia, 89: 670–688

Cripps C L, Larsson E, Horak E. 2010. Subgenus *Mallocybe* (*Inocybe*) in the Rock Mountain alpine zone with molecular reference to European arctic-alpine material. North American Fungi, 5(5): 97–126

Deepna L K P, Patinjareveettil M. 2015. *Inocybe griseorubida*, a new species of Pseudosperma clade from tropical India. Phytotaxa, 166–174

Diána S, Bálint D, Gábor M K. 2016. Characterisation of seven *Inocybe* ectomycorrhizal morphotypes from a semiarid woody steppe. Mycorrhiza, 26: 215–225

Dong Z L, Qi L, Ping Y, *et al.* 2014. A New Ergostane Triterpenoid from a Solid Culture of the Basidiomycete *Inocybe lilacina*. Z Naturforsch C, 69(3–4): 89–91

Douglas G E. 1920. Early development of *Inocybe*. Botanical Gazette, 70: 211–220

Earle F S. 1909. The genera of the North American gill fungi. Journal of New York Botany Garden, 5: 373–451

Ellen L, Jukka V, Cathy L. 2014. *Inocybe leiocephala*, a species with an intercontinental distribution range – disentangling the *I. leiocephala– subbrunnea – catalaunica* morphological species complex. Karstenia, 54: 15–39

Esteve R F, Moreno G, Bizio E, *et al.* 2015. *Inocybe flavobrunnescens*, a new species in section *Marginatae*. Mycological Progress, 14(4): 1–12

Fan Y G, Bau T. 2010. A revised checklist of the genus *Inocybe* in China. Fungal Research, 8(4):189–193

Fan Y G, Bau T. 2014. *Inocybe miyiensis*, a new two-spored species in section *Marginatae* from China. Nova Hedwigia, 98: 179–185

Fan Y G, Bau T. 2013. Two striking *Inocybe* species from Yunnan Province, China. Mycotaxon, 123: 169–181

Fayod V. 1889. Prodrome d'une histoire naturelle des Agaricinées. Annales des Sciences Naturelles Botanique,7(9): 181–411

Fries N. 1982. Effects of plant roots and growing mycelia on basidiospore germination in mycorrhiza-forming fungi. *In*: Laursen G A, Ammirati J F. Arctic and alpine mycology. University of Washington Press, Seattle, Washington: 493–508

Garnica S, Weis M, Walther G, *et al.* 2007. Reconstructing the evolution of agarics from nuclear gene sequences and basidiospore ultrastructure. Mycological Research, 111(9): 1019–1029

Gartz J, Drewitz G. 1985. Der erste Nachweis des Vorkommens von Psilocybin in Rißpilen. Zeitschrift fur Mykologie, 51: 199–203

Ge Y P, Bau T, 2020. Descriptions of six new species of *Crepidotus* from China. Mycosystema, 39(2): 238–255

Giovanni C, Ledo S. 2008. The Genus *Crepidotus* in Europe. Campalto: Associazione Micologica Bresadola: 1–344

Gonouzagou Z, Delivorias P. 2005. Studies on Basidiomycetes in Greece 1: The genus *Crepidotus*. Mycotaxon, 94: 15–42

Grna A. 1985. Amanitin and cancera promising hope. Ohivz, 85: 38–39

Grund D W, Stuntz D E. 1968. Nova Scotian Inocybes I. Mycologia, 60: 406–425

Grund D W, Stuntz D E. 1970. Nova Scotian Inocybes II. Mycologia, 62: 925–939

Grund D W, Stuntz D E. 1975. Nova Scotian Inocybes III. Mycologia, 67: 19–31

Grund D W, Stuntz D E. 1977. Nova Scotian Inocybes IV. Mycologia, 69: 392–408

Grund D W, Stuntz D E. 1980. Nova Scotian Inocybes V. Mycologia, 72: 670–688

Grund D W, Stuntz D E. 1981. Nova Scotian Inocybes VI. Mycologia, 73: 655–674

Grund D W, Stuntz D E. 1983. Nova Scotian Inocybes VII. Mycologia, 75: 257–270

Grund D W, Stuntz D E. 1984. Nova Scotian Inocybes VIII. Mycologia, 76: 733–740

Han S K, Soek S J, Kim Y S, *et al.* 2004. Taxonomic Studies on the Genus *Crepidotus* in Korea. Mycobiology, 32(2): 57–67

Hawksworth D L, Kirk P M, Sutton B C, *et al*. 1995. Ainsworth & Bisby's Dictionary of the Fungi. 8th ed. CAB International, Wallingford: 1–616

Hawksworth D L, Sutton B C, Ainsworth G C. 1983. Ainsworth & Bisby's Dictionary of the Fungi. 7th ed. Commonwealth Mycological Institute, Kew: 1–445

Heim R. 1931. Le genre *Inocybe*, encyclopedic mycologique 1. Paul Lechevalier & Fils, Paris : 1–428

Hesler L R, Smith A H. 1965. North American Species of *Crepidotus*. New York and London: Hafner Publishing Company, NY: 1–168

Hobart C, Tortelli M. 2009. *Inocybe bresadolae* – first authenticated British record. Field Mycology, 10: 9–10

Holmgren P K, Holmgren N H, Barnett L C. 1990. Index Herbariorum. Part. I. The Herbaria of the World. 8th ed. Bronx: New York Botanical Gardern: 1–693

Hongo T. 1959. The Agaricales of Japan I-(1). Memoirs of the Faculty of Liberal Arts and Education, Shiga University, Part 2, Natural Science, 9: 47–94

Hongo T. 1963. Notes on Japanese larger fungi (16). Jorunal of Japanese Botany, 38: 233–240

Horak E, Anna R. 2011. *Simocybe montana* (Crepidotaceae, Agaricales), a new species from the alpine belt in the Swiss Alps and the Romanian Carpathians. Mycological Progress, 10: 439–443

Horak E, Desjardin D E. 2004. Two remarkable taxa of *Crepidotus* from Bonin Islands (Japan) and new records from the Hawaiian Islands and Papua New Guinea. Fungi in forest ecosystems: systematics, diversity, and ecology, 61–70.

Horak E, Matheny P B, Desjardin D E, *et al*. 2015. The genus *Inocybe* (Inocybaceae, Agaricales, Basidiomycota) in Thailand and Malaysia. Phytoaxa, 230 (3): 201–238

Horak E. 1964. Fungi Austroamericani XI. *Crepidotus* Kumm. (1871). Nova Hedwigia, 8: 332–346

Horak E. 1977. Fungi Agaricini Novaezelandiae VI. *Inocybe* (Fr.) Fr., *Astrosporina* Schroeter. New Zealand Journal Botany, 15: 713–747

Horak E. 1980. *Inocybe* (Agaricales) in Indomalaya and Australasia. Persoonia, 11: 1–37

Horak E. 1981. On Himalayan species of *Astrosporina* and *Inocybe* (Agaricales). Persoonia, 11(3): 303–310

Horak E. 2005. Röhrlinge und Blätterpilze in Europa. Heidelberg, Germany: Elsevier Spektrum Akademischer Verlag: 1–555

Imai S. 1938. Studies on the Agaricaceae of Hokkaido 2. Journal of the Faculty of Agriculture Hokkaido Imperial University, 43: 179–378

Jacobsson S. 2008. *Inocybe* (Fr.) Fr. *In*: Knudsen H, Vesterholt J. Funga Nordica, Agaricoid, boletoid and cyphelloid genera. Nordsvamp, Copenhagen: 868–906

Kasuya T, Kobayashi T. 2011. Revision of some Japanese *Crepidotus*: A new species, a new record and type studies of two species described by Sanshi Imai. Sydowia, 63(2): 183–201

Kauffman C H. 1918. The gilled mushrooms (Agaricaceae) of Michigan and the Great Lakes region, Volumes I and II. New York: Dover: 1–924

Kauffman C H. 1924. *Inocybe*. North American Flora, 10 (4): 227–260

Kirk P M, Ansell A E. 1992. Authors of fungal names a list of authors of scientific names of fungi, with recommended standards forms of their names, including abreviations. CAB International, Kew: 1–95

Kirk P M, Cannon P F, David J C, *et al*. 2001. Ainsworth & Bisby's Dictionary of the Fungi. 9th ed. CAB International, Wallingford: 1–655

Kirk P M, Cannon P F, Minter D W, *et al*. 2008. Dictionary of the Fungi. 10th ed. CAB International, Wallingford: 1–771

Knudsen H, Vesterholt J. 2008. Funga Nordica: agaricoid, boletoid and cyphelloid genera. Nordsvamp,

Copenhagen: 1–965

Kobayashi T, Courtecuisse R. 1993. Two new species of *Inocybe* from Japan. Mycotaxon, 46: 27–33

Kobayashi T, Courtecuisse R. 2000. Two new species of *Inocybe*, section *Marginatae* (Agaricales, Cortinariaceae) from Japan. Mycoscience, 41:161–166

Kobayashi T, Hongo T. 1993. *Inocybe flocculosa* rediscovered in Japan. Trans Mycol Soc Jpn, 34: 507–510

Kobayashi T, Onishi S. 2010. *Inocybe sericella,* a new species of *Inocybe* sect. *Inocybe* [= *Cortinatae*] from Kobe, Japan. Nova Hedwigia, 90: 227–232

Kobayashi T. 1993. A new subgenus of *Inocybe*, *Leptocybe* from Japan. Mycotaxon, 48: 459–469

Kobayashi T. 1995. A new *Inocybe* from Tokyo, *I. fastuosa* spec. nov. Mycologia Helvetica, 7: 7–13

Kobayashi T. 2002. Notes on the genus *Inocybe* of Japan: I. Mycoscience, 43: 207–211

Kobayasi Y. 1952. On the genus *Inocybe* from Japan. Nagaoa, 2: 76–115

Krisai G I, Senn-Irlet B, Voglmayr H. 2002. Notes on *Crepidotus* from Mexico and the south-eastern USA. Persoonia, 17: 515–539

Kropp B R, Matheny P B. 2004. Basidiospore homoplasy and variation in the *Inocybe chelanensis* group in North America. Mycologia, 96: 295–309

Kropp B R, Matheny P B, Nanagyulyan S G. 2010. Phylogenetic taxonomy of the *Inocybe splendens* group and evolution of supersection "*Marginatae*". Mycologia, 102: 560–573

Kropp B R, Matheny P B, Hutchison L J. 2013. *Inocybe* section *Rimosae* in Utah: phylogenetic affinities and new species. Mycologia, 105: 728–747

Kühner R. 1933. Notes sur le genre *Inocybe*. Bulletin of Mycological Society of France, 49: 81–121

Kühner R. 1980. Les Hyménomycètes agaricoïdes (Agaricales, Tricholomatales, Plutéales, Russulales). Etude générale et classification. Bulletin de la Société Linnéenne de Lyon, numéro special, 49: 1–1927

Kühner R, Boursier J. 1932. Notes sur le genre *Inocybe* II. Bulletin of Mycological Society of France, 48(2): 118–161

Kühner R, Romagnesi H. 1953. Flore analytique des champignons supérieurs (Agarics, Boletes, Chanterelles). Paris: Masson et Cie: 1–557

Kummer P. 1871. Dur Führer in die Pilzkunde. Verlag von E. Luppe's Buchhandlung, Zerbst: 1–146

Kuyper T W. 1986. A revision of the genus *Inocybe* in Europe: I. Subgenus *Inosperma* and the smooth-spored species of subgenus *Inocybe*. Persoonia, 3 (Supplement): 1–247

Larsson E, Ryberg M, Moreau P A, *et al.* 2009. Taxonomy and evolutionary relationships within species of section *Rimosae* (*Inocybe*) based on ITS, LSU, and mtSSU sequence data. Persoonia, 23: 86–98

Latha K D, Manimohan P. 2016. Five new species of *Inocybe* (Agaricales) from tropical India. Mycologia, 108(1): 110–122.

Lee S, Namso J N, Choi C R, *et al.* 2009. Mushroom Poisoning by *Inocybe fastigiata* in a Maltese Dog. Journal of Animal and Veterinary Advances, 8(4): 708–710

Liu P G. 1995. Five new species of Agaricales from southern and south-eastern Yunnan, China. Mycotaxon, 56: 89–105

Liu D Z, Liu Q, Yang P, *et al.* 2014. A new ergostane triterpenoid from cultures of the basidiomycete *Inocybe lilacina*. Natural Product Communications, 9(3): 369–370

Liu L N, Razaq A, Atri N S, *et al.* 2018. Fungal systematics and evolution: FUSE 4. Sydowia, 70: 211–286

Lurie Y, Wasser S P, Taha M, *et al.* 2009. Mushroom poisoning from species of genus *Inocybe* (fiber head mushroom): a case series with exact species identification. Clinical Toxicology, 47: 562–565

Malone M H, Brady L R. 1987. Relative muscarinic potency of five *Inocybe* species. Proceedings of the Western Pharmacological Society, 30(1): 93–95

Massee G. 1904. A monograph of the genus *Inocybe*. Karsten. Annual Botany, 18: 459–504

Matheny P B, Aime M C, Bougher N L, *et al.* 2009. Out of the palaeotropics Historical biogeography and diversification of the cosmopolitan ectomycorrhizal mushroom family Inocybaceae. Journal of Biogeography, 36: 577–592

Matheny P B, Aime M C, Smith M E, *et al.* 2012. New species and reports of *Inocybe* (Agaricales) from Guyana. Kurtziana, 37(1): 23–39

Matheny P B, Bougher N L. 2005. A new violet species of *Inocybe* (Agaricales) from urban and rural landscapes in Western Australia. Australasian Mycologist, 24: 7–12

Matheny P B, Bougher N L. 2006. The new genus *Auritella* from Africa and Australia (Inocybaceae, Agaricales): molecular systematics, taxonomy and historical biogeography. Mycological Progress, 5: 2–17

Matheny P B, Bougher N L. 2010. Type studies of Australian species of *Inocybe* (Agaricales). Muelleria, 28(2): 87–104

Matheny P B, Kropp B R. 2001. A revision of the *Inocybe lanuginosa* group and allied species in North America. Sydowia, 53(1): 93–139

Matheny P B, Liu Y J, Ammirati J F, *et al.* 2002. Using RPB1 sequences to improve phylogenetic inference among mushrooms (*Inocybe*, Agaricales). American Journal of Botany, 89: 688–698

Matheny P B, Vellinga C, Bougher L, *et al.* 2007. Taxonomy of displaced species of *Tubaria*. Mycologia, 99 (4): 569–585

Matheny P B. 2005. Improving phylogenetic inference of mushrooms with RPB1 and RPB2 nucleotide sequences (*Inocybe*, Agaricales). Molecular Phylogenetics and Evolution, 35: 1–20

Matheny P B. 2009. A Phylogenetic classification of the Inocybaceae. McIlvainea, 18(1): 11–20

Møller F H. 1945. Enny Crepidotus-art. *Crepidotus cinnabarinus* Møll. et Westerg. sp. n. Cinnoverfarbet muslingsvamp. Friesia, 3: 94–95

Moncalvo J M, Lutzoni F M, Rehner S A, *et al.* 2000. Phylogenetic relationships of agaric fungi based on nuclear large subunit ribosomal DNA sequences. Systematic Biology, 49: 278–305

Moncalvo J M, Vilgalys R, Redhead S A, *et al.* 2002. One hundred and seventeen clades of euagarics. Molecular Phylogenetics and Evolution, 23: 357–400

Murrill W A. 1917. *Crepidotus* (Fries) Quél. North American Flora, 10 (3): 145–226

Nakayoshi H. 1968. Studies on the antitumor activity of polysaccharide produced by a strain of *Crepidotus* sp. 3 On the mode of action. Japan J Bacteriol, 23: 115–119

Nakayoshi H. 1967.Studies on the antitumor activity of polysaccharide produced by a strain of *Crepidotus* sp. 1. Physicochemical properties. Japan J Bacteriol, 22: 641–649.

Nakayoshi H, Watanabe T, Yamamura Y, *et al.* 1968. Suppression of sarcoma 37 in mice by the treatment with extracellular polysaccharide produced by a strain of *Crepidotus* sp.1. Japanese Journal of Experimental Medicine, 38: 437–442.

Nishida F H. 1989. Key to the species of *Inocybe* in California. Mycotaxon, 34: 191–196

Nordstein S. 1990. The Genus *Crepidotus* (Basidiomycotina, Agaricales) in Norway. Synopsis Fungorum, Norway: 1–115

Ortega A, Buendia A G. 1989. Notas sobre el genero *Crepidotus* (Fr.) Staude en España peninsular. International Journal of Mycology and Lichenology, 4: 93–105

Peck C H. 1886. New York species of *Pleurotus*, *Claudopus* and *Crepidotus*. Annual Report of the New York State Museum of Natural History, 39: 58–73

Pegler D N. 1969. Studies in African Agaricales. Kew Bulletin, 23: 219–249

Pegler D N. 1977. A preliminary agaric flora of East Africa. Her Majesty's Stationery Office, Additional Serial, 6: 1–615

Pegler D N. 1983. Agaric flora of The Lesser Antilles. Kew Bulletin Additional Series IX, HMSO, London. Mycologia, 3: 79–91

Pegler D N, Young T W K. 1972. Basidiospore from in British species of *Crepidotus*. Kew Bulletin, 27: 311-323

Pegler D N, Young T W K. 1975. Basidiospore Form in the British Species of *Naucoria*, *Simocybe* and *Phaeogalera*. Kew Bulletin, 30(2): 225–240

Pereira A B. 1990. Ogenero *Crepidotus* no Rio Grande do Sul, Brasil. Caderno de Pesquisa Sér Bot, Santa Cruz do Sul, 2(1): 65–85

Persoon C H. 1796. Observationes mycologicae: seu Descriptiones tam novorum, quam notabilium fungorum. Lipsiae, apud Petrum Phillippum Wolf: 1–125

Pilát A. 1929. An interesting new species of *Crepidotus*. Hedwigia, 69: 137–147

Pilát A, Kavina C, Pilat A. 1948. Monographie des espèces européennes du genre *Crepidotus* Fr. Praha: Musée National: 1–84

Pöder R, Ferrari E. 1984. *Crepidotus roseoornatus* sp.n.-eine auffallend gefärbte Art auf Robinia pseudoacacia. Sydowia, 37: 242–245

Quélet L. 1872. Les Champignons du Jura et des Vosges, Vol. I. Reprint 1972, Bulletin Trimestriel de la Societe Mycologique de France : 1–138

Quélet L. 1886. Enchiridion fungorum in Europa media et praesertim in Gallia vigentium. Doin. Paris: 1–119

Ripkova S. 2002. *Crepidotus macedonicus*, a new species for Central Europe. Mycotaxon, 84: 111–118

Romagnesi H. 1942. Quelque points de Taxonomie. Bulletin de la Société Mycologique de France, 58: 88–89

Romagnesi H. 1979. Quelques espèces rares ou nouvelles de macromycètes, III, *Inocybe*. *In*: Festschrift R. Singer, Beihefte zur Sydowia, 8: 349–365

Ryberg M, Larsson E, Jacobsson S. 2010. An evolutionary perspective on morphological and ecological characters in the mushroom family Inocybaceae (Agaricomycotina, Fungi). Molecular Phylogenetics and Evolution, 55(2): 431–442

Ryberg M, Nilsson R H, Kristiansson E, *et al*. 2008. Mining metadata from unidentified ITS sequences in GenBank: A case study in *Inocybe* (Basidiomycota). BMC Evolutionary Biology, 8: 50–64

Schroeter J. 1889. Die Pilze Schlesiens. Kryptogamen-Floravon Schlesien. Breslau: J.U. Kern's Verlag, 3: 1–814

Senn-Irlet B, De Meijer A. 1998. The genus *Crepidotus* from the State of Paraná, Brazil. Mycotaxon, 66: 165–199

Senn-Irlet B, Immerzeel G. 2003. *Crepidotus cristatus*, a new yellow species from the Netherlands. Persoonia, 18(2): 231–237

Senn-Irlet B. 1991. *Crepidotus*, *Pellidiscus* and *Ramicola* in Greenland. Nordic Journal of Botany, 11(5): 587–597

Senn-Irlet B. 1992. Type studies in *Crepidotus*-I. Persoonia, 14(4): 615–623

Senn-Irlet B. 1993. Type studies in *Crepidotus*-II. Persoonia, 15(2): 155–167

Senn-Irlet B. 1994. Systematisch-taxonomische Studien in der Mykologie: Die Gattung *Crepidotus* (Agaricales, Basidiomycetes). Ph. D. Dissertation, Universität Lausanne, Switzerland: 1–267

Senn-Irlet B. 1995. The Genus *Crepidotus* (Fr.) Staude in Europe. Persoonia, 16(1): 1–80

Seress D, Dima B, Kovács G M. 2016. Characterisation of seven *Inocybe* ectomycorrhizal morphotypes from a semiarid woody steppe. Mycorrhiza, 26(3): 215–225

Singer R. 1947. Contributions toward a monograph of the genus *Crepidotus*. Lilloa, 13: 59–95

Singer R. 1962. The Agaricales in Modern Taxonomy. 2nd ed. J Cramer, Weinheim, Germany: 1–915

Singer R. 1971. A revision of the genus *Melanomphalia* as a basis of the phylogeny of the Crepidotaceae. *In*: Petersen R H. Evolution in the higher basidiomycetes. The University of Tennessee Press, Knoxville: 1–474

Singer R. 1973. Monograph of the neotropical species of *Crepidotus*. Beihefte Nova Hedwigia, 44: 241–484

Singer R. 1975. The Agaricales in Modern Taxonomy. 3rd ed. J Cramer Verlag, Braunscheig, Germany: 1–912

Singer R. 1986. The Agaricales in Modern Taxonomy. 4th ed. Koeltz Scientific Books, Koenigstein, Germany: 1–912

Smith A H. 1941. New and unusual Agarics from North America. II. Mycologia, 33: 1–16

Stangl J. 1989. Die Gattung *Inocybe* in Bayern. Hoppea, 46: 1–409

Staude F. 1857. Die Schwämme Mitteldeutschlands, insbesondere des Herzogthums Coburg. 1–150

Stijve T. 1982. Het voorkomen van muscarine en muscimol in verschillende paddestoelen. Coolia, 25: 94–100

Stijve T, Klan J, Kuyper T W. 1985. Occurance of psilocybin and baeocystin in the genus *Inocybe* (Fr.) Fr. Persoonia, 12: 469–473

Stuntz D E. 1947. Studies in the genus *Inocybe* I. New and noteworthy species from Washington. Mycologia, 39: 21–55

Stuntz D E. 1954. Studies on the genus *Inocybe* II. New and noteworthy species from Michigan. Papers of the Michigan Academy of Science, Arts, and Letters, 39: 53–84

Takahashi H. 2003. New species of *Clitocybe* and *Crepidotus* (Agaricales) from eastern Honshu, Japan. Mycoscience, 44: 103–107

Teng S Q. 1932. Additional fungi from south western China. Contributions from the Biological Laboratory of the Science Society of China: Botanical Series, 8(1): 1–4

Teng S Q. 1936. Additional fungi from China I. Sinensia, 7: 212–265

Vauras J. 1994. Finnish records on the genus *Inocybe*, the new species *I. hirculus*. Aquilo Series Botanica, 33: 155–160

Vauras J. 1997. Finnish records on the genus *Inocybe* (Agaricales), Three new species and *I. grammata*. Karstenia, 37(2): 35–56

Vauras J, Kokkonen K. 2009. Finnish records on the genus *Inocybe*, the new species *Inocybe saliceticola*. Karstenia, 48(2): 57–67

Vauras J, Larsson E. 2011. *Inocybe myriadophylla*, a new species from Finland and Sweden. Karstenia, 51: 31–36

Vizzini A. 2008. Novitates: Tubariaceae fam. nov. Rivista di Micologia, 51: 174–178

Wartchow F, Silveira R. M. B. D, Mariana Cavalcante e Almeida Sá. 2014. *Inocybe austrolilacina* (Agaricales), a new species from Southern Brazil. The Journal of the Torrey Botanical Society, 10: 363–366

Watling R, Gregory N M. 1989. British Fungus Flora. 6. Crepidotaceae, Pleurotaceae and other pleurotoid agarics. Royal Botanic Garden, Edinburgh, 6: 38–49

Wen H A. 2005. Basidiomycetes. Agaricales, Boletales, Phallales and Russulales. *In*: Zhuang W Y. Fungi of Northweastern China. Mycotaxon Ltd., New York: 1–362

Wen H A , Mao X L , Sun S X. 2001. Agarics and other macromycetes. *In*: Zhuang W Y. Higher fungi of Tropical China. Mycotaxon Ltd., New York: 287-351.

Wilson M J, Certini G, Campbell C D, *et al.* 2008. Does the preferential microbial colonization of ferromagnesian minerals affect mineral weathering in soil? Naturwissenschaften, 95: 851–858

Yang S S, Bau T. 2014. Three new records of *Crepidotus* from Northern China. Nova Hedwigia, 98: 507–513

Zang M, Yuan M S. 1999. Contribution to the knowledge of new basidiomycoteous taxa from China. Acta Bot Yunnanica, 21: 37–42

Zhuang W Y. 2001. Higher Fungi of Tropical China. Mycotaxon Ltd., New York: 1–485

索　引

真菌汉名索引

真菌学名索引

C

Crepidotus 1, 3, 4, 15, 16, 231

Crepidotus alabamensis 14, 16, 17

Crepidotus applanatus var. *applanatus* 67, 68

Crepidotus applanatus var. *globiger* 67, 69

Crepidotus aureifolius 67, 70, 71, 72

Crepidotus autochthonus 42, 43

Crepidotus badiofloccosus 67, 72, 73

Crepidotus betulae 42, 43, 44

Crepidotus calolepis var. *calolepis* 16, 18, 19

Crepidotus calolepis var. *squamulosus* 16, 19, 20

Crepidotus carpaticus 66, 74

Crepidotus caspari var. *caspari* 48, 49

Crepidotus caspari var. *subglobisporus* 48, 50, 51

Crepidotus cesatii 14, 48, 51, 52

Crepidotus cf. *sublatifolius* 67, 75, 76

Crepidotus cinnabarinus 13, 34

Crepidotus crocophyllus 67, 76, 77

Crepidotus dentatus 16, 21, 22

Crepidotus ehrendorferi 67, 78, 79

Crepidotus epibryus 12, 35, 36, 63

Crepidotus fraxinicola 16, 23, 24

Crepidotus fulvotomentosus 67, 79, 80

Crepidotus herbarum 6, 42, 45

Crepidotus heterocystidiosus 16, 25, 26

Crepidotus lundellii 14, 48, 53, 54

Crepidotus luteolus 48, 55, 56

Crepidotus lutescens 67, 81, 82

Crepidotus macedonicus 67, 83, 84

Crepidotus malachioides 67, 85, 86

Crepidotus malachius 37, 67, 87

Crepidotus mollis 3, 9, 16, 27, 28

Crepidotus neocystidiosus 8, 67, 88, 89

Crepidotus neotrichocystis 48, 55, 57

Crepidotus nephrodes 37, 42, 46, 47

Crepidotus pseudomollis 16, 30, 31

Crepidotus putrigenus 35, 37, 38

Crepidotus reticulatus 48, 58, 59

Crepidotus striatus 16, 31, 32

Crepidotus sublatifolius 67, 90

Crepidotus subverrucisporus 48, 60

Crepidotus sulphurinus 67, 91, 92

Crepidotus trichocraspedotus 48, 61, 62, 63

Crepidotus uber 35, 38, 39

Crepidotus variabilis 48, 62, 63, 64

Crepidotus versutus 35, 40, 41

Crepidotus vulgaris 48, 65, 66

I

Inocybe 1, 3, 4, 5, 15, 92, 93

Inocybe adaequata 103, 104, 234

Inocybe aff. *latericia* 14, 93, 95, 96

Inocybe alienospora 118, 121, 122

Inocybe angustifolia 183, 184

Inocybe appendiculata 119, 123

Inocybe assimilata 118, 124, 125, 234

Inocybe asterospora 13, 14, 183, 185, 186

Inocybe calamistrata 100, 101

Inocybe caroticolor 14, 182, 187, 188

Inocybe casimiri 118, 126, 127

Inocybe castanea 118, 128, 129

Inocybe catalaunica 183, 189, 190

Inocybe cervicolor 100, 102

Inocybe cf. *glabrescens* 119, 130

Inocybe cf. *insulana* 183, 206, 207

Inocybe cf. *subangustifolia* 182, 213, 214

Inocybe changbaiensis 103, 105, 106

Inocybe cincinnata var. *cincinnata* 119, 131, 132

Inocybe cincinnata var. *major* 119, 133, 134

Inocybe corydalina 118, 134, 135

图　版

丝盖伞科真菌生境照片

1–2. 阿拉巴马靴耳 Crepidotus alabamensis; 3–6. 平盖靴耳原变种 C. applanatus var. applanatus; 7–8. 金色靴耳 C. aureifolius

丝盖伞科真菌生境照片

9–10. 基绒靴耳 *C. badiofloccosus*；11–12. 美鳞靴耳小鳞变种 *C. calolepis* var. *squamulosus*；13. 美鳞靴耳原变种 *C. calolepis* var. *calolepis*；14–16. 卡氏靴耳球孢变种 *C. caspari* var. *subglobisporus*

丝盖伞科真菌生境照片

17. 趾状靴耳 *C. carpaticus*；18–19. 卡氏靴耳原变种 *C. caspari* var. *caspari*；20–21. 铬黄靴耳 *C. crocophyllus*；22. 梣生靴耳 *C. fraxinicola*；23–24. 异囊靴耳 *C. heterocystidiosus*

图版 IV

丝盖伞科真菌生境照片

25–27. 橙黄靴耳 *C. lutescens*；28–29. 马其顿靴耳 *C. macedonicus*；30–32. 近葵色靴耳 *C. malachioides*

丝盖伞科真菌生境照片

33. 圆孢靴耳 C. malachius；34–35. 软靴耳 C. mollis；36–37. 新毛囊靴耳 C. neotrichocystis；38–40. 条盖靴耳 C. striatus；

图版 VI

丝盖伞科真菌生境照片

41. 亚宽褶靴耳 *C. sublatifolius*; 42. 亚疣孢靴耳 *C. subverrucisporus*; 43. 硫色靴耳 *C. sulphurinus*; 44–45. 毛缘靴耳 *C. trichocraspedotus*; 46–47. 潮湿靴耳 *C. uber*; 48. 变形靴耳 *C. variabilis*

丝盖伞科真菌生境照片

49–50. 弯柄丝盖伞 *Inocybe curvipes*；51–52. 甜苦丝盖伞 *I. dulcamara*；53–54. 胡萝卜色丝盖伞 *I. caroticolor*；55–56. 云南丝盖伞 *I. yunnanensis*

丝盖伞科真菌生境照片

57–58. 翘鳞丝盖伞 *I. calamistrata*；59. 山地丝盖伞 *I. montana*；60. 新褐丝盖伞 *I. neobrunnescens*；61–62. 星孢丝盖伞 *I. asterospora*；63–64. 新茶褐丝盖伞 *I. neoumbrinella*

丝盖伞科真菌生境照片

65–66. 黄囊丝盖伞 I. muricellata；67–68. 棉毛丝盖伞 I. lanuginosa；69–70. 薄褶丝盖伞 I. casimiri；71–72. 土味丝盖伞原变种 I. geophylla var. geophylla

丝盖伞科真菌生境照片

73. 白锦丝盖伞 I. leucoloma；74. 暗毛丝盖伞异孢变种 I. lacera var. heterosperma；75–76. 荫生丝盖伞原变型 I. umbratica f. umbratica；77. 米易丝盖伞 I. miyiensis；78. 突起丝盖伞 I. prominens；79. 砖色丝盖伞近缘种 I. aff. latericia；80. 酒红丝盖伞 I. adaequata

丝盖伞科真菌生境照片

81. 拟暗盖丝盖伞 *I. phaeodiscoides*；82. 海南丝盖伞 *I. hainanensis*；83. 海岛丝盖伞近似种 *I.* cf. *insulana*；84. 长白丝盖伞 *I. changbaiensis*；85–86. 甘肃丝盖伞 *I. gansuensis*；87–88. 亚密褶丝盖伞近似种 *I.* cf. *subangustifolia*

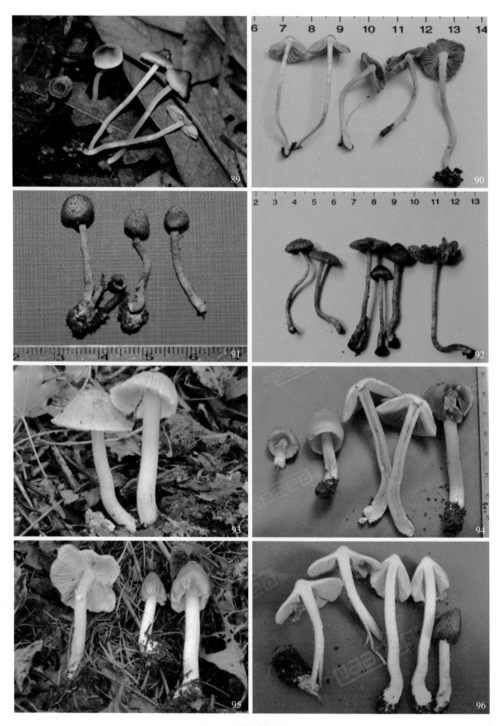

丝盖伞科真菌生境照片

89–90. 橄榄绿丝盖伞 *I. olivaceonigra*；91. 卷鳞丝盖伞原变种 *I. cincinnata* var. *cincinnata*；92. 卷鳞丝盖伞大果变种 *I.*
cincinnata var. *major*；93–94. 光滑丝盖伞近似种 *I.* cf. *glabrescens*；95–96. 蜡盖丝盖伞 *I. lanatodisca*

丝盖伞科真菌生境照片

97–98. 多疣丝盖伞 *I. decemgibbosa*；99. 拟纤维丝盖伞 *I. fibrosoides*；100.毛纹丝盖伞 *I. hirtella*；101–102. 具纹丝盖伞 *I. grammata*；103–104. 土黄丝盖伞 *I. godeyi*

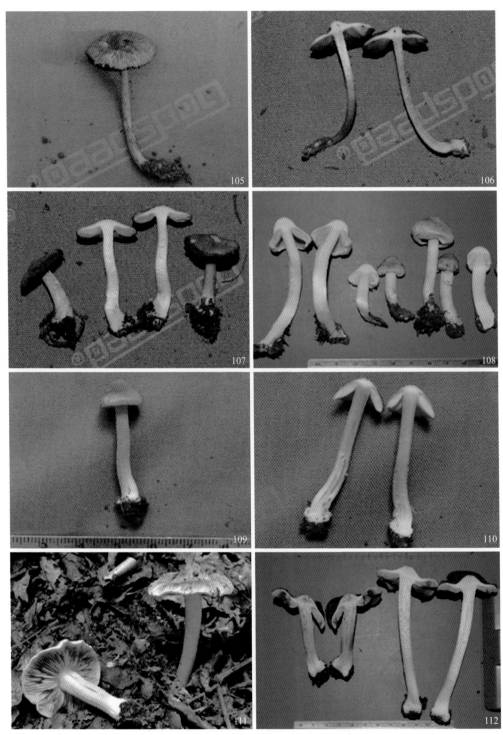

丝盖伞科真菌生境照片

105–106. 褐鳞丝盖伞 *I. cervicolor*；107. 淀粉味丝盖伞 *I. quietiodor*；108. 接骨木丝盖伞 *I. sambucina*；109–110. 厚囊丝盖伞 *I. pachypleura*；111–112. 华美丝盖伞 *I. splendens*

丝盖伞科真菌生境照片

113–114. 荫生丝盖伞橙色变型 *I. umbratica* f. *aurantiaca*；115–116. 光帽丝盖伞 *I. nitidiuscula*；117–118 土味丝盖伞紫丁香
色变种 *I. geophylla* var. *lilacina*；119–120. 土味丝盖伞蓝紫变型 *I. geophylla* f. *violacea*

图版 XVI

丝盖伞科真菌生境照片

121. 赭色丝盖伞 *I. assimilata*；122. 暗毛丝盖伞沼生变种 *I. lacera* var. *helobia*；123–124. 长孢土味丝盖伞 *I. oblonga*；
125–126. 暗毛丝盖伞原变种 *I. lacera* var. *lacera*；127–128. 暗毛丝盖伞灰鳞变种 *I. lacera* var. *rhachodes*

丝盖伞科真菌生境照片

129. 绒盖伞 *Simocybe centunculus*（杨祝良提供）；130. 橄榄色绒盖伞 *S. sumptuosa*；131. 粗糙假脐菇 *Tubaria confragosa*；

132. 鳞皮假脐菇 *T. furfuracea*

图版 XVIII

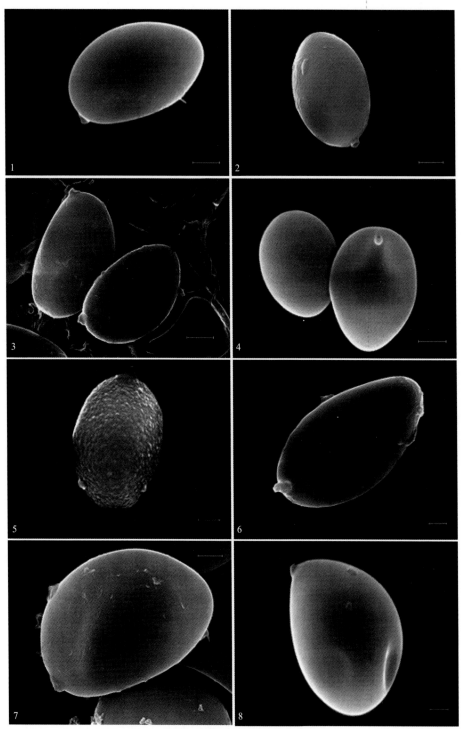

丝盖伞科担孢子扫描电镜照片（1–8 Bar=2μm）

1. 砖色丝盖伞近缘种 *Inocybe* aff. *latericia*；2. 甜苦丝盖伞 *I. dulcamara*；3. 地丝盖伞 *I. terrigena*；4. 白锦丝盖伞 *I. leucoloma*；

5. 翘鳞丝盖伞 *I. calamistrata*；6. 褐鳞丝盖伞 *I. cervicolor*；7. 酒红丝盖伞 *I. adaequata*；8. 变红丝盖伞 *I. erubescens*

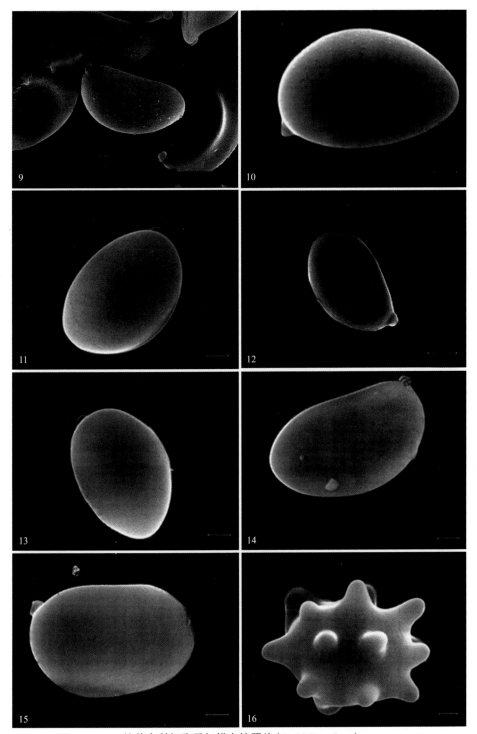

丝盖伞科担孢子扫描电镜照片（9–16 Bar=2μm）

9. 淀粉味丝盖伞 *I. quietiodor*；10. 新褐丝盖伞 *I. neobrunnescens*；11. 云南丝盖伞 *I. yunnanensis*；12. 长白丝盖伞 *I. changbaiensis*；13. 蜡盖丝盖伞 *I. lanatodisca*；14. 茶褐丝盖伞 *I. umbrinella*；15. 新茶褐丝盖伞 *I. neoumbrinella*；16. 薄褶丝盖伞 *I. casimiri*

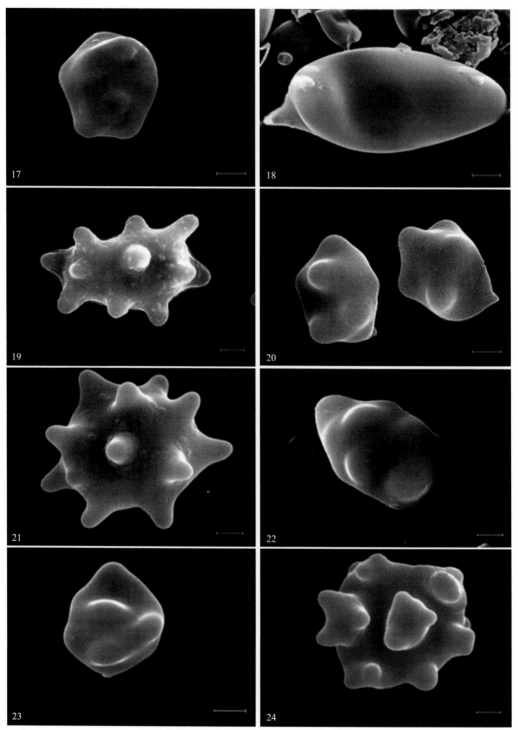

丝盖伞科担孢子扫描电镜照片（17–24 Bar=2μm）

17. 突起丝盖伞 *I. prominens*；18. 暗毛丝盖伞原变种 *I. lacera* var. *lacera*；19. 棉毛丝盖伞 *I. lanuginosa*；20. 赭色丝盖伞 *I. assimilata*；21. 长囊丝盖伞 *I. stellatospora*；22. 弯柄丝盖伞 *I. curvipes*；23. 蛋黄丝盖伞 *I. lutea*；24. 齿疣丝盖伞 *I. alienospora*

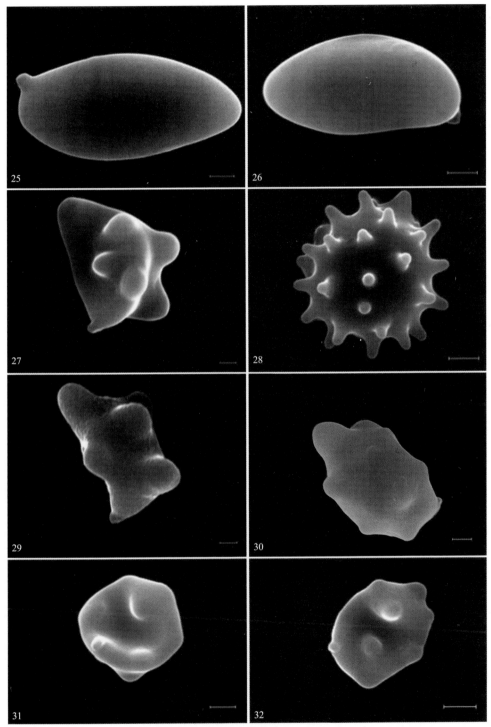

丝盖伞科担孢子扫描电镜照片（25-32 Bar=2μm）

25. 暗毛丝盖伞沼生变种 *I. lacera* var. *helobia*；26. 暗毛丝盖伞异孢变种 *I. lacera* var. *heterosperma*；27. 灰白丝盖伞 *I. senkawaensis*；28. 尖顶丝盖伞 *I. acutata*；29. 橄榄绿丝盖伞 *I. olivaceonigra*；30. 胡萝卜色丝盖伞 *I. caroticolor*；31. 山地丝盖伞 *I. montana*；32. 海岛丝盖伞近似种 *I.* cf. *insulana*

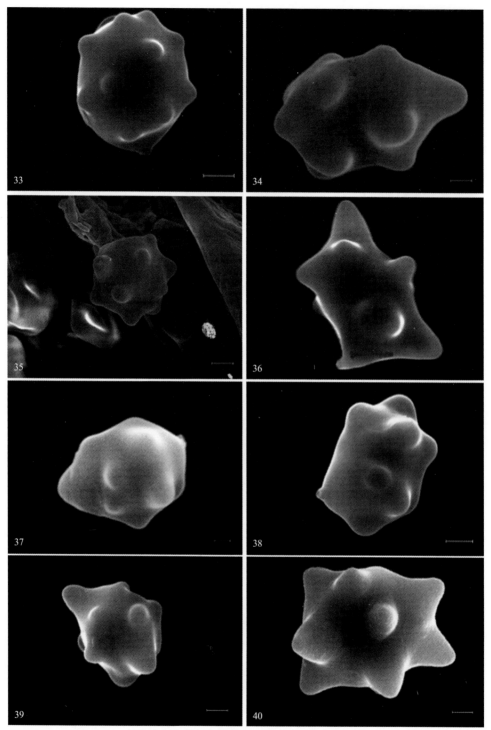

丝盖伞科担孢子扫描电镜照片 (33–40 Bar=2μm)

33. 多疣丝盖伞 I. decemgibbosa；34. 拟纤维丝盖伞 I. fibrosoides；35. 厚囊丝盖伞 I. pachypleura；36. 米易丝盖伞 I. miyiensis；
37. 亚密褶丝盖伞近似种 I. cf. subangustifolia；38. 荫生丝盖伞原变型 I. umbratica f. umbratica；39. 荫生丝盖伞橙色变型 I. umbratica f. aurantiaca；40. 星孢丝盖伞 I. asterospora

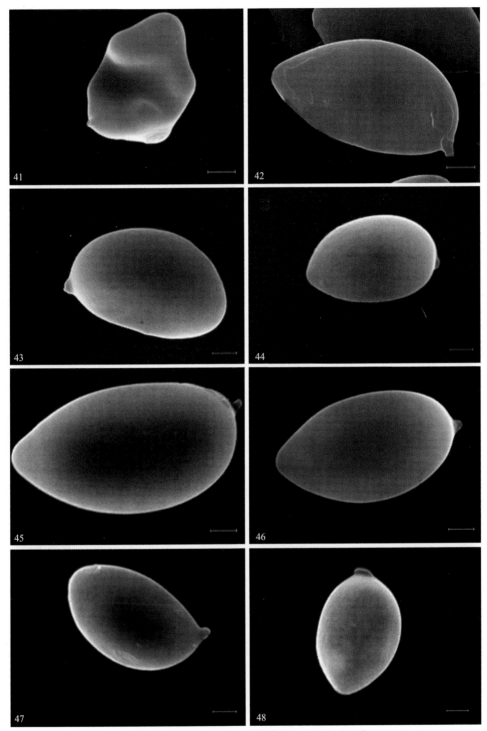

丝盖伞科担孢子扫描电镜照片 (41–48 Bar=2μm)

41. 具纹丝盖伞 I. grammata；42. 黄囊丝盖伞 I. muricellata；43. 土黄丝盖伞 I. godeyi；44. 毛纹丝盖伞 I. hirtella；45. 甘肃丝盖伞 I. gansuensis；46. 华美丝盖伞 I. splendens；47. 绿褐丝盖伞 I. corydalina；48. 接骨木丝盖伞 I. sambucina

图版 XXIV

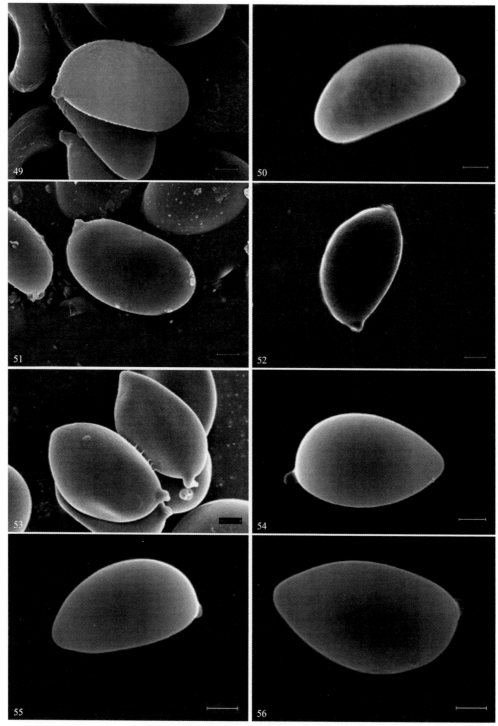

丝盖伞科担孢子扫描电镜照片 (49–56 Bar=2μm)

49. 红白丝盖伞原变型 I. whitei f. whitei；50. 红白丝盖伞亚美尼亚变型 I. whitei f. armeniaca；51. 土味丝盖伞原变种 I. geophylla var. geophylla；52. 土味丝盖伞紫丁香色变种 I. geophylla var. lilacina；53. 光帽丝盖伞 I. nitidiuscula；54. 垂幕丝盖伞 I. appendiculata；55. 鳞毛丝盖伞 I. flocculosa；56. 新卷毛丝盖伞 I. neoflocculosa

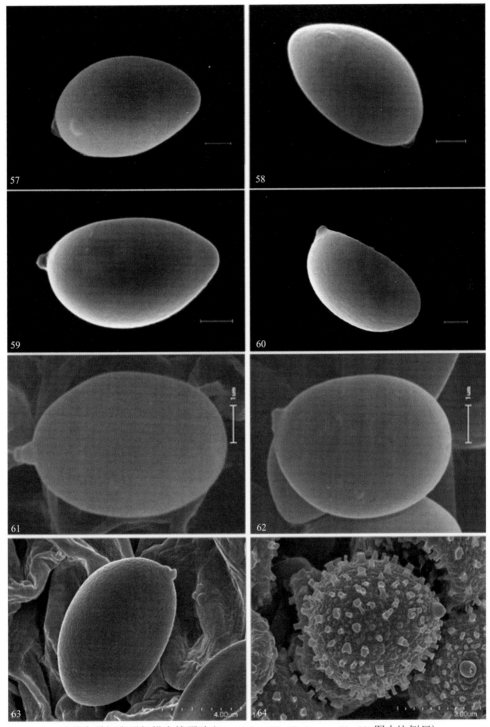

丝盖伞科担孢子扫描电镜照片 (57–64 Bar 57–60=2μm，61–64=图中比例尺)

57. 光滑丝盖伞近似种 *I.* cf. *glabrescens*；58. 卷鳞丝盖伞原变种 *I. cincinnata* var. *cincinnata*；59. 卷鳞丝盖伞大果变种 *I. cincinnata* var. *major*；60. 海南丝盖伞 *I. hainanensis*；61. 粗糙假脐菇 *Tubaria confragosa*；62. 鳞皮假脐菇 *T. furfuracea*；63. 梣生靴耳 *Crepidotus fraxinicola*；64. 近葵色靴耳 *C. malachioides*

图版 XXVI

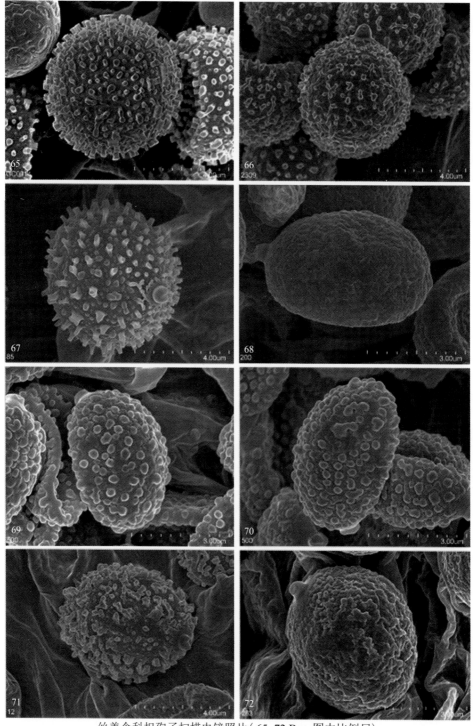

丝盖伞科担孢子扫描电镜照片（65–72 Bar=图中比例尺）

65. 平盖靴耳原变种 C. applanatus var. applanatus；66. 铬黄靴耳 C. crocophyllus；67. 金色靴耳 C. aureifolius；68. 卡氏靴耳原变种 C. caspari var. caspari；69–70. 新毛囊靴耳 C. neotrichocystis；71. 马其顿靴耳 C. macedonicus；72. 卡氏靴耳球孢变种 C. caspari var. subglobisporus

(Q-4845.01)

ISBN 978-7-03-071816-7

定价：298.00 元